Jules Gaubert-Turpin
Adrien Grant Smith Bianchi
Charlie Garros

Ruta *de los* vinos *franceses*

ATLAS DE LOS VIÑEDOS DE FRANCIA

15 regiones, 85 mapas,
2600 años de historia

«El atractivo de un vino reside en el hecho de que nunca hay dos botellas exactamente iguales».

Edward Bunyard

ÍNDICE

Los autores

Amigos desde la universidad, trabajan juntos desde hace cinco años y cultivan sus pasiones comunes por el diseño gráfico y la gastronomía... líquida. Juntos han creado *La carta de vinos, por favor*, una colección de mapas del vino y carteles didácticos para facilitar el aprendizaje sobre el vino.

Este es su tercer libro publicado por Cinco Tintas tras *La carta de vinos, por favor* (2019) y *La vuelta al mundo en 80 bebidas* (2020).

Jules
Gaubert-Turpin

Adrien
Grant Smith Bianchi

Charlie Garros

Prólogo

Francia es el país del vino.

No es el primero de la historia: el vino apareció en Georgia 4000 años antes.

No es el primero en volumen: Italia ostenta la medalla de oro en esta categoría.

Más de 70 países producen vino y, sin embargo, el mundo sigue degustando Sancerre, Châteauneuf-du-Pape, Saint-Émilion, Chablis…

Vinos para todos los gustos y todas las ocasiones. Clima, cultivo, subsuelo…, son muchos los factores que explican esta formidable diversidad. Francia produce 3240 vinos distintos cada año: ¡la vida es demasiado corta para probarlos todos!

Este libro es una invitación a descubrir unos caminos más o menos trillados. Entre grandes vinos y denominaciones de origen poco conocidas, le guiaremos en un placentero periplo por los viñedos de *La ruta de los vinos franceses*.

Gracias a Audrey Génin y Christine Martin por la confianza depositada.

Gracias a Marcel Turpin, Hélène Lucas y Quentin Guillon por su meticulosa corrección de pruebas.

Cómo leer los mapas

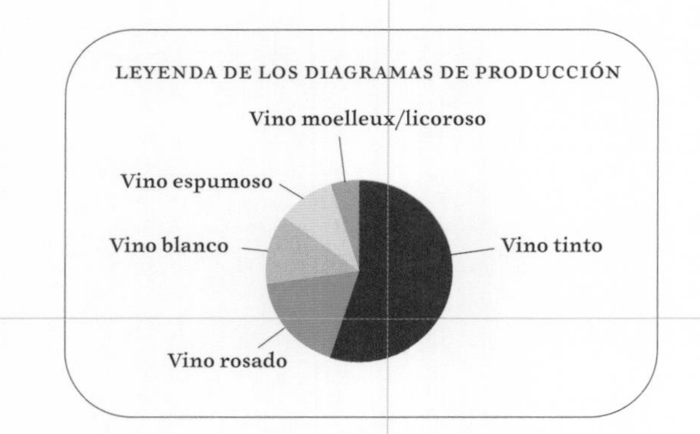

LEYENDA DE LOS DIAGRAMAS DE PRODUCCIÓN
Vino moelleux/licoroso
Vino espumoso
Vino blanco
Vino tinto
Vino rosado

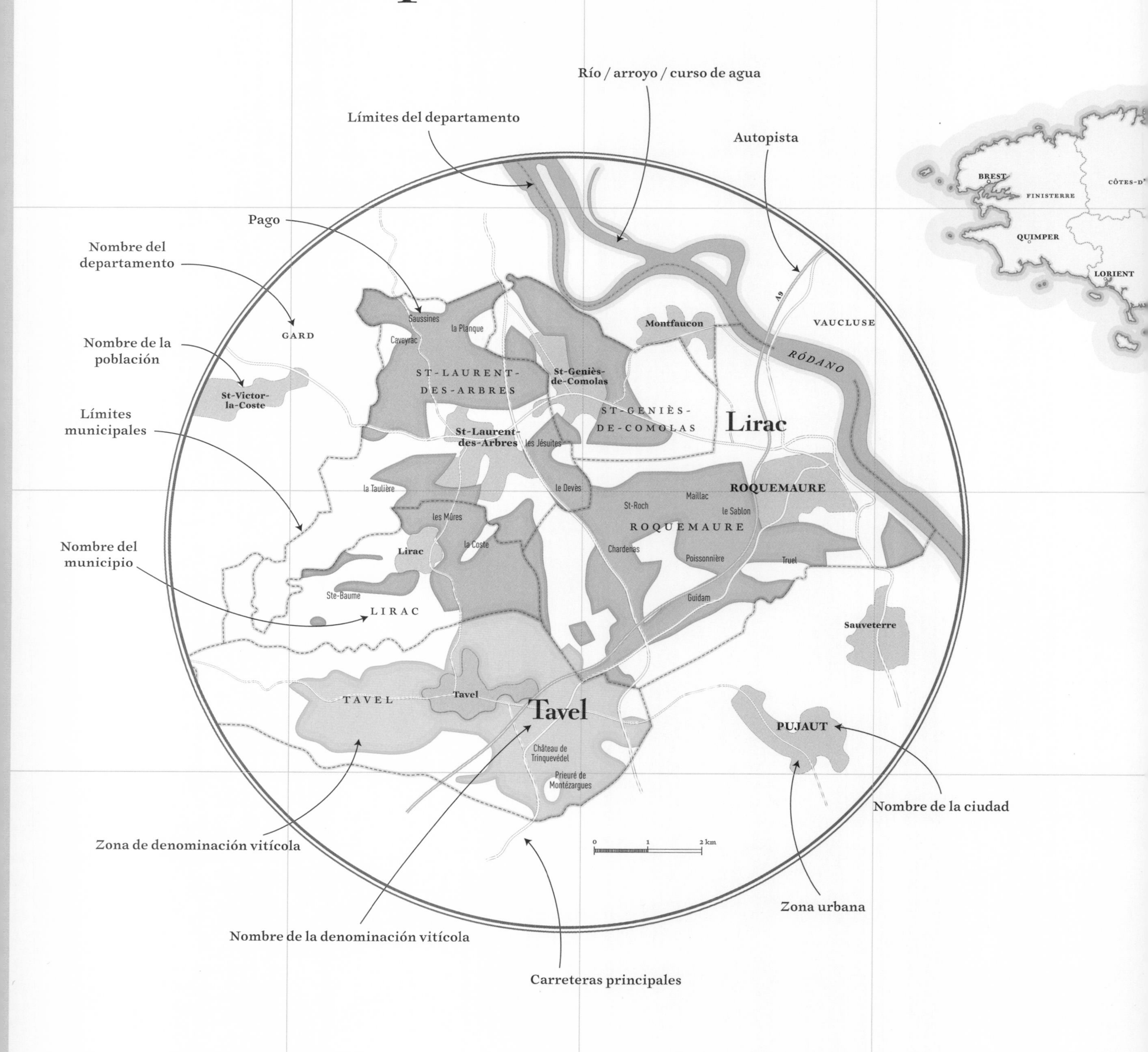

Río / arroyo / curso de agua
Límites del departamento
Autopista
Pago
Nombre del departamento
Nombre de la población
Límites municipales
Nombre del municipio
Zona de denominación vitícola
Nombre de la denominación vitícola
Carreteras principales
Zona urbana
Nombre de la ciudad
GARD
VAUCLUSE
RÓDANO
A9
Montfaucon
Saussines
la Planque
Caveyrac
ST-LAURENT-DES-ARBRES
St-Geniès-de-Comolas
ST-GENIÈS-DE-COMOLAS
Lirac
St-Victor-la-Coste
St-Laurent-des-Arbres
les Jésuites
la Taulière
le Devès
ROQUEMAURE
St-Roch
Maillac
le Sablon
les Mûres
la Coste
Chardenas
Poissonnière
Truel
Lirac
Ste-Baume
LIRAC
Guidam
Sauveterre
TAVEL
Tavel
Tavel
PUJAUT
Château de Trinquevédel
Prieuré de Montézargues
0
1
2 km
BREST
FINISTERRE
CÔTES-D'
QUIMPER
LORIENT

RUTA
de los
VINOS
FRANCESES
REINO UNIDO
PASO DE CALAIS
LA MANCHA
BÉLGICA
Golfo de St-Malo
OCÉANO ATLÁNTICO
GOLFO DE GASCUÑA
ESPAÑA
PIRINEOS
SUIZA
ITALIA
MAR MEDITERRÁNEO
GOLFO DE LEÓN
DUNKERQUE
CALAIS
Boulogne-sur-Mer
TOURCOING
ROUBAIX
LILLE
Béthune
PASO DE CALAIS
Lens
Douai
NORD
Arras
Cambrai
Maubeuge
SOMME
AMIENS
Dieppe
ST-QUENTIN
AISNE
Charleville-Mézières
ARDENAS
Laon
Cherbourg
LE HAVRE
SENA MARÍTIMO
ROUEN
OISE
BEAUVAIS
Compiègne
Soissons
Thionville
Creil
REIMS
Montagne de Reims
Vallée de la Marne
Lorena
Forbach
METZ
MOSELA
CAEN
St-Lô
CALVADOS
MANCHE
EURE
ÉVREUX
VAL-D'OISE
Pontoise
Mantes-la-Jolie
Meaux
Épernay
Châlons-en-Champagne
MARNE
MOSA
Côte des Blancs
PARÍS
YVELINES
Dreux
Rambouillet
Évry
SENA Y MARNE
Bar-le-Duc
BAJO RIN
Alsacia
St-Malo
NANCY
Melun
Champaña
MEURTHE Y MOSELA
ESTRASBURGO
Alençon
CHARTRES
ESSONNE
SENA
AUBE
TROYES
ILLE-ET-VILAINE
EURE-ET-LOIRE
RENNES
MAYENNE
Loira
Sens
Côte des Bar
MARNE
Chaumont
VOSGOS
Épinal
RIN
LAVAL
LE MANS
YONNE
COLMAR
SARTHE
ORLÉANS
LOIRET
Chablis & Grand Auxerrois
Auxerre
ALTO RIN
MULHOUSE
LOIRA
ALTO SAONA
Vesoul
BELFORT
LOIRA ATLÁNTICO
BLOIS
LOIRA Y CHER
Borgoña
Montbéliard
ANGERS
MAINE Y LOIRA
TOURS
ST-NAZAIRE
NANTES
Saumur
Centro
CÔTE-D'OR
DIJON
Anjou-Saumur
Turena
Vierzon
BESANÇON
Côte de Nuits
DOUBS
Pays Nantais
Cholet
INDRE Y LOIRA
BOURGES
CHER
NIÈVRE
Nevers
Beaune
Dole
JURA
Jura
Côte de Beaune
Alto Poitou
Châtellerault
INDRE
Châteauroux
le Creusot
CHALON-SUR-SAÔNE
LA ROCHE-SUR-YON
VENDÉE
Côte Chalonnaise
Lons-le-Saunier
POITIERS
Moulins
SAONA Y LOIRA
Fiefs Vendéens
VIENNE
ALLIER
Mâconnais
NIORT
DEUX-SÈVRES
Montluçon
Mâcon
AIN
Thonon-les-Bains
LA ROCHELLE
Beaujolais
Bugey
Guéret
Auvergne
Vichy
Bourg-en-Bresse
Annemasse
CREUSE
Roanne
Villefranche-sur-Saône
ALTO SAVOYA
Rochefort
PUY-DE-DÔME
ANNECY
LIMOGES
CLERMONT-FERRAND
LOIRA
Saintes
CHARENTE
Savoya
LYON
RÓDANO
Angoulema
ALTO VIENNE
CHARENTE MARÍTIMO
CHAMBÉRY
ST-ÉTIENNE
Vienne
ISÈRE
CORRÈZE
Blayais-Bourgeais
Médoc
Tulle
SAVOYA
Ródano septentrional
Périgueux
Brive-la-Gaillarde
GRENOBLE
CANTAL
ALTO LOIRA
DORDOÑA
Libournais
le Puy-en-Velay
ALPES
Romans-sur-Isère
Aurillac
Sudoeste
ARDÈCHE
VALENCE
Briançon
BURDEOS
Bergerac
MACIZO CENTRAL
DRÔME
Dios
Entre-deux-Mers
Privas
Graves
Dordoña
LOT
ALTOS ALPES
GIRONDA
LOT Y GARONA
Cahors
Aveyron
Mende
Montélimar
Gap
Ródano
LOZÈRE
Burdeos
Rodez
Ródano meridional
AVEYRON
ALPES DE ALTA PROVENZA
Agen
TARN Y GARONA
Orange
LANDAS
Gaillac
Alès
Carpentras
VAUCLUSE
Digne-les-Bains
Cuenca del Garona
MONTAUBAN
ALBI
GARD
ALPES MARÍTIMOS
Mont-de-Marsan
NIMES
AVIÑÓN
TARN
Provenza
Menton
Cuenca gascona
GERS
HÉRAULT
NIZA
MÓNACO
Auch
Castres
ARLES
MONTPELLIER
Biarritz
Bayona
TOULOUSE
Languedoc
BOCAS DEL RÓDANO
AIX-EN-PROVENCE
VAR
Draguignan
ANTIBES
CANNES
Fréjus
BÉZIERS
PIRINEOS ATLÁNTICOS
PAU
Tarbes
Sète
MARSELLA
ALTO GARONA
GARONA
Piamonte Pirenaico
Carcasona
Lourdes
NARBONA
TOULON
BASTIA
ARIÈGE
Foix
ALTOS PIRINEOS
ALTA CÓRCEGA
AUDE
PERPIÑÁN
Córcega
Rosellón
PIRINEOS ORIENTALES
AJACCIO
CÓRCEGA DEL SUR

LANGUEDOC

la renovación

Languedoc-Rosellón

Desde hace veinte años, la mayor región vinícola de Francia ha experimentado una sorprendente revolución que despierta el interés de un creciente número de amantes del vino.

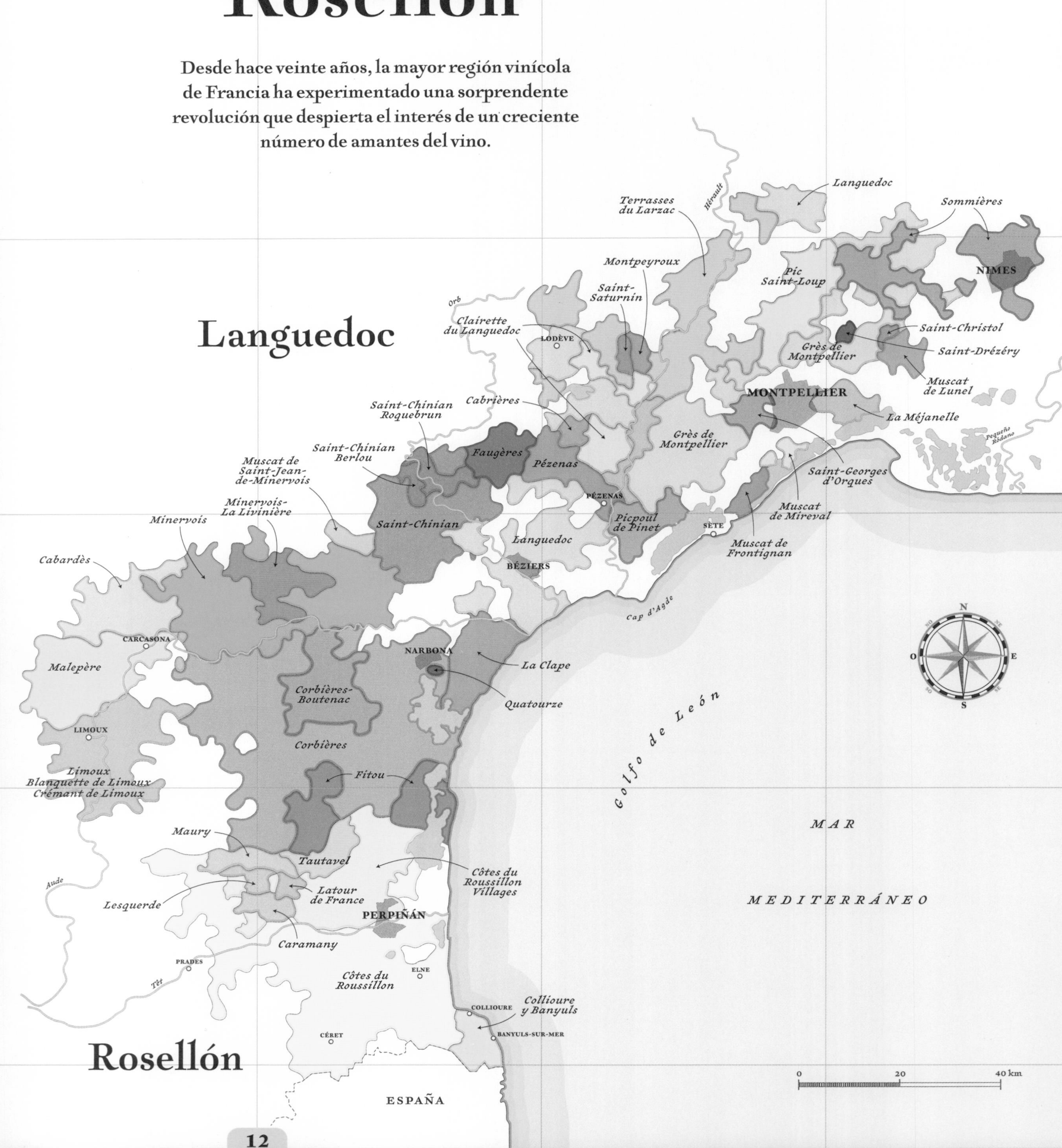

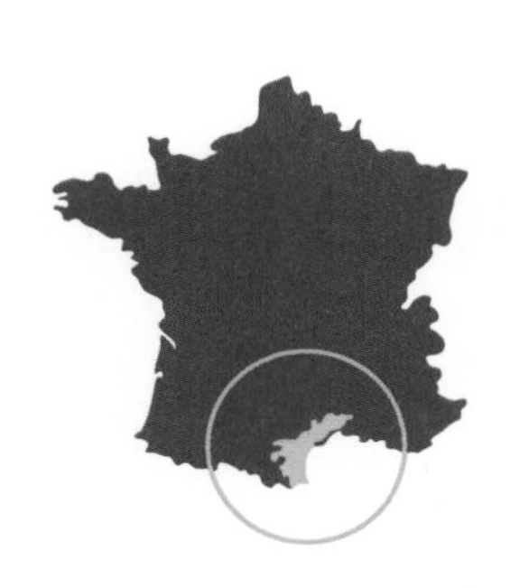

Variedades

●
syrah, cariñena, garnacha…

●
sauvignon, chardonnay, viognier…

Hectáreas

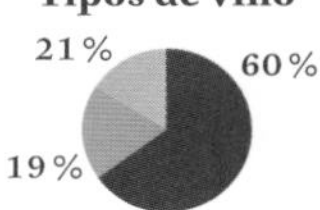
229 000
85 000 en AOC

Tipos de vino

21 %
60 %
19 %

Suelos

cantos rodados, arenisca, marga, caliza, esquisto, arcilla, arena, molasa, gneis, granito…

Clima

mediterráneo

Los griegos fueron los primeros que plantaron vides en la región, pero el desarrollo del viñedo se produjo bajo dominio romano, hasta tal punto que el vino de la Galia competía con el romano, lo que era inaceptable para Roma, que sencillamente ordenó que se arrancaran las vides. Simple y eficaz. Hasta casi dos siglos después no se permitió de nuevo el cultivo de la vid en la región.

Sus 229 000 hectáreas la convierten en la mayor región vitícola del mundo: representa un tercio del viñedo francés.

Al contar con un clima muy favorable para el cultivo de la vid, esta virtud se ha explotado tanto que se ha convertido en una debilidad. De hecho, la región se ha visto reducida durante mucho tiempo a la producción de vino de mesa de baja calidad. Huelga decir que tras la crisis de la filoxera se replantaron muchas viñas para abastecer a los soldados enviados al frente durante la Primera Guerra Mundial. Cosas del valor…

A partir de 1962, cuando Argelia (que suministraba una gran cantidad de vino a Francia) recuperó su independencia, la región lo compensó produciendo cada vez más y centrándose en variedades muy productivas de las que se extraían cada vez más rendimientos… en detrimento de la calidad.

Hoy, tras una auténtica revolución en los últimos treinta años, la región goza de un gran prestigio. Esta renovación pasó por reducir los rendimientos, la selección de variedades más adecuadas y la llegada de jóvenes viticultores. Los esfuerzos de la región no se quedan ahí, ya que el Languedoc-Rosellón es la mayor región vinícola ecológica del país: el 36 % de las vides ecológicas francesas se encuentran en ella. Cabe señalar que el clima es muy propicio para la producción de vinos ecológicos, biodinámicos y naturales. Todos estos elementos hacen del Languedoc una de las regiones más pujantes de Francia.

La región goza de un gran prestigio

TIPOS DE DENOMINACIONES DEL LANGUEDOC

DENOMINACIONES MUNICIPALES
Corbières Boutenac, Faugères, Fitou, La Clape, Minervois-La-Livinière

DENOMINACIONES SUBREGIONALES
Cabardès, Clairette du Languedoc, Corbières, Limoux, Malepère, Picpoul de Pinet, Pic Saint Loup, Saint-Chinian, Saint-Chinian Roquebrun, Saint-Chinian Berlou, Terrasses du Larzac

INDICACIONES REGIONALES
Languedoc Cabrières, Languedoc Grés de Montpellier, Languedoc La Méjanelle, Languedoc Montpeyroux, Languedoc Pézenas, Languedoc Quatourze, Languedoc Saint Christol, Languedoc Saint Drézery, Languedoc Saint-Georges-d'Orques, Languedoc Saint-Saturnin, Languedoc Sommières

DENOMINACIÓN REGIONAL
Languedoc

VARIEDADES

CARIÑENA

Muy productiva, con un alto contenido en alcohol y demasiado plantada en el siglo xxi, durante mucho tiempo fue objeto de críticas, hasta el punto de que los sindicatos del sector acabaron limitando su presencia en los coupages. Hoy quiere redimir su imagen ante el público y demuestra que en buenos terroirs y con rendimientos controlados merece mucho la pena.

SYRAH

Se trata de una variedad precoz a la que le gusta jugar con los límites, ya que sus mejores expresiones nacen en suelos poco fértiles. El reto consiste en obtener una buena madurez sin sobremadurar bajo el sol mediterráneo. Reina en el Ródano septentrional; sin embargo, en el Languedoc es donde más se planta.

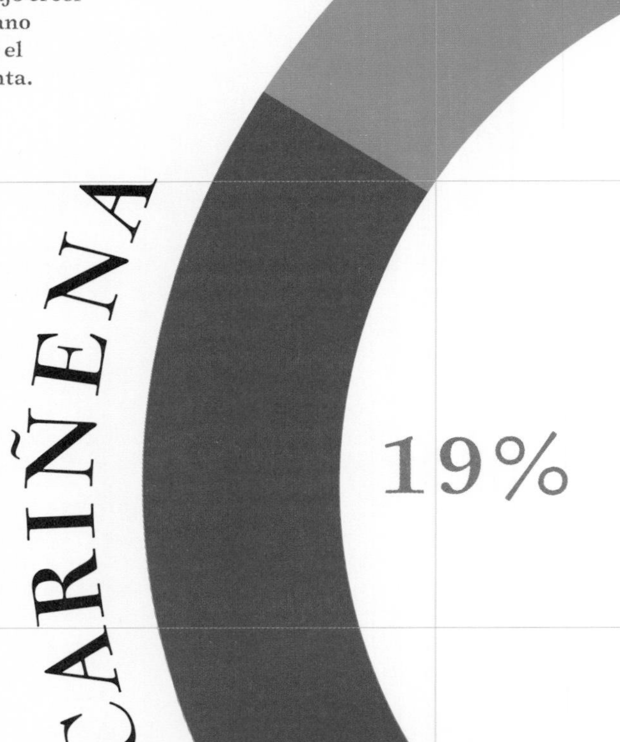

GARNACHA

Esta variedad española no es muy tánica y a menudo se mezcla con syrah y/o mourvèdre para producir vinos más estructurados. También se utiliza en la composición de vinos dulces naturales.

MERLOT

Al igual que en Burdeos, suele mezclarse con cabernet sauvignon. Aporta fruta y redondez. Esta variedad se utiliza más en las IGP que en las AOC de Languedoc. Al ser sensible al calor, prefiere los suelos frescos arcillocalcáreos.

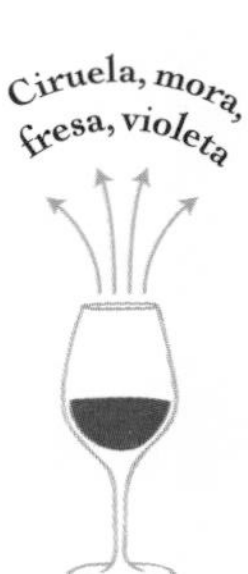

CINSAULT

Se trata de una variedad poco conocida que ha ido perdiendo terreno. Se estima que su superficie se ha reducido a la mitad en menos de treinta años. Suele utilizarse para la elaboración de rosados, pero también puede producir tintos afrutados y fáciles de beber.

MOURVÈDRE

De origen catalán (monastrell), ha cruzado la frontera y sigue teniendo vistas al mar. Es una variedad resistente y tardía que no teme a la canícula. A menudo cumple un papel secundario en las mezclas, por detrás de la syrah y la garnacha. En Francia se encuentra exclusivamente en el sur.

DEL LANGUEDOC

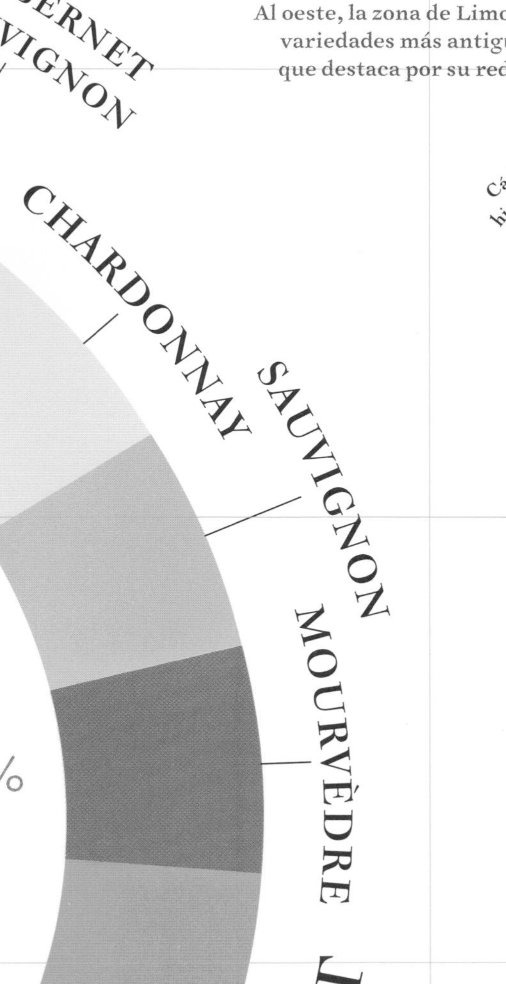

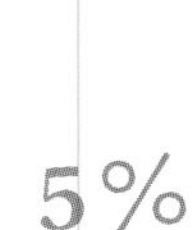
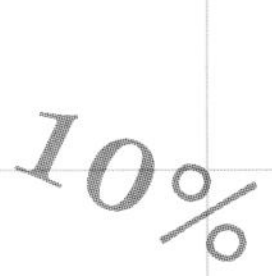

OTRAS VARIEDADES DE BLANCA

La picpoul también está presente y se distingue por su carácter vivo con un toque de acidez. Al oeste, la zona de Limoux alberga una de las variedades más antiguas del Languedoc, que destaca por su redondez: la clairette.

MUSCAT À PETITS GRAINS

Esta variedad de origen griego se ha cultivado desde la antigüedad en todos los viñedos que bordean el Mediterráneo. En el Languedoc, se utiliza principalmente para la producción de Vins Doux Naturels. Sus bayas son tan dulces que atraen a las avispas, que pueden succionar todo el zumo hasta dejar solo la piel de la uva.

VIOGNIER

Conocida en todo el mundo como la variedad de Condrieu (Ródano septentrional), está en boca de viticultores de todo el mundo. Una nariz única de frutas exóticas. Un maridaje perfecto con unos langostinos a la plancha.

SAUVIGNON

En Languedoc, es una de las pocas variedades de uva que se vinifica sola. Conocida en todo el mundo por los vinos de Burdeos y Sancerre, prefiere los suelos de sílex, marga o caliza.

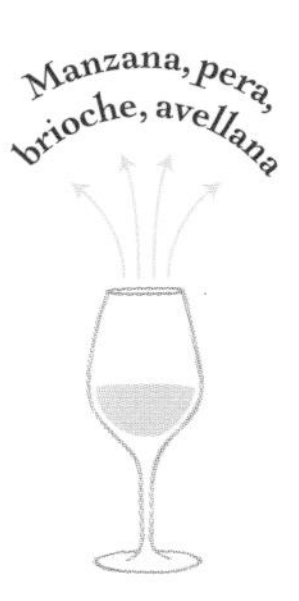

CHARDONNAY

Plantada en 41 países del mundo, la chardonnay es una de las variedades de uva blanca más conocidas. ¿Su punto fuerte? Su carácter todoterreno que deja que el suelo hable por sí mismo: mineral en un suelo calcáreo y más redonda en un terreno arcilloso o arenoso. La frase favorita de los extranjeros en Francia: «un chardonnay, s'il vous plaît».

CABERNET SAUVIGNON

En ninguna región del sur de Francia falta esta variedad. Sus bayas pequeñas y de piel gruesa tienen unos taninos inimitables. Suele mezclarse con merlot y tiene un gran potencial de envejecimiento.

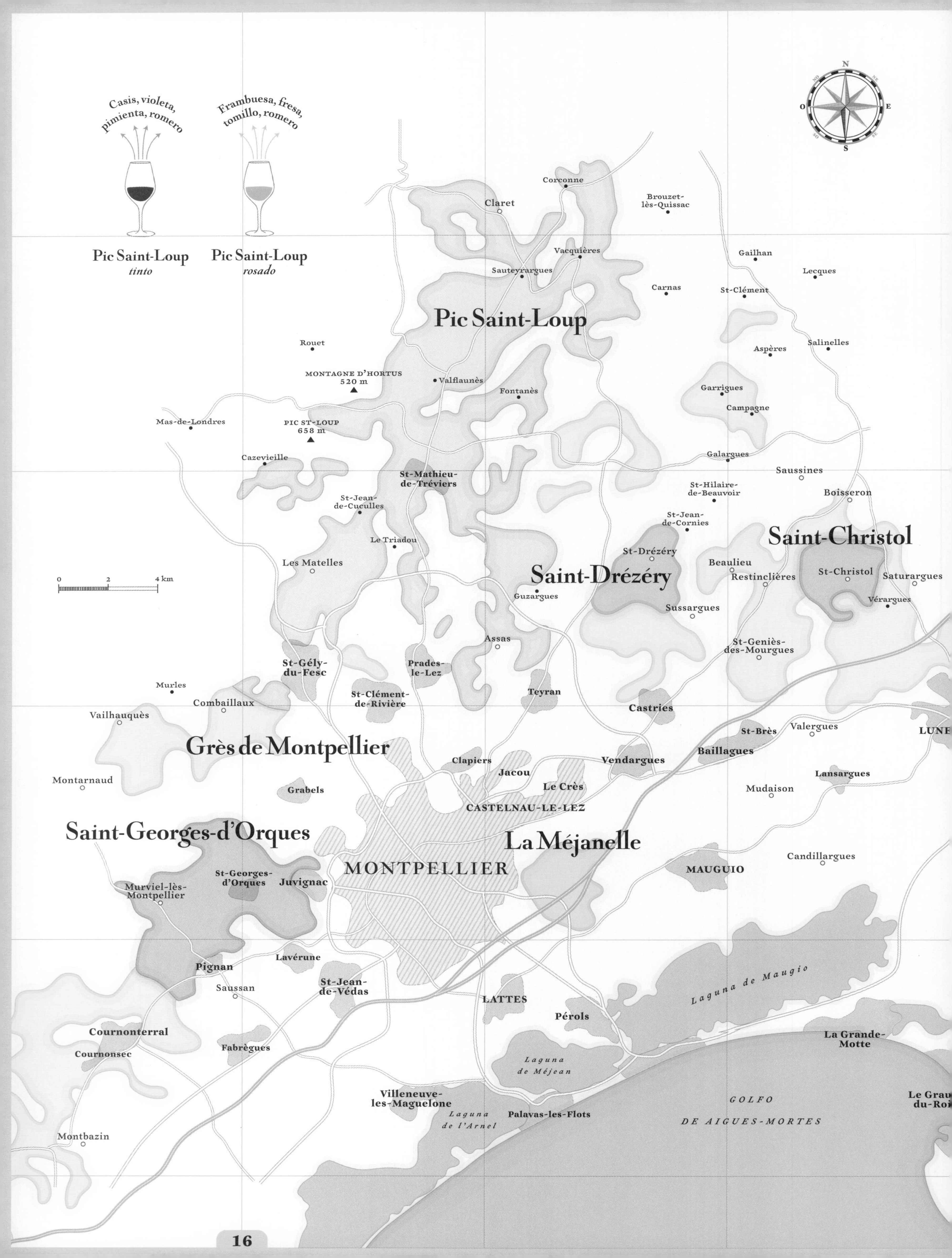

Casis, violeta, pimienta, romero
Frambuesa, fresa, tomillo, romero
Pic Saint-Loup
tinto
Pic Saint-Loup
rosado
N
O
E
S
Corconne
Claret
Brouzet-lès-Quissac
Vacquières
Sauteyrargues
Gailhan
Lecques
Carnas
St-Clément
Pic Saint-Loup
Rouet
Aspères
Salinelles
MONTAGNE D'HORTUS 520 m
Valflaunès
Fontanès
Garrigues
Campagne
Mas-de-Londres
PIC ST-LOUP 658 m
Galargues
Cazevieille
St-Mathieu-de-Tréviers
Saussines
St-Hilaire-de-Beauvoir
St-Jean-de-Cuculles
Boisseron
St-Jean-de-Cornies
Saint-Christol
Le Triadou
St-Drézéry
Les Matelles
Beaulieu
Saint-Drézéry
Restinclières
St-Christol
Saturargues
0 2 4 km
Guzargues
Vérargues
Sussargues
Assas
St-Geniès-des-Mourgues
St-Gély-du-Fesc
Prades-le-Lez
Murles
Teyran
St-Clément-de-Rivière
Combaillaux
Castries
Vailhauquès
St-Brès
Valergues
LUNE
Grès de Montpellier
Baillargues
Clapiers
Vendargues
Jacou
Lansargues
Montarnaud
Le Crès
Mudaison
Grabels
CASTELNAU-LE-LEZ
Saint-Georges-d'Orques
La Méjanelle
Candillargues
St-Georges-d'Orques
MONTPELLIER
MAUGUIO
Murviel-lès-Montpellier
Juvignac
Lavérune
Pignan
Laguna de Maugio
Saussan
St-Jean-de-Védas
LATTES
Pérols
Cournonterral
La Grande-Motte
Cournonsec
Fabrègues
Laguna de Méjean
Villeneuve-les-Maguelone
GOLFO
Le Grau du-Roi
Laguna de l'Arnel
Palavas-les-Flots
DE AIGUES-MORTES
Montbazin

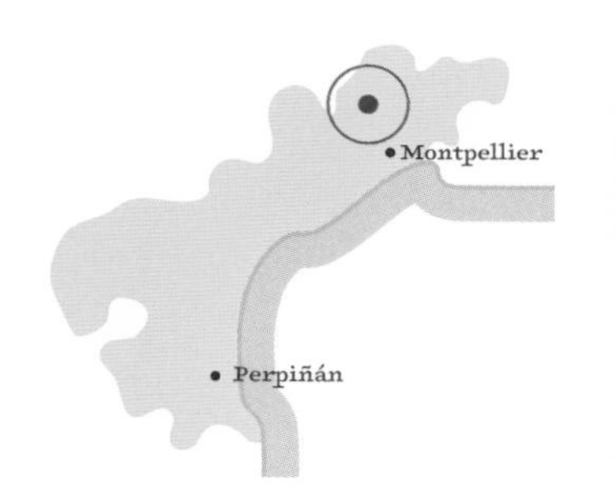

Pic Saint-Loup y su región

Pic Saint-Loup

syrah, garnacha, mourvèdre, cinsault, cariñena

1200 ha

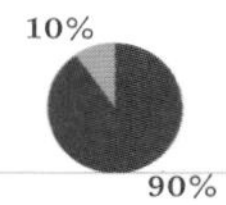
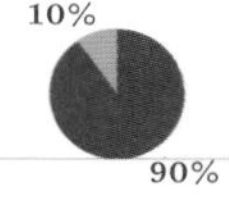

Se dice que un gran vino nace en un gran decorado. Esta región no es una excepción. Aquí se sitúan frente a frente el Pic Saint-Loup (658 m) y el monte Hortus (520 m). Como rascacielos en medio de la garriga, se ven desde lejos y son la puerta de entrada a las Cevenas. Además de embellecer el paisaje, estos dos colosos canalizan los vientos de la región, refrescan las viñas tras la puesta de sol y retienen las nubes: es la zona más irrigada del Languedoc. El microclima del valle ofrece una rara amplitud térmica: hasta 20 grados de diferencia entre el día y la noche. Estas fuertes variaciones, unidas a las cimas calizas, ofrecen un suelo ideal para la syrah, que predomina en el viñedo. Alrededor de las parcelas, la naturaleza sigue siendo silvestre y se puede apreciar la presencia de encinas, genista, tomillo y romero.

> Un gran vino nace en un gran decorado

Anteriormente conocido con la denominación «Coteaux du Languedoc», Pic Saint-Loup se convirtió en cru en 1994 y luego obtuvo su propia AOC en 2017. La región es como el Languedoc: siempre ha sido conocida, pero solo recientemente reconocida. En veinte años, Pic Saint-Loup ha encontrado su lugar entre los terroirs de élite del sur de Francia. Los vinos son profundos, sorprendentemente frescos y aptos para envejecer. En la denominación hay unas cuarenta fincas. Los viticultores jóvenes y veteranos apuntan en la misma dirección que la cima: hacia arriba.

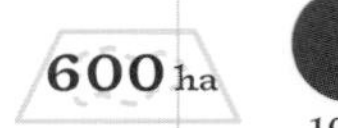

Saint-Georges-d'Orques

Se trata del corazón del cinturón verde que rodea Montpellier. La denominación se divide en dos terroirs: En-bas y En-hauts. El primero está formado por una meseta de guijarros filtrantes naturales, mientras que el segundo presenta puntas de sílex sobre un suelo arcillocalcáreo.

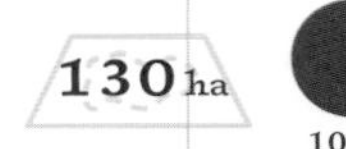

Saint-Drézéry

La denominación se distingue por la presencia de cantos rodados que favorecen la maduración de la uva. En el Languedoc, es una de las zonas menos lluviosas.

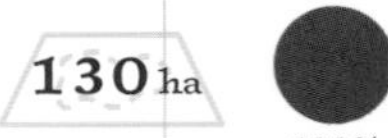

Saint-Christol

Este terroir es ideal para la mourvèdre, una variedad a menudo minoritaria. Vinos generosos y especiados.

12 000 ha

Grès de Montpellier

En occitano, la palabra «grès» indica un relieve pedregoso apto para el cultivo de la vid. Los aerosoles marinos contrarrestan los veranos áridos. Todas estas denominaciones pertenecían a la familia de los Coteaux du Languedoc y después a los Grès de Montpellier. Desde 2014, se autorizan indicaciones geográficas más precisas para reconocer el trabajo de los viticultores y resaltar los crus locales.

90 ha

La Méjanelle

El suelo de cantos rodados sobre arcilla roja recuerda a Châteauneuf-du-Pape. Un prometedor futuro fruto del trabajo de un puñado de viticultores.

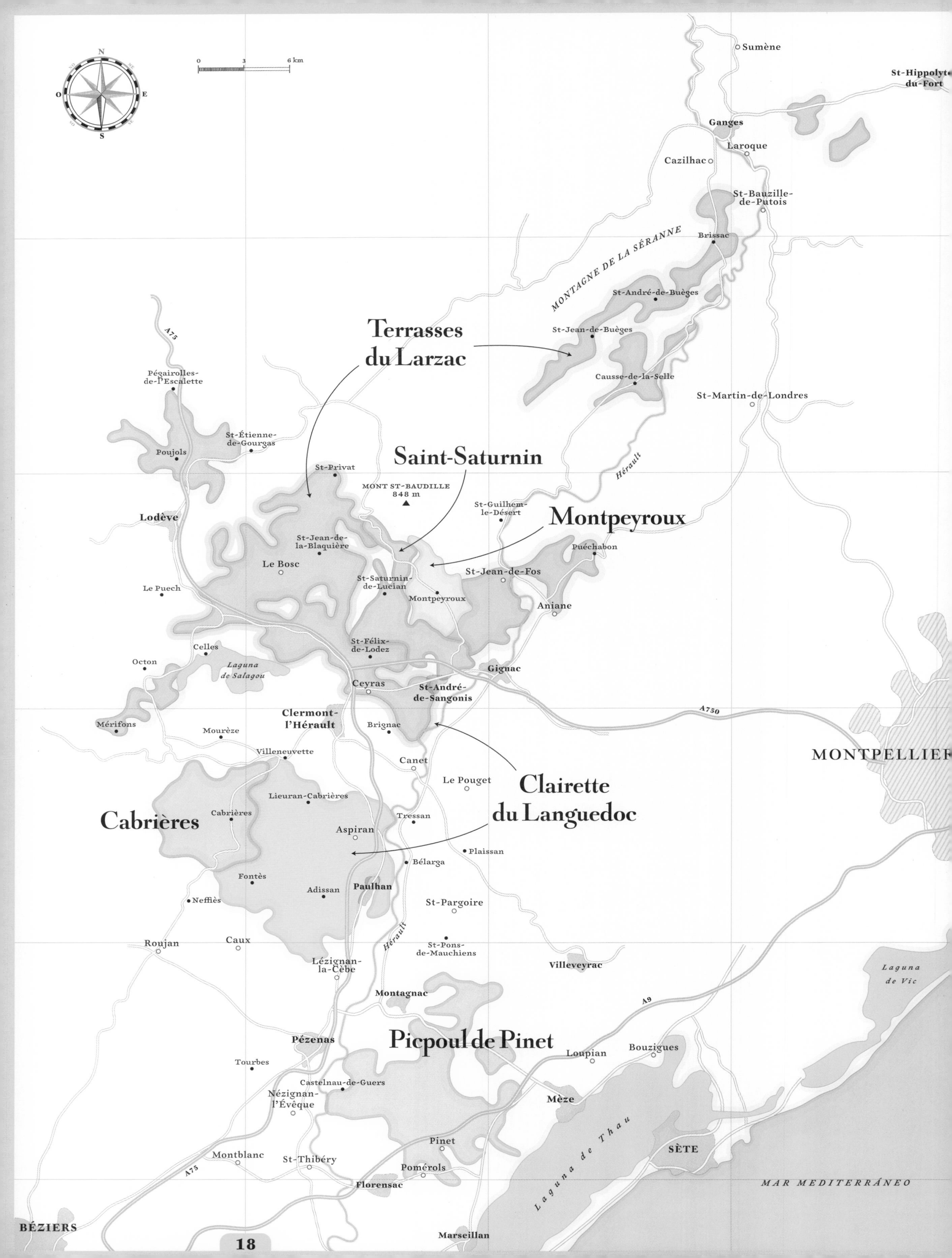
N
S
E
O
0
3
6 km
Sumène
St-Hippolyte-du-Fort
Ganges
Laroque
Cazilhac
St-Bauzille-de-Putois
Brissac
MONTAGNE DE LA SÉRANNE
St-André-de-Buèges
St-Jean-de-Buèges
Causse-de-la-Selle
St-Martin-de-Londres
Terrasses du Larzac
A75
Pégairolles-de-l'Escalette
St-Étienne-de-Gourgas
Poujols
Saint-Saturnin
St-Privat
MONT ST-BAUDILLE 848 m
Hérault
St-Guilhem-le-Désert
Montpeyroux
Lodève
St-Jean-de-la-Blaquière
Le Bosc
Puéchabon
St-Jean-de-Fos
St-Saturnin-de-Lucian
Montpeyroux
Le Puech
Aniane
Celles
St-Félix-de-Lodez
Octon
Laguna de Salagou
Gignac
Ceyras
St-André-de-Sangonis
A750
Clermont-l'Hérault
Mérifons
Mourèze
Brignac
Villeneuvette
Canet
MONTPELLIER
Le Pouget
Clairette du Languedoc
Lieuran-Cabrières
Cabrières
Cabrières
Tressan
Aspiran
Plaissan
Bélarga
Fontès
Adissan
Paulhan
Neffiès
St-Pargoire
Hérault
St-Pons-de-Mauchiens
Roujan
Caux
Lézignan-la-Cèbe
Villeveyrac
Laguna de Vic
Montagnac
A9
Pézenas
Picpoul de Pinet
Loupian
Bouzigues
Tourbes
Castelnau-de-Guers
Nézignan-l'Évêque
Mèze
Laguna de Thau
Pinet
SÈTE
Montblanc
St-Thibéry
A75
Pomérols
Florensac
MAR MEDITERRÁNEO
BÉZIERS
Marseillan

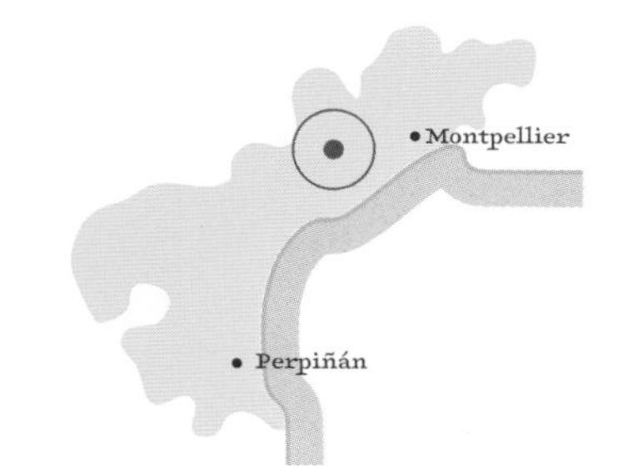

Del Larzac a la laguna de Thau

Terrasses du Larzac

garnacha, mourvèdre, syrah, cariñena

2000 ha

100%

El Larzac es un altiplano que se extiende de Millau a Lodève, última prolongación del Macizo Central. A las puertas del Languedoc, la meseta desciende bruscamente de 800 a 300 metros. Las viñas se benefician de una altitud aún elevada que favorece una maduración lenta y progresiva de las uvas. Así, los vinos se caracterizan por su gran frescura. Pero el reconocimiento de su calidad llegó tarde: la AOC no se obtuvo hasta 2014. Su pliego de condiciones implica una mezcla de al menos tres variedades, de las que la cariñena suele ser la favorita.

Montpeyroux

Esta indicación geográfica de la denominación regional Languedoc se caracteriza por sus suelos arcillocalcáreos. Se producen vinos tintos cuyos requisitos son similares a los que reúnen los tintos de Terrasses du Larzac. El monte Saint-Baudille domina el paisaje y marca el final del Larzac. Los vinos están bien estructurados y tienen cuerpo.

900 ha

100%

Guinda, mora, violeta, regaliz, aceituna negra

Terrasses du Larzac

Cabrières

Más conocida como Languedoc-Cabrières, la denominación produce tintos y rosados bajo la bondadosa influencia de la tramontana, que sanea las vides en un terroir de esquisto. La syrah domina en los tintos y la garnacha y la cinsault se utilizan preferentemente para los rosados. Las variedades complementarias son la cariñena, la mourvèdre y la morrastel.

330 ha

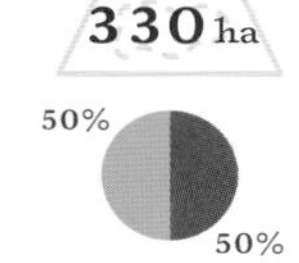

50%

50%

Saint-Saturnin

La vecina Languedoc-Saint-Saturnin también está situada en las estribaciones del Larzac. Los suelos de esta zona se componen de esquisto y arenisca. Una vez más, las variedades son muy similares a las de la vecina denominación Terrasses du Larzac. Los tintos son redondos, con aromas de frutos rojos, cúrcuma y pimienta. Respecto a los rosados, son finos y frescos.

760 ha

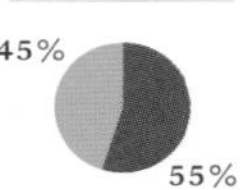

45%

55%

Fruta fresca, cítricos, miel, flores blancas, vainilla

Clairette du Languedoc

Tilo, espino, limón, pomelo

Picpoul de Pinet

Clairette du Languedoc

Esta denominación de vino blanco está situada entre Béziers y las Terrasses du Larzac. Produce vinos secos y, en menor medida, vinos licorosos a partir de una única variedad: la clairette blanche. Los suelos se componen principalmente de guijarros de cuarzo, sílex y caliza. Vinos complejos que combinarán de maravilla con la rica gastronomía de Sète.

100 ha

100%

Picpoul de Pinet

Es la mayor denominación de vino blanco del Languedoc. Abarca la zona noroeste de la laguna de Thau, entre Sète, Agde y Pézenas, y puede alcanzar los 100 metros de altitud en las zonas más altas. Es una de las regiones más áridas del Hérault, con apenas 600 milímetros de precipitación anual. La picpoul blanc es la base de todos los vinos de la denominación. Esta antigua variedad autóctona se cultiva en la región desde la antigüedad.

1400 ha

100%

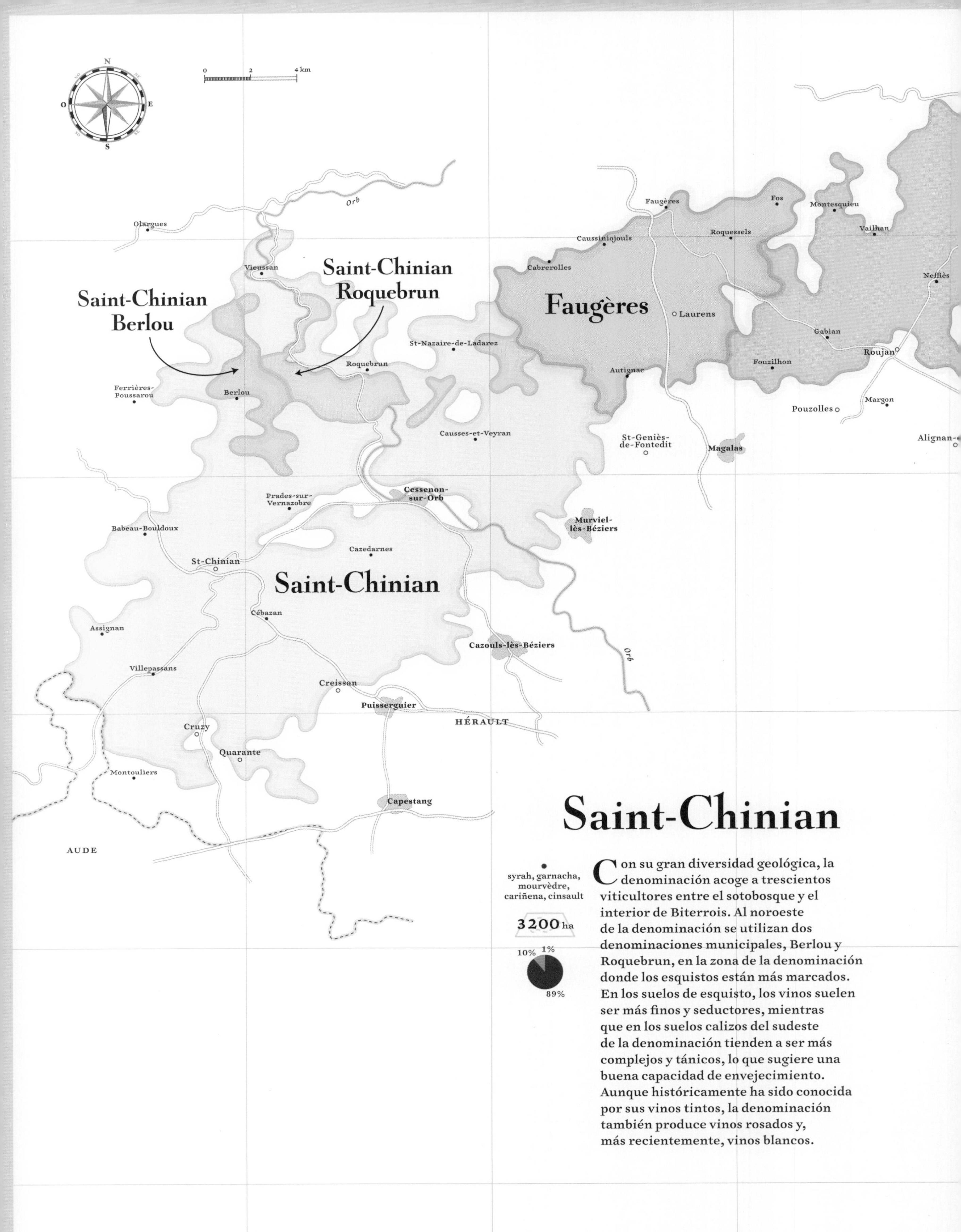

Saint-Chinian

syrah, garnacha, mourvèdre, cariñena, cinsault

3200 ha

10% 1% 89%

Con su gran diversidad geológica, la denominación acoge a trescientos viticultores entre el sotobosque y el interior de Biterrois. Al noroeste de la denominación se utilizan dos denominaciones municipales, Berlou y Roquebrun, en la zona de la denominación donde los esquistos están más marcados. En los suelos de esquisto, los vinos suelen ser más finos y seductores, mientras que en los suelos calizos del sudeste de la denominación tienden a ser más complejos y tánicos, lo que sugiere una buena capacidad de envejecimiento. Aunque históricamente ha sido conocida por sus vinos tintos, la denominación también produce vinos rosados y, más recientemente, vinos blancos.

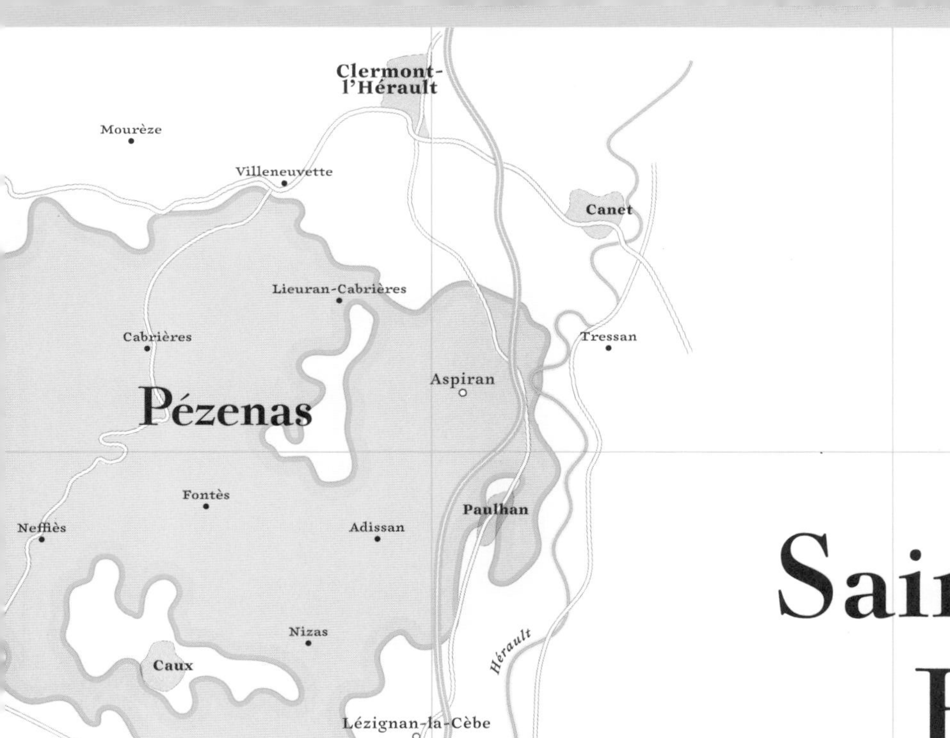

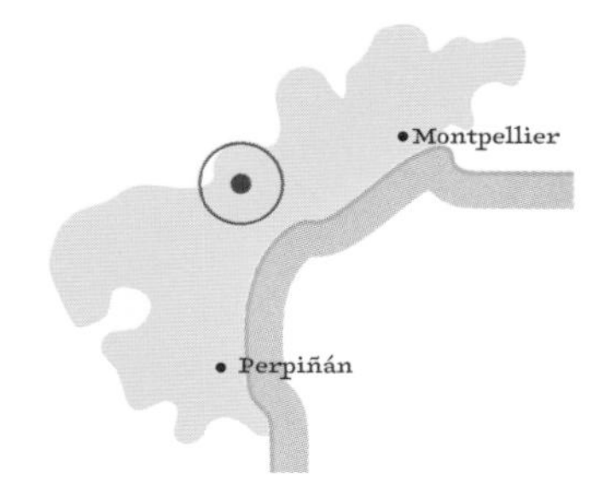

Saint-Chinian, Faugères y Pézenas

Saint-Chinian
tinto sobre esquisto

Saint-Chinian
tinto sobre caliza

Faugères
tinto

Faugères
rosado

Pézenas
tinto

Faugères

cariñena, cinsault, garnacha, mourvèdre, syrah

2100 ha

17% 3% 80%

Al norte de Béziers, este viñedo se extiende hasta el valle del Orb y abarca siete municipios del departamento de Hérault. Una rareza en el Languedoc: se permite la producción de los tres colores (desde 2005) y la integración de los blancos. El clima es sin duda mediterráneo, atemperado debido a una altitud media de 300 metros. Los suelos, dominados por esquistos areniscos, favorecen los vinos minerales y equilibrados. De este deseo de destacar un terroir concreto, se creó la mención «Faugères, Grand Terroir de Schistes» para los vinos de mayor calidad.

Pézenas

garnacha, mourvèdre, syrah, cariñena, cinsault

1500 ha

La viticultura, presente desde tiempos inmemoriales en la cuenca mediterránea, se desarrolló sobre todo en el siglo XVIII, en paralelo al auge industrial: cerca del 80 % de las tierras agrícolas de Pézenas están cubiertas de viñedos. Este viñedo mediterráneo, en el que las lluvias son escasas, se asienta sobre suelos de esquisto, calizos y aluviales con formaciones volcánicas entre 0 y 300 metros de altitud. Los vinos tintos de la denominación tienen aromas de fruta negra, garriga y un bouquet complejo, lo que da como resultado un vino potente y delicado a la vez.

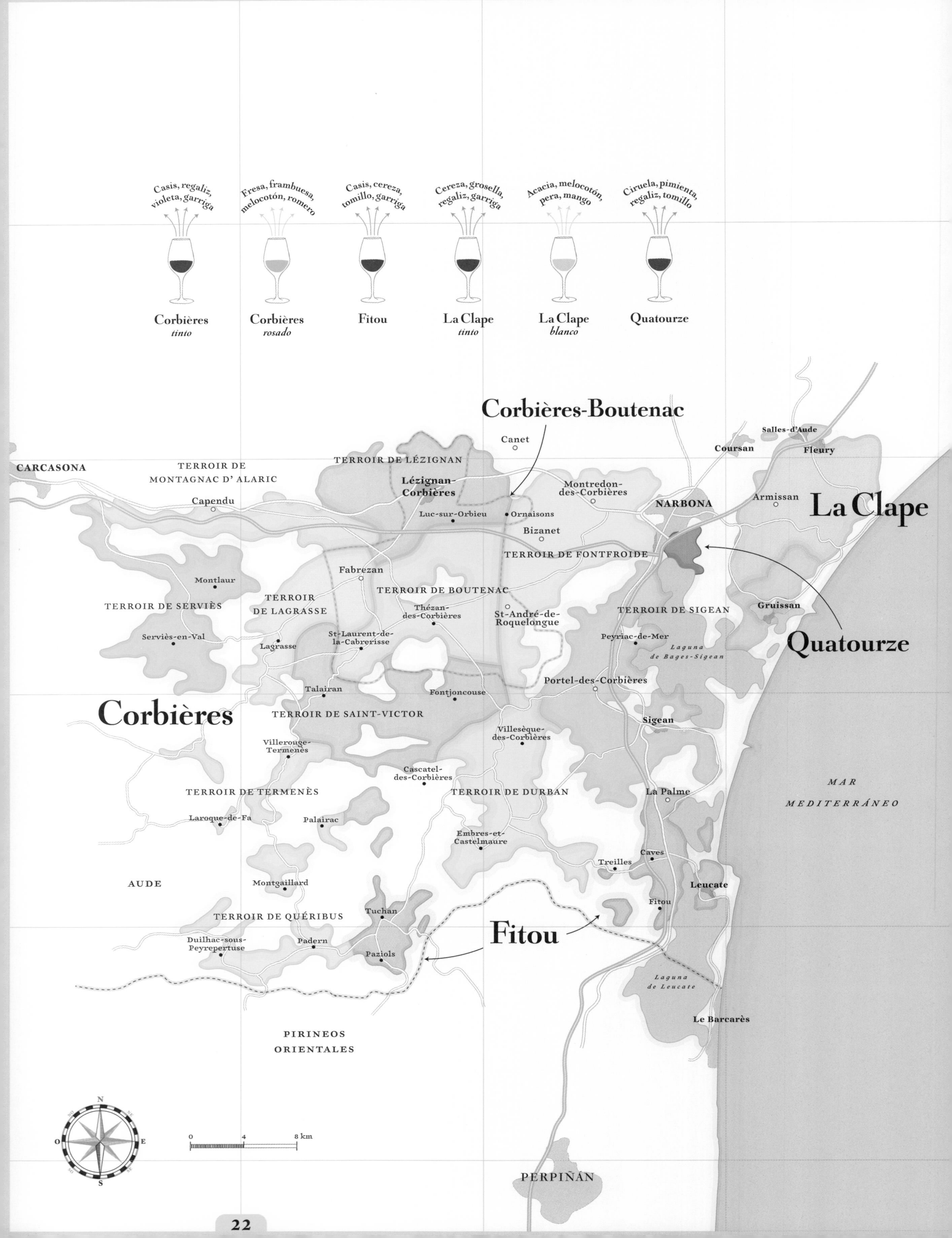

Casis, regaliz, violeta, garriga
Corbières
tinto
Fresa, frambuesa, melocotón, romero
Corbières
rosado
Casis, cereza, tomillo, garriga
Fitou
Cereza, grosella, regaliz, garriga
La Clape
tinto
Acacia, melocotón, pera, mango
La Clape
blanco
Ciruela, pimienta, regaliz, tomillo
Quatourze
Corbières-Boutenac
Canet
Salles-d'Aude
Coursan
Fleury
CARCASONA
TERROIR DE MONTAGNAC D' ALARIC
TERROIR DE LÉZIGNAN
Lézignan-Corbières
Montredon-des-Corbières
Capendu
NARBONA
Armissan
La Clape
Luc-sur-Orbieu
Ornaisons
Bizanet
TERROIR DE FONTFROIDE
Fabrezan
Montlaur
TERROIR DE BOUTENAC
TERROIR DE SERVIÈS
TERROIR DE LAGRASSE
Thézan-des-Corbières
St-André-de-Roquelongue
TERROIR DE SIGEAN
Gruissan
Serviès-en-Val
Lagrasse
St-Laurent-de-la-Cabrerisse
Peyriac-de-Mer
Laguna de Bages-Sigean
Quatourze
Portel-des-Corbières
Talairan
Fontjoncouse
Corbières
TERROIR DE SAINT-VICTOR
Sigean
Villerouge-Termenès
Villesèque-des-Corbières
Cascatel-des-Corbières
MAR MEDITERRÁNEO
TERROIR DE TERMENÈS
TERROIR DE DURBAN
La Palme
Laroque-de-Fa
Palairac
Embres-et-Castelmaure
Caves
Treilles
Leucate
AUDE
Montgaillard
Fitou
TERROIR DE QUÉRIBUS
Tuchan
Fitou
Duilhac-sous-Peyrepertuse
Padern
Paziols
Laguna de Leucate
Le Barcarès
PIRINEOS ORIENTALES
N
O
E
S
0
4
8 km
PERPIÑÁN

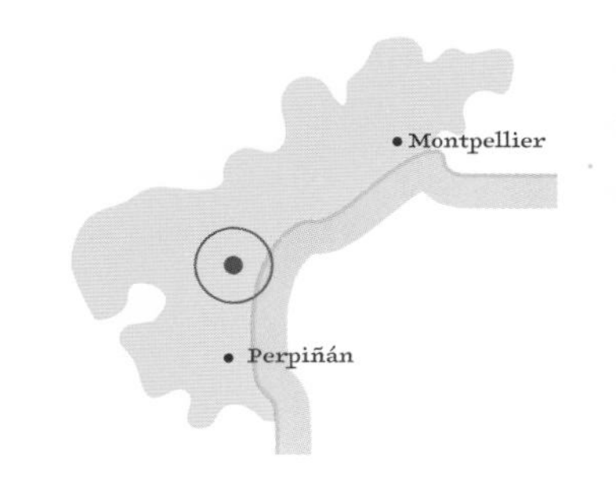

Corbières, Fitou y La Clape

Corbières

cariñena, garnacha, syrah, mourvèdre

garnacha blanca, maccabeu, roussanne, marsanne, vermentino

11 000 ha

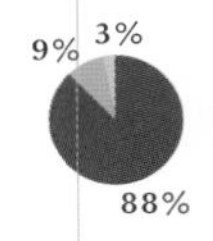

Este gigante mediterráneo es la mayor AOC del Languedoc. Produce cincuenta y tres millones de botellas al año. Aquí los vientos son fuertes; los suelos, áridos, y domina la cariñena. Conocido antaño como el «vin du Midi», Corbières tiene acento meridional y un buen potencial de envejecimiento. Los viticultores, dominados durante mucho tiempo por las cooperativas y aún demasiado a menudo vinculados a esa imagen de productores de simples vinos de mesa, luchan por el reconocimiento de sus diferentes terroirs. Se están desmarcando de la imagen rústica asociada a la región reduciendo la duración de la crianza en barrica para ofrecer vinos más finos. De las once zonas definidas en 1985, solo el cru de Boutenac ha obtenido una AOC. La riqueza de los suelos de Durban quizás los ponga en la senda para ser los próximos elegidos. ¡Continuará!

Es la mayor AOC del Languedoc

Fitou

Como dos pulmones de las Corbières, la denominación Fitou se extiende por dos zonas separadas por pocos kilómetros. Esta peculiaridad, poco frecuente en Francia, se explica más por vínculos históricos que geológicos.

En 2019, los vinos de Fitou son reconocidos como AOC municipal. Un ascenso que los sitúa por encima de sus vecinos de las Corbières, que siguen siendo una AOC regional. Fitou puede considerarse un cru de Corbières. Cada variedad está repartida en sus zonas favoritas: la garnacha y la cariñena en las laderas, mientras que la syrah, más sensible a la sequía, se planta en suelos especialmente profundos. La mourvèdre tiene predilección por el lujo: prefiere las parcelas con vistas al mar.

cariñena, garnacha, syrah, mourvèdre

2400 ha

La Clape

garnacha, mourvèdre, syrah

bourboulenc, clairette, garnacha blanca

1000 ha

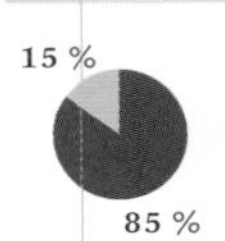

Es uno de los lugares con más horas de sol de Francia gracias a los trece vientos que se cruzan sobre los viñedos para teñir de azul el cielo durante más de tres mil horas al año. La denominación debe su nombre al macizo de La Clape, que se eleva a 214 metros y significa «montón de piedras» en occitano. Un hecho singular: La Clape aún era una isla en el siglo XIII, pero los depósitos aluviales traídos por el Aude la conectaron con tierra firme. El terroir ha conservado vestigios de su pasado insular, lo que aporta a los vinos frescura y una mineralidad casi yodada.

Quatourze

Entre Narbona y la laguna de Bages, el pulgarcito de la región destaca por la ausencia de cariñena y un suelo de cantos rodados. La zona, situada frente al mar, es ideal para la mourvèdre, que produce vinos especiados.

mourvèdre, garnacha, syrah

80 ha

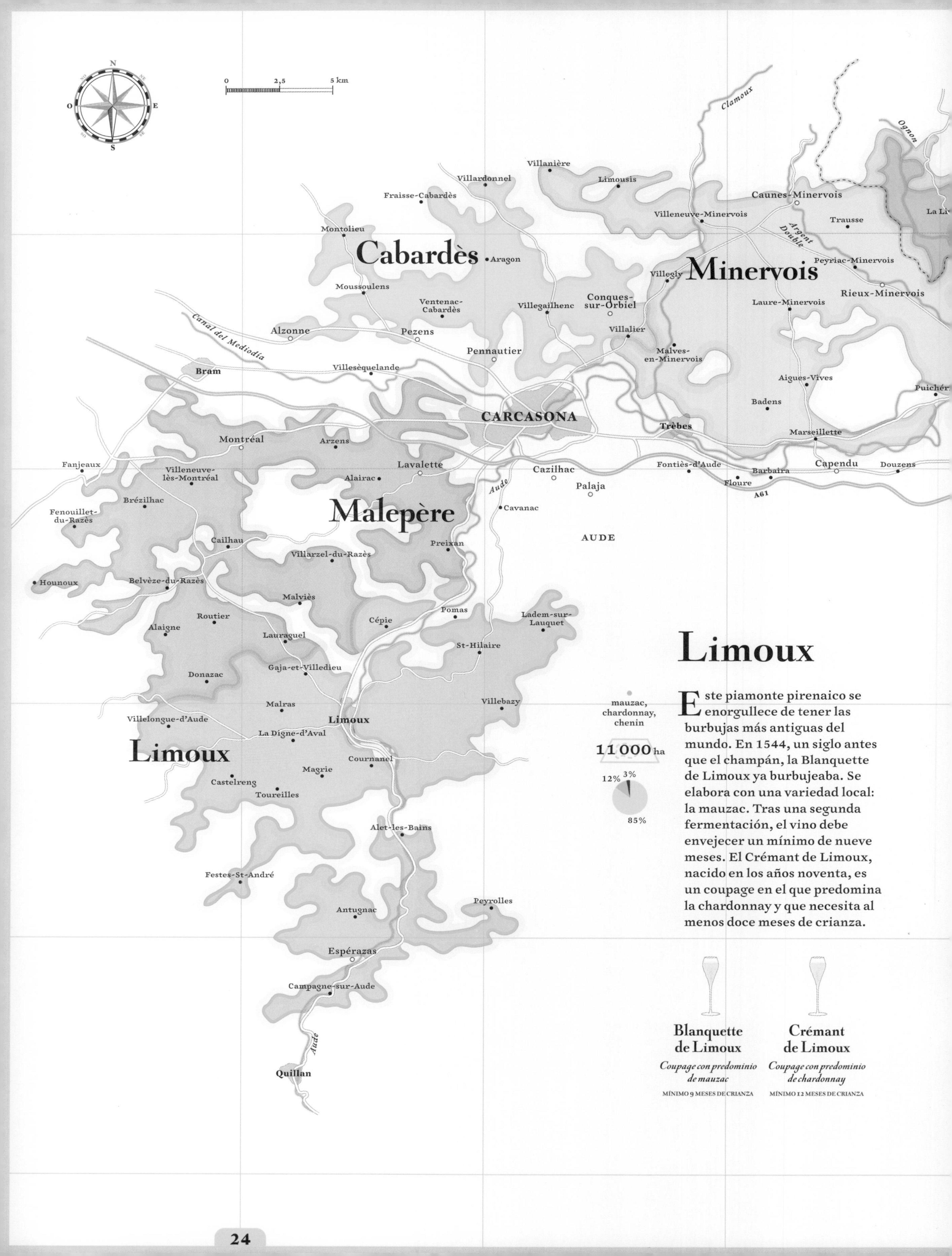

Limoux

Este piamonte pirenaico se enorgullece de tener las burbujas más antiguas del mundo. En 1544, un siglo antes que el champán, la Blanquette de Limoux ya burbujeaba. Se elabora con una variedad local: la mauzac. Tras una segunda fermentación, el vino debe envejecer un mínimo de nueve meses. El Crémant de Limoux, nacido en los años noventa, es un coupage en el que predomina la chardonnay y que necesita al menos doce meses de crianza.

Blanquette de Limoux
Coupage con predominio de mauzac
MÍNIMO 9 MESES DE CRIANZA

Crémant de Limoux
Coupage con predominio de chardonnay
MÍNIMO 12 MESES DE CRIANZA

Alrededores de Carcasona

Malepère

merlot, cabernet franc, malbec

500 ha

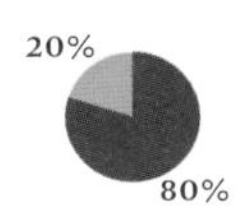

Esta jovencísima denominación se creó en 2007. En lo que respecta a las variedades, la alineación del equipo gasta aires bordeleses, pero los vinos se distinguen por la doble influencia de los climas atlántico y mediterráneo. Los viñedos no monopolizan la región, que comparten de buen grado con campos de cereales, girasoles o colza.

Cabardès

syrah, merlot, cabernet sauvignon, cabernet franc, garnacha

550 ha

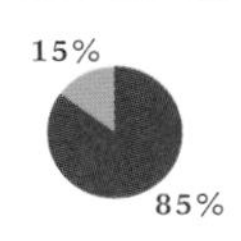

Montpellier se aleja y Toulouse está solo a 80 kilómetros, por lo que no sorprende la influencia del sudoeste. La denominación produce dos variantes de tintos: al oeste, una mezcla de merlot y cabernet sauvignon; al este, una mezcla de syrah y garnacha.

Minervois

Pasada Carcasona, el canal du Midi prosigue su curso hacia el mar, entre Minervois y Corbières. La denominación debe su nombre a la ciudad medieval de Minerve, que ejerce de frontera climática. Las influencias atlánticas se dejan sentir en la parte oriental del viñedo, mientras que el aire mediterráneo domina el oeste.

La Livinière es el primer cru reconocido del Languedoc

Los numerosos valles han sido excavados por los cuatro ríos que descienden de la Montaña Negra: el Clamoux, el Argent Double, el Ognon y el Cesse. El tamaño de la plantación y la variación de los suelos de caliza, guijarros y esquisto ofrecen una diversidad que respeta el alma de la región: vinos ricos y generosos. Como si estuviera enclavado en la gran zona de denominación Minervois, La Livinière, reconocido como Premier Cru del Languedoc en 1999, produce un potente vino tinto elaborado con el trío syrah-garnacha-cariñena.

garnacha, syrah, mourvèdre

4200 ha

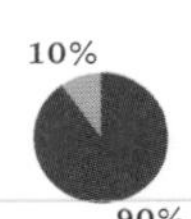

Grosella, casis, regaliz, trufa

Malepère

Casis, ciruela, violeta, cuero

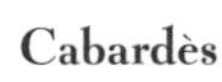

Cabardès

Casis, violeta, vainilla, aceituna

Minervois

Manzana verde, almendra, avellana, acacia

Blanquette de Limoux

Vinos dulces naturales

Los vinos dulces naturales son una especialidad de Languedoc-Rosellón. Son vinos alterados, producidos inicialmente como vinos tranquilos tradicionales antes de detener la fermentación del mosto mediante la adición de alcohol de origen vínico. Esta interrupción de la fermentación alcohólica tiene dos efectos: aumentar el grado alcohólico del vino y conservar el azúcar residual (de 45 a 120 g/litro según la denominación). Esta operación produce vinos alcohólicos (entre 15 y 21,5 %) que aún contienen el azúcar natural de las uvas. Hay dos tipos de vinos dulces naturales: los muscats (principalmente en el Languedoc) elaborados a partir de muscat blanc à petits grains y muscat d'Alexandrie y los vinos dulces naturales (especialmente en el Rosellón) a base de garnacha, malvoisie, macabeu o muscat.

Languedoc

- Muscat de Lunel
- Muscat de Frontignan
- Muscat de Mireval
- Muscat de Saint-Jean-de-Minervois

Rosellón

- Maury
- Rivesaltes
- Muscat de Rivesaltes
- Banyuls
- Banyuls Grand Cru
- Grand Roussillon

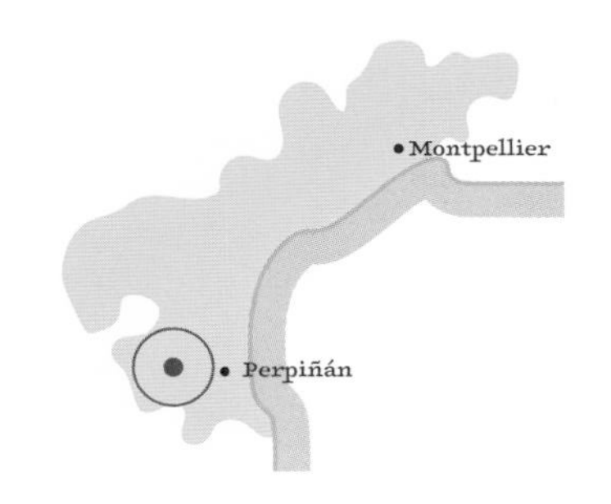

Rosellón

El Rosellón, célebre históricamente por sus vinos dulces naturales, produce en la actualidad grandes vinos tintos con personalidad en su singular tribuna: entre montañas y el Mediterráneo.

Los viñedos del Rosellón (Pirineos Orientales) abarcan 20 000 hectáreas bañadas por más de dos mil seiscientas horas de sol al año. Rodeadas por tres macizos (Corbières, Canigou y Albères), forman una tribuna privilegiada. Los tres ríos que atraviesan el Rosellón (el Têt, el Tech y el Agly) han cincelado un relieve de terrazas y laderas con una gran variedad de suelos en los que prosperan nada menos que veinticuatro variedades.

En 1285, el alquimista Arnaud Villeneuve descubrió la técnica del «mutage», un proceso para elaborar vinos dulces naturales que consiste en añadir alcohol puro de origen vínico para interrumpir la fermentación antes de que las levaduras consuman todos los azúcares. Gracias a Maury, Rivesaltes y Banyuls, el Rosellón se convirtió en un destacado productor de vinos dulces naturales.

Al igual que los vinos licorosos, los vinos dulces naturales pugnan por seducir a la nueva generación de amantes del vino. Sin embargo, estos vinos, todavía demasiado poco conocidos, merecen mucha más atención. Hoy en día, se habla del Rosellón sobre todo gracias a los vinos secos.

Côtes du Roussillon Côtes du Roussillon Villages

cariñena, mourvèdre, garnacha, syrah

garnacha blanca, macabeu, tourbat

8000 ha

2500 ha DENOMINACIÓN MUNICIPAL

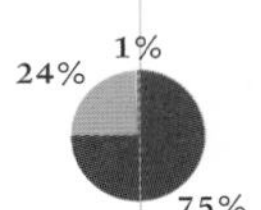

De la frontera sur del Aude a la frontera española, Côtes du Roussillon abarca una gran parte de los Pirineos Orientales. Con el calor y la tramontana acentuando la sequedad, hallamos vinos mediterráneos expresivos y robustos. Los Côtes du Roussillon Villages están situados más al norte, con cuatro denominaciones específicas, cada una con sus propias prescripciones en cuanto a la proporción de cada variedad: Tautavel, en el norte del departamento; las otras tres: Lesquerde, Latourde-de-France y Caramany, repartidas en una estrecha franja en torno al Agly.

Maury

Territorio histórico de los vinos dulces naturales, estos terroirs también producen vinos secos reconocidos como denominación de origen desde 2011. Cabe destacar la adaptación de la garnacha a estos suelos difíciles y áridos. Procedentes de suelos de margas esquistosas, descubrimos vinos umbrosos e intensos.

400 ha

Collioure

La denominación comparte la misma área geográfica que Banyuls, pero designa solo los vinos secos. Llamados «vins naturels de Banyuls» hasta 1960, los vinos recibieron la denominación Collioure en 1971, a lo que le siguió el reconocimiento de los vinos blancos y, después, el de los rosados en 2003. Los tintos, que gozan de buena reputación, son generosos y suelen ser aptos para el envejecimiento. Además de la denominación regional Côtes du Roussillon, Collioure es la única denominación del Rosellón que reconoce los vinos rosados. Son elegantes y, a menudo, tienen un matiz de violeta.

900 ha

12%
28%
60%

ALSACIA

el paraíso de los blancos

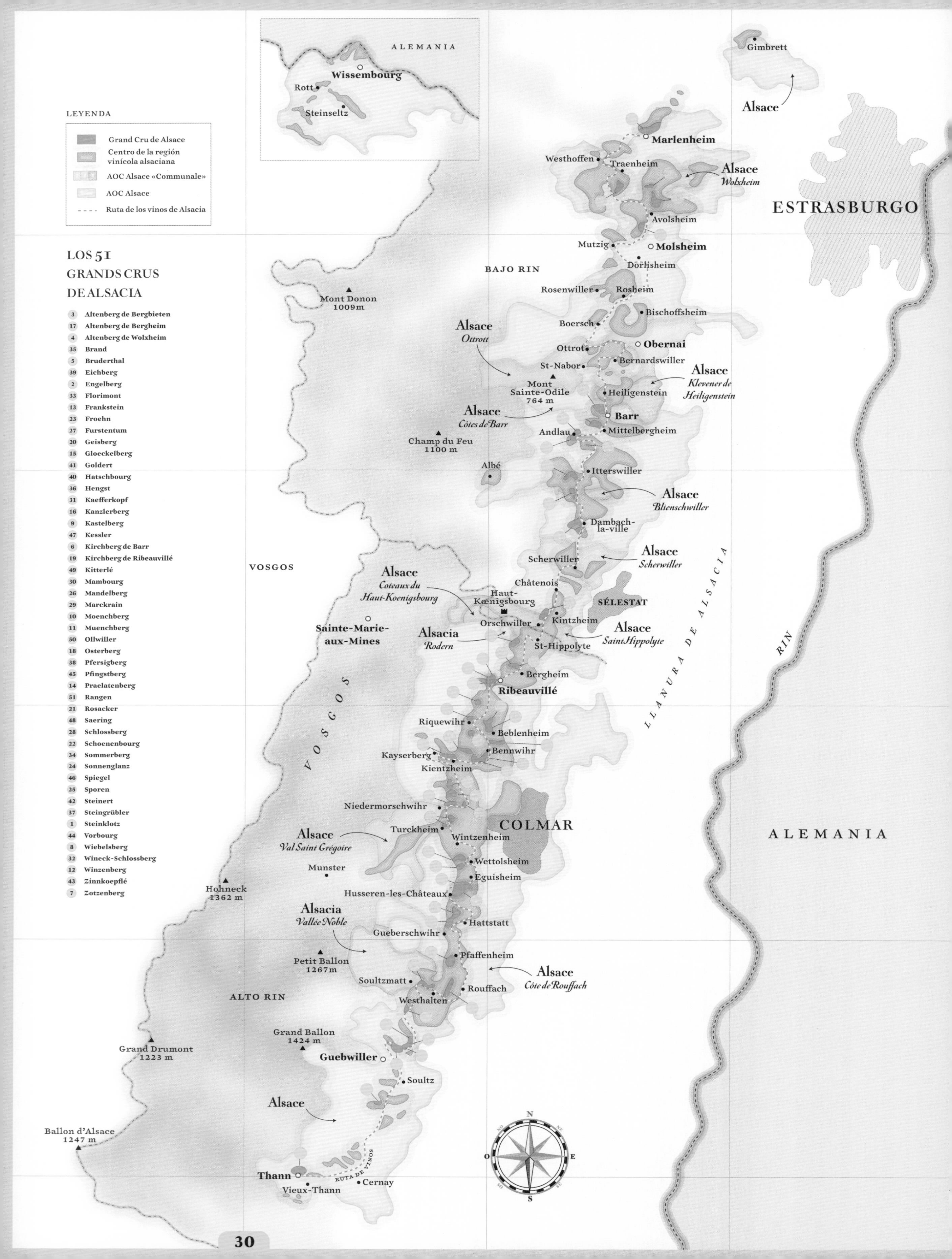
LEYENDA
Grand Cru de Alsace
Centro de la región vinícola alsaciana
AOC Alsace «Communale»
AOC Alsace
Ruta de los vinos de Alsacia
LOS 51 GRANDS CRUS DE ALSACIA
3 Altenberg de Bergbieten
17 Altenberg de Bergheim
4 Altenberg de Wolxheim
35 Brand
5 Bruderthal
39 Eichberg
2 Engelberg
33 Florimont
13 Frankstein
23 Froehn
27 Furstentum
20 Geisberg
15 Gloeckelberg
41 Goldert
40 Hatschbourg
36 Hengst
31 Kaefferkopf
16 Kanzlerberg
9 Kastelberg
47 Kessler
6 Kirchberg de Barr
19 Kirchberg de Ribeauvillé
49 Kitterlé
30 Mambourg
26 Mandelberg
29 Marckrain
10 Moenchberg
11 Muenchberg
50 Ollwiller
18 Osterberg
38 Pfersigberg
45 Pfingstberg
14 Praelatenberg
51 Rangen
21 Rosacker
48 Saering
28 Schlossberg
22 Schoenenbourg
34 Sommerberg
24 Sonnenglanz
46 Spiegel
25 Sporen
42 Steinert
37 Steingrübler
1 Steinklotz
44 Vorbourg
8 Wiebelsberg
32 Wineck-Schlossberg
12 Winzenberg
43 Zinnkoepflé
7 Zotzenberg
ALEMANIA
Wissembourg
Rott
Steinseltz
Gimbrett
Alsace
Marlenheim
Westhoffen
Traenheim
Alsace Wolxheim
ESTRASBURGO
Avolsheim
Mutzig
Molsheim
Dorlisheim
BAJO RIN
Mont Donon 1009 m
Rosenwiller
Rosheim
Bischoffsheim
Boersch
Alsace Ottrott
Ottrot
Obernai
St-Nabor
Bernardswiller
Alsace Klevener de Heiligenstein
Mont Sainte-Odile 764 m
Heiligenstein
Alsace Côtes de Barr
Barr
Andlau
Mittelbergheim
Champ du Feu 1100 m
Albé
Itterswiller
Alsace Blienschwiller
Dambach-la-ville
VOSGOS
Scherwiller
Alsace Scherwiller
Alsace Coteaux du Haut-Koenigsbourg
Châtenois
Haut-Kœnigsbourg
SÉLESTAT
Kintzheim
Sainte-Marie-aux-Mines
Orschwiller
Alsacia Rodern
Alsace Saint Hippolyte
St-Hippolyte
LLANURA DE ALSACIA
RIN
Bergheim
Ribeauvillé
VOSGOS
Riquewihr
Beblenheim
Bennwihr
Kayserberg
Kientzheim
Niedermorschwihr
COLMAR
ALEMANIA
Alsace Val Saint Grégoire
Turckheim
Wintzenheim
Wettolsheim
Munster
Eguisheim
Hohneck 1362 m
Husseren-les-Châteaux
Alsacia Vallée Noble
Hattstatt
Gueberschwihr
Petit Ballon 1267m
Pfaffenheim
Alsace Côte de Rouffach
Soultzmatt
Rouffach
ALTO RIN
Westhalten
Grand Ballon 1424 m
Grand Drumont 1223 m
Guebwiller
Soultz
Alsace
Ballon d'Alsace 1247 m
N
O
E
S
Thann
Vieux-Thann
RUTA DE VINOS
Cernay

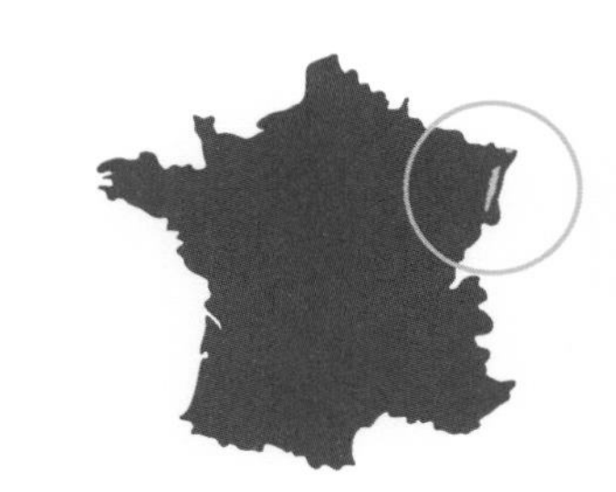

Alsacia

A los pies de los Vosgos, cerca del Rin, los viñedos alsacianos ofrecen una gama de vinos blancos reconocidos como unos de los más aromáticos del mundo.

Variedades

pinot noir

riesling, pinot gris, gewurztraminer, sylvaner, pinot blanc, muscat

Hectáreas

15 600

Tipos de vino

10 %

25 %

65 %

Suelos

calcáreo, granito, esquistos, gneis y gres

Clima

continental

Antes de llegar a la copa, la riqueza de Alsacia se encuentra a unos metros bajo tierra. El hundimiento, hace varios millones de años, de un área de los Vosgos es el origen de la notable diversidad de los suelos de la región vinícola. Desde el siglo I d. C., los distintos invasores de Alsacia, ya fueran romanos, vándalos o alamanes, siempre han intentado preservar la vid y proteger a los viticultores.

Alsacia es la única región de Francia que denomina sus vinos por la variedad de uva y no por el lugar de producción. No siempre fue así: en el pasado, el menú de las posadas mostraba nombres de lugares como Gloeckelberg o Schoenenbourg. Pero después de la II Guerra Mundial, en la década de 1950, había que restaurar la imagen de los vinos de Alsacia. Los viticultores decidieron que era mejor alejarse de los nombres que sonaban demasiado... germánicos. Hoy, esta particularidad es objeto de debate entre los viticultores. Cada vez son más los que proponen un topónimo en lugar de una variedad.

Los viticultores siempre han sabido que algunos suelos producen mejores vinos que otros. Sin embargo, hasta el siglo XX no apareció un marco jurídico que reconociera los terroirs excepcionales: la denominación Grand Cru. Primero cincuenta, luego cincuenta y uno; los Grands Crus de Alsacia representan la más bella expresión de los vinos de la región. Rigurosamente delimitados por un catastro, cubren el 10 % del viñedo, pero solo representan el 2 % de las botellas producidas cada año. Esto se debe al deseo de reducir la cantidad en pro de la calidad.

Como todas las regiones del norte de Francia, Alsacia es tierra de vinos blancos, fruto de la riesling, la gewurztraminer, la pinot blanc..., aunque la pinot noir ha alcanzado una buena madurez en los últimos quince años, debido al calentamiento del planeta, y se expresa de maravilla en suelos calcáreos de la parte norte de la Ruta de los Vinos. Por el momento, solo los blancos pueden reclamar la denominación «Grand Cru», pero el proyecto de incluir los tintos está en marcha. Por último, no hay que olvidar la importante producción de Crémant d'Alsace, que bate récords a escala internacional. En Francia, la región ocupa el segundo lugar en volumen de vino espumoso, por detrás de Champaña.

> **Los Grands Crus representan la más bella expresión de los vinos de la región**

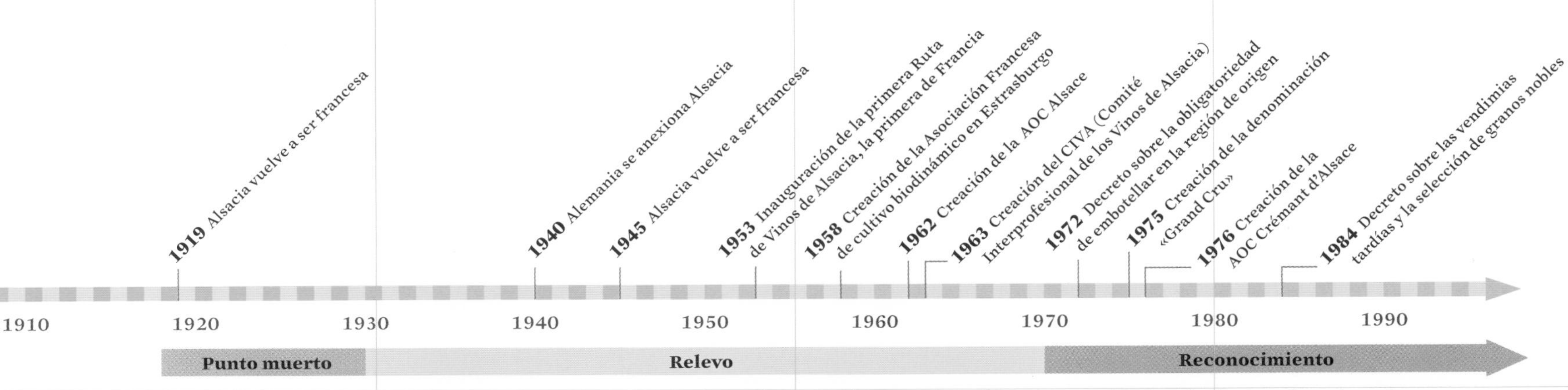
1919 Alsacia vuelve a ser francesa
1940 Alemania se anexiona Alsacia
1945 Alsacia vuelve a ser francesa
1953 Inauguración de la primera Ruta de Vinos de Alsacia, la primera de Francia
1958 Creación de la Asociación Francesa de cultivo biodinámico en Estrasburgo
1962 Creación de la AOC Alsace
1963 Creación del CIVA (Comité Interprofesional de los Vinos de Alsacia)
1972 Decreto sobre la obligatoriedad de embotellar en la región de origen
1975 Creación de la denominación «Grand Cru»
1976 Creación de la AOC Crémant d'Alsace
1984 Decreto sobre las vendimias tardías y la selección de granos nobles
1910
1920
1930
1940
1950
1960
1970
1980
1990
Punto muerto
Relevo
Reconocimiento
Caída de las ventas: ni una sola botella vendida en Alemania
Nueva generación de viticultores y cambio de imagen de la región
Los vinos de Alsacia vuelven a las mejores mesas del mundo

VARIEDADES

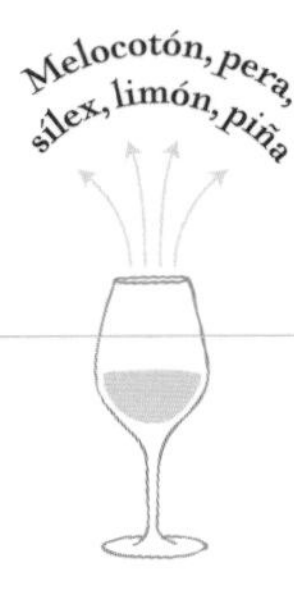

RIESLING

Originaria del valle del Rin, es la variedad abanderada de la región. Sabe sacarle partido al suelo para revelar una paleta de aromas que oscilan entre lo mineral y lo afrutado. Un suelo granítico le confiere un perfil ligero, mientras que un suelo arcillocalcáreo o margoso la hace más estructurada. Si procede de una parcela Grand Cru, un vino de guarda puede esperar a abrirsehasta diez años. ¿Cómo reconocer a un alsaciano? Siempre tiene un riesling en la nevera.

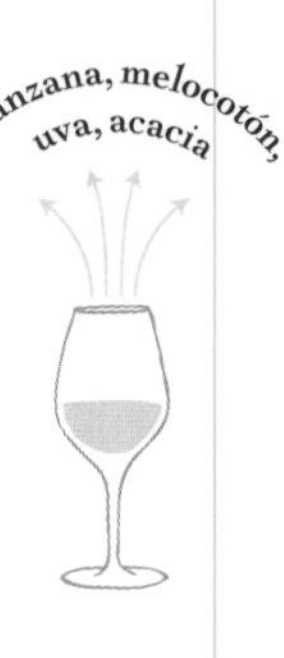

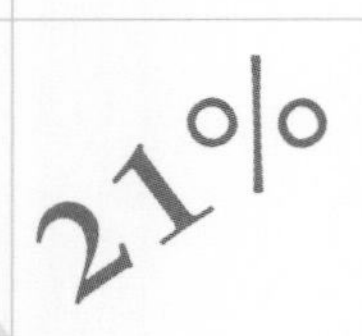

PINOT BLANC

Discretamente afrutada, pero menos aromática que sus vecinas, la pinot blanc es refrescante y fácil de beber. Rara vez se vinifica sola, pero se utiliza especialmente para la elaboración del Crémant d'Alsace, del que es la principal variedad. Aporta frescura al famoso espumoso alsaciano.

GEWURZTRAMINER

Gewürz significa «especia» en alemán y *Tramin* hace referencia al pueblo italiano donde nació esta variedad de uva antes de echar raíces en Alsacia. Ahora que ya sabe cómo escribirlo, ¡debe probarlo! Una auténtica invitación al viaje, su nariz es sorprendentemente rica. Es fácilmente reconocible en los viñedos gracias a sus pequeñas bayas rosas. Una variedad poco común: una cuarta parte de su producción mundial procede de Alsacia. Éxito garantizado con un queso azul de Auvernia o la cocina india.

DE ALSACIA

PINOT NOIR
MUSCAT
SYLVANER
PINOT GRIS
RZTRAMINER

11 %
2 %
8 %
15 %
20 %

PINOT NOIR

Alsacia produce pinot noir desde hace varios siglos, pero los vinos solían diluirse y no resultaban interesantes. La pinot noir es la única variedad de uva tinta que se ha hecho un huequecito y ha logrado salir de la estela de su prima borgoñona. La región, gracias a los esfuerzos de los viticultores y al calentamiento del planeta, que hace que los veranos sean más calurosos, se está convirtiendo en un estupendo terreno de juego para esta variedad de uva tinta.

MUSCAT

A diferencia de las muscat dulces del sur de Francia, esta es tan seca como ligera. En Alsacia se plantan dos variedades de muscat: muscat à petits grains y muscat ottonel. Producen vinos con bajo contenido alcohólico que se consumen mejor jóvenes.

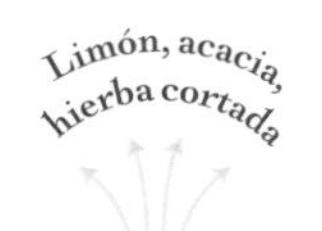

SYLVANER

Es, probablemente, la variedad más infravalorada de Alsacia. Sin embargo, los mejores viticultores que están dispuestos a reducir los rendimientos ofrecen joyas a precios asequibles. La malquerida de la región está decidida a reconquistar el corazón de los alsacianos.

Melocotón, albaricoque,
miel, almendra

PINOT GRIS

Originaria de Borgoña, la pinot gris es una mutación de la pinot noir. Prospera en regiones de clima continental, ya que aprecia tanto el frío del invierno como el sol del verano. Revela todo su potencial cuando se cosecha como «vendimia tardía» o «selección de granos nobles».

Cabe destacar que Alsacia no siempre ha cultivado las mismas variedades. En 1829 se ensalzaban los méritos de la knipperlé o la petit rischling, variedades que han desaparecido completamente de las hileras.

Sur de Alsacia

De Thann a Bergheim

El sur concentra el mayor número de Grands Crus: 37 de 51. También es la parte más conocida y visitada de la Ruta del Vino, con los pintorescos y floridos pueblos de Ribeauvillé, Riquewihr o Kaysersberg. Colmar, la capital de los vinos de Alsacia, es una parada obligatoria por sus canales, sus casas con entramado de madera y sus numerosas plazas. El microclima de Colmar favorece el desarrollo de la podredumbre noble, un fenómeno conocido en Sauternes que provoca una concentración de azúcar cuando las uvas se arrugan al sol, lo que da muy buenos resultados en las vides de pinot gris y gewurztraminer. Más al sur, entre Guebwiller y Thann, las vides se elevan aún más en las laderas más altas de la región.

Pinot gris Grand Cru Rangen

La ladera de Rangensus, con sus 22 hectáreas, un terroir volcánico único de Alsacia, comienza a 320 metros y corona a 450 metros. Lo escarpado de la pendiente (60 %) hace que sea difícil, incluso peligroso, trabajar en el viñedo. Por ello, los vendimiadores se aseguran con cuerdas, como los escaladores. Al estar orientado hacia el sur, el suelo es demasiado cálido para la riesling, por lo que predomina la pinot gris.

Gewurztraminer Grand Cru Hengst

Orientado al sur, este suelo de marga, caliza y arenisca domina Colmar y destaca por el predominio de la gewurztraminer, que ocupa la mitad de su superficie. *Hengst* significa «semental» en dialecto alsaciano; por tanto, no es de extrañar que estos vinos parezcan fogosos en su juventud.

Rangen
Leimbach
THANN
Vieux-Thann
Steinbach
CERNAY
Ufflotz
Wattwiller
Ollwiller
Jungholtz
Wuenheim
Hartmannswiller
Berrwiller
SOULTZ-HAUT-RHIN
GUEBWILLER
Kitterlé
Saering
Kessler
Bergholtz
Bergholtz-Zell
Orschwihr
Pfingstberg
Spiegel
Zinnkoepflé
Soultzmatt
Westhalten
Vorbourg
Rouffach
Steinert
Pfaffenheim

A pocos kilómetros al oeste de la Ruta de los Vinos, a la altura de Colmar, se encuentra el valle de Munster. Ha dado nombre a la otra vedete de la región: un queso de pasta blanda de leche de vaca y corteza lavada que combina a las mil maravillas con un pinot gris Grand Cru.

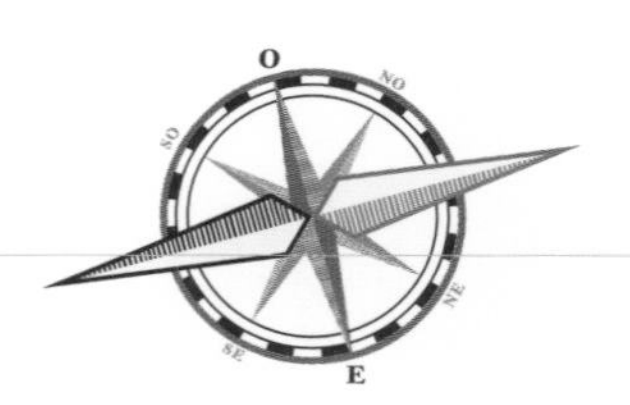

Riesling Grand Cru Schlossberg

La enseña de los viñedos alsacianos es el más antiguo de los Grands Crus. En un terroir de granito, la vid se cultiva a una altitud de 230 a 400 metros en 80 hectáreas. Vinos aireados y notablemente frescos que merecen unos años para ser apreciados.

Riesling Grand Cru Brand Vendanges Tardives

Un lugar mágico, situado en el municipio de Turckheim, que brinda pinots gris que combinan frescura y densidad. La etiqueta «Vendanges Tardives» significa que la vendimia se retrasa deliberadamente para obtener uvas sobremaduradas.

Crémant d'Alsace rosé de la Vallée noble

He aquí un pinot noir 100 % que haría sonrojar a algunos en Champaña. Los aromas de fresa y frambuesa se entremezclan con las finas burbujas de este crémant orgulloso de su terroir.

Grand Cru Altenberg de Bergheim

Es el único Grand Cru en el que los viticultores pueden practicar la complantación. Gewurztraminer, riesling y pinot gris se cultivan en la misma parcela y se vendimian y vinifican a la vez. Una unión que difumina las variedades para dejar que el terroir hable por sí mismo.

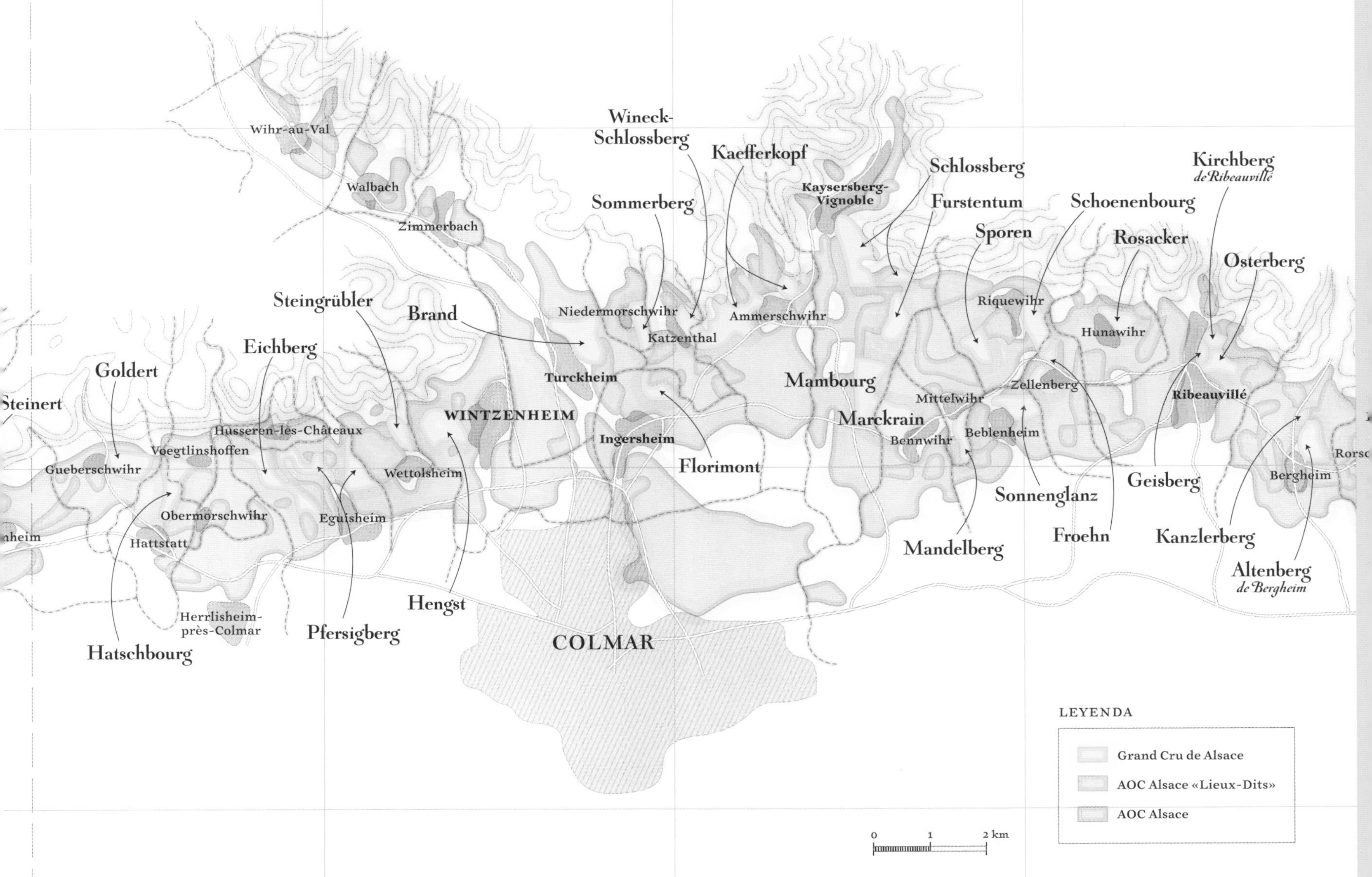

Norte de Alsacia

De Sélestat a Marlenheim

En Alsacia, las apariencias a veces engañan. El departamento del Bajo Rin está situado al norte, mientras que el del Alto Rin se encuentra al sur. Menos famosa que su vecina del sur, esta parte de la Ruta del Vino de Alsacia merece también una visita. Al salir de Estrasburgo, no tome la autopista hacia Colmar. En su lugar, siga la ruta turística más antigua de Francia, reconocida como Ruta del Vino en 1953; el turismo, al igual que el vino, merece tomarse su tiempo. Es en esta parte de Alsacia donde la pinot noir ofrece sus expresiones más hermosas, sobre todo en los suelos calizos. El castillo de Haut-Koenigsbourg, construido a 800 metros de altitud en el municipio de Orschwiller, domina el valle y sirve de frontera entre el Alto y el Bajo Rin. Este châteaux no produce vino, pero le ofrece unas impresionantes vistas de la región.

Una variedad poco conocida se esconde en los alrededores de Heiligenstein. En medio de este océano de riesling, una gota de savagnin rose se extiende sobre 44 hectáreas. En el viñedo, sus bayas rosas le confieren un aire de gewurztraminer. En la copa, es más mineral, sin ocultar sus notas de lichi.

Crémant d'Alsace

A menudo se olvida que, en la región, una de cada cinco botellas es un crémant. Dele una oportunidad a este espumoso con aromas de pera, melocotón o albaricoque. Y recuerde: un buen crémant d'Alsace es siempre mejor que un champán malo.

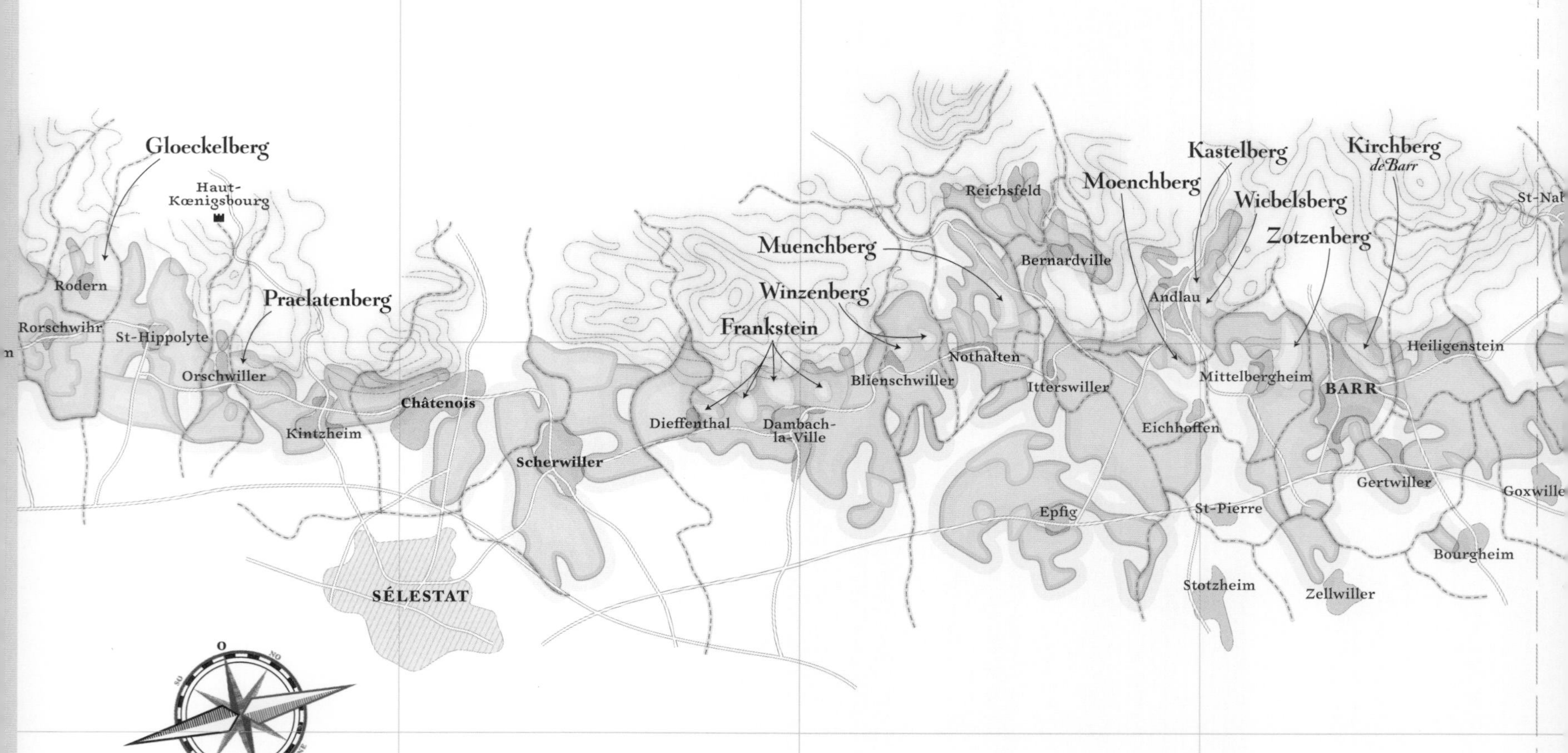

Sylvaner Grand Cru Zotzenberg

Desde 2005, es el único Grand Cru que acepta sylvaner. Los viticultores de este suelo margacalizo han hecho grandes esfuerzos para proteger el medioambiente renunciando al uso de insecticidas químicos.

Riesling Grand Cru Wiebelsberg

Cuenta con protección frente a los vientos del norte por los montes Vosgos. Su suelo se compone de gres de los Vosgos, una piedra rosa que se utilizó para construir la catedral de Estrasburgo. Con 12 hectáreas, es uno de los Grands Crus más pequeños de Alsacia. Se distingue por una presencia abrumadora de riesling (96 % del viñedo).

Edelzwicker

Proviene de *Edel* que significa «noble» y *Zwicker* «mezcla». Este habitual de las fiestas de los pueblos es una mezcla de todas las variedades de uva blanca alsacianas, sin indicación de porcentaje. Un vino goloso y popular, hecho para saborearse en sus primeros años. La prueba de que está hecho para mesas numerosas: la mayoría de los viticultores lo comercializan en botellas de un litro.

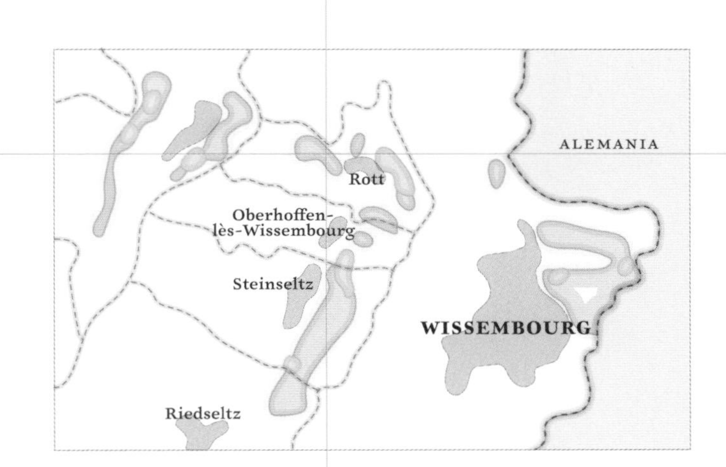

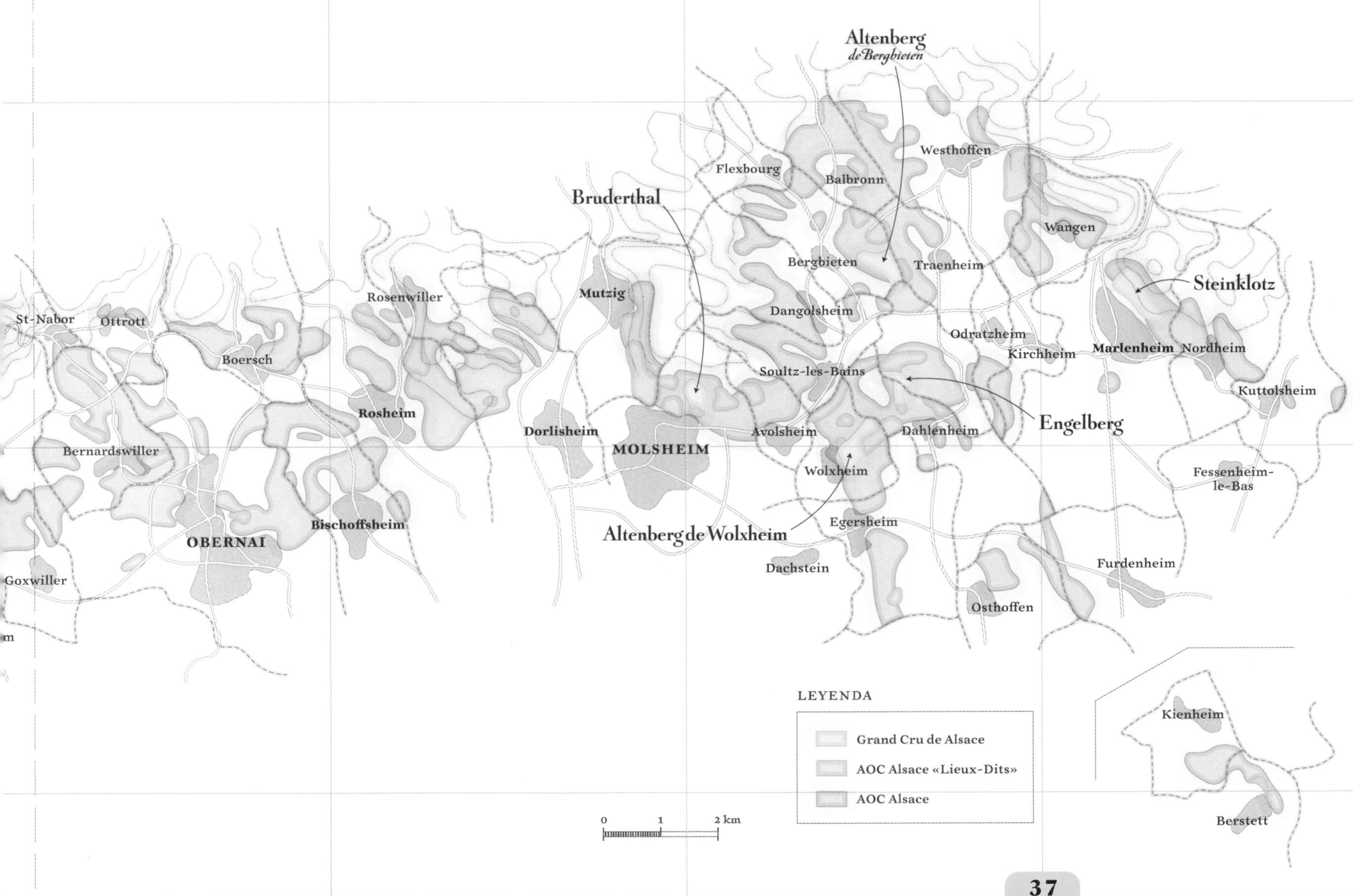

LOIRA

el nuevo Far West

Loira

Antaño tierra de reyes, las orillas del Loira se han convertido en la meca de los jóvenes viticultores. Dividida en catorce departamentos, es una de las mayores regiones vitivinícolas del mundo.

Apodada «el jardín de Francia», la región es una oda a la diversidad. Las viñas se integran en el paisaje sin monopolizarlo, lo que es bastante raro en una región vitícola.

Su fascinante constelación de castillos data del Renacimiento, cuando la corte de los reyes de Francia se instaló en la región. Ofrecía una posición estratégica en el corazón del reino y un modo de vida agradable. Y, sobre todo, muy buenos vinos. A diferencia de Burdeos, los vinos y los castillos no tienen ninguna relación, salvo por sus nombres.

El precio de la tierra sigue siendo razonable, lo que atrae cada año a jóvenes viticultores que desean crear su propia explotación. Su contribución hace del Loira una de las regiones más dinámicas y comprometidas con la protección del medioambiente.

Sobre la tierra: vides; bajo tierra: bodegas trogloditas. Estas moradas, excavadas en la roca, estaban destinadas inicialmente a los habitantes de la región. Más tarde se utilizaron como cuevas para setas. Hoy en día, la mayoría se utilizan para conservar y envejecer vinos. Garantizan una temperatura fresca y estable todo el año.

El Loira son sus variedades. En su nacimiento, la proximidad del Beaujolais explica la presencia de la gamay. Luego vienen los grandes suelos calcáreos de Sancerre que glorifican la sauvignon blanc. En el centro de la región, la chenin blanc y la cabernet franc gozan de la bondad del clima de Anjou. Antes de desembocar en el mar, el Loira rinde tributo a la melon B de la región de Nantes.

El Loira son sus variedades

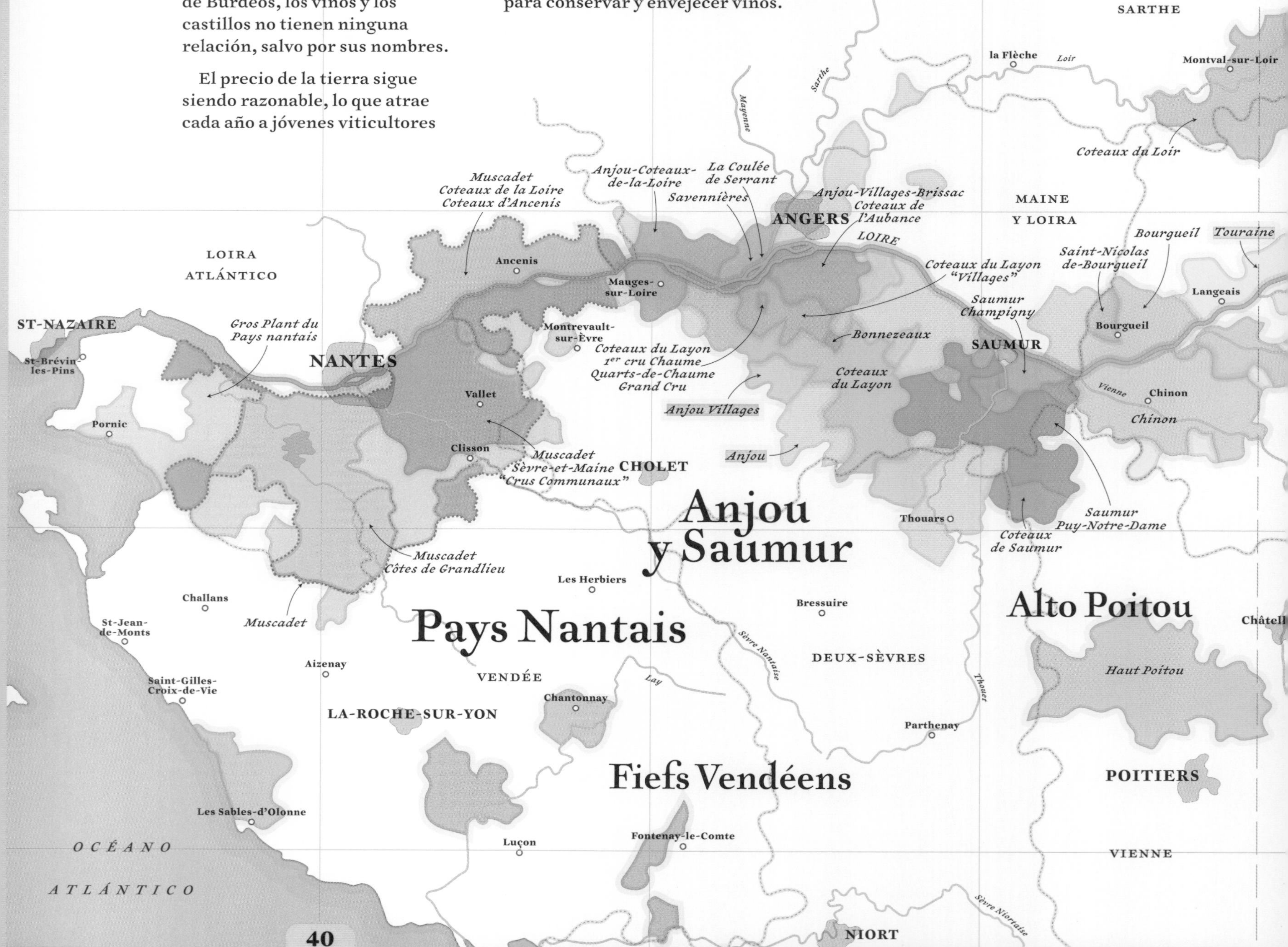

Variedades

● cabernet franc, gamay, pinot noir, grolleau

● melon B, chenin, sauvignon blanc, chardonnay

Hectáreas

57 000
47 000 en AOC

Tipos de vino

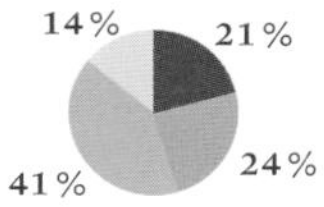

14 % · 21 % · 24 % · 41 %

Suelos

esquistos, toba, arcillocalcáreos, calcáreos, granito

Clima

de oceánico a semicontinental

La mejor forma de visitar este viñedo es seguir el curso del Loira en bicicleta. Actualmente, existe un carril bici que une Nevers con Saint-Nazaire de más de 600 kilómetros; un auténtico crucero sobre dos ruedas por las orillas del río más largo de Francia…

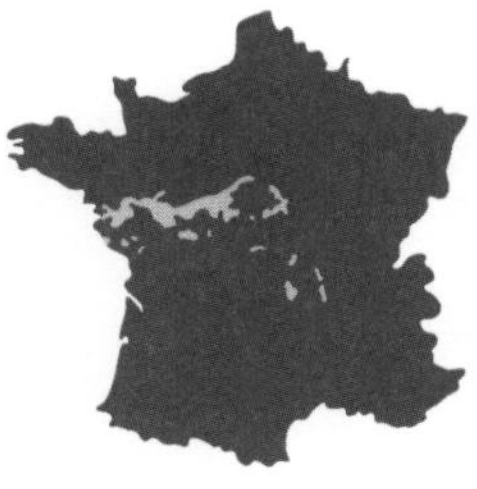

LOS SUELOS DEL LOIRA

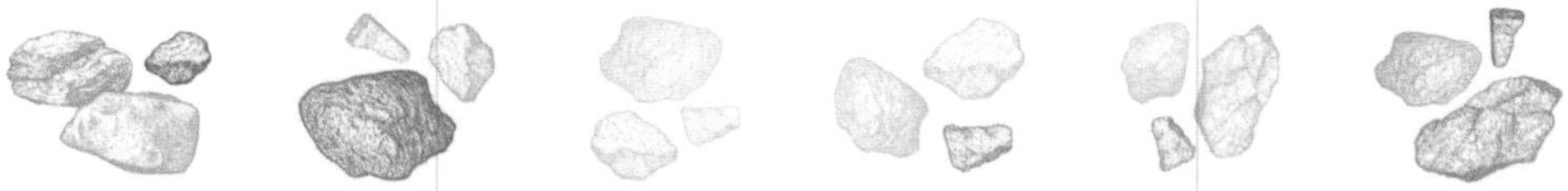

Nantais
Roca eruptiva del Macizo de Armórica

Anjou
Esquistos y gres

Saumur
Toba (tiza)

Turena
Toba, arcillas de sílex, arena, arcillocalcáreos y grava

Centro
Calcáreo kimmeridgiano, sílex y grava

Auvernia
Micaesquistos, gres, granito

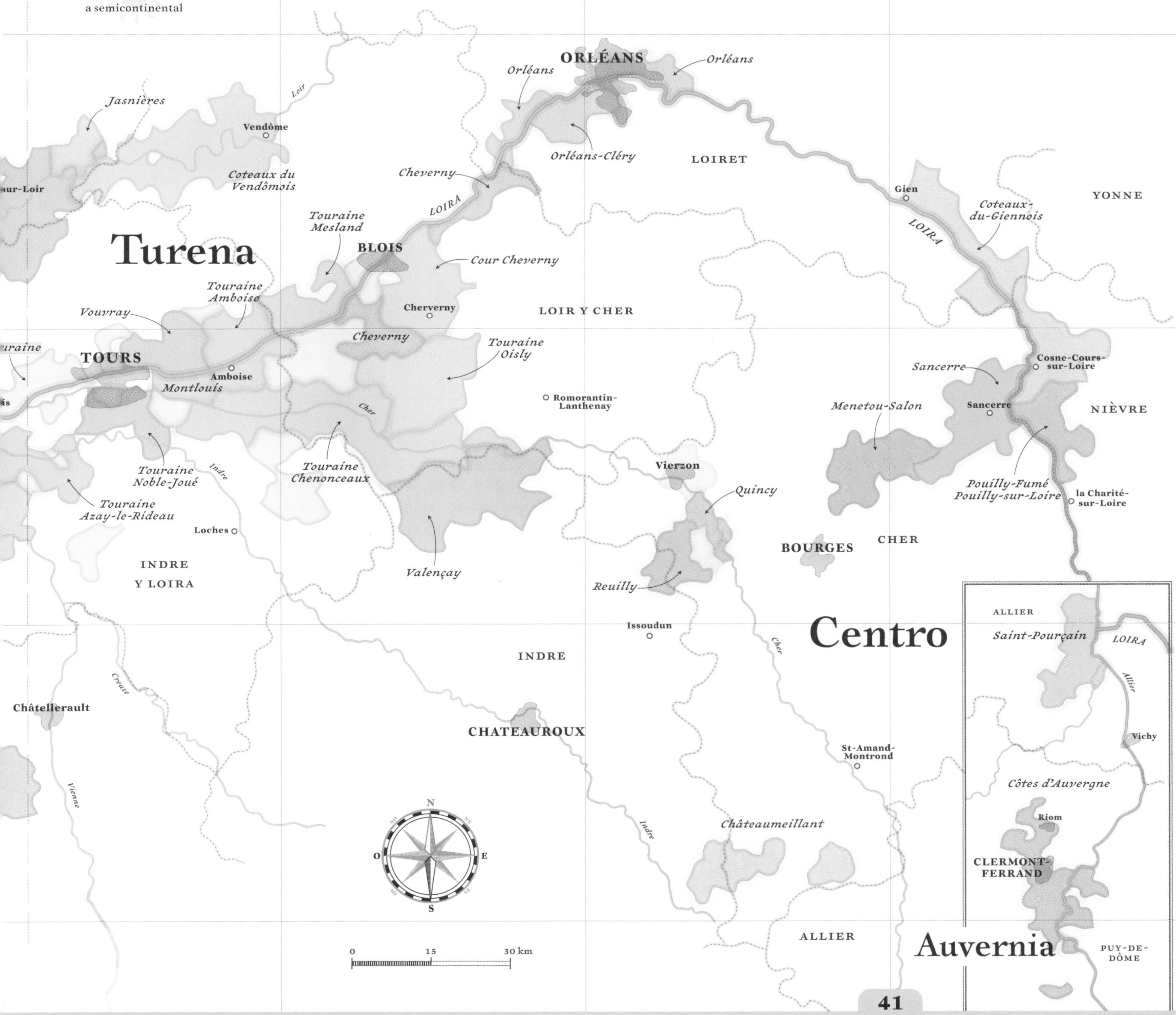

ORLÉANS
Orléans
Orléans
Jasnières
Loir
Vendôme
Orléans-Cléry
LOIRET
Coteaux du Vendômois
Cheverny
-sur-Loir
LOIRA
Gien
Coteaux-du-Giennois
YONNE
Touraine Mesland
LOIRA
Turena
BLOIS
Cour Cheverny
Touraine Amboise
Vouvray
Cherverny
LOIR Y CHER
Cheverny
Touraine Oisly
-uraine
TOURS
Amboise
Montlouis
Sancerre
Cosne-Cours-sur-Loire
Romorantin-Lanthenay
Cher
Menetou-Salon
Sancerre
NIÈVRE
Touraine Noble-Joué
Indre
Touraine Chenonceaux
Vierzon
Pouilly-Fumé
Pouilly-sur-Loire
la Charité-sur-Loire
Quincy
Touraine Azay-le-Rideau
Loches
BOURGES
CHER
INDRE Y LOIRA
Valençay
Reuilly
ALLIER
Issoudun
Saint-Pourçain
LOIRA
Centro
Cher
INDRE
Creuse
Allier
Châtellerault
CHATEAUROUX
Vichy
St-Amand-Montrond
Côtes d'Auvergne
Vienne
N
Châteaumeillant
Indre
Riom
O
E
CLERMONT-FERRAND
S
ALLIER
0 15 30 km
Auvernia
PUY-DE-DÔME

VARIEDADES

MELON DE BOURGOGNE

Muscadet y melon de Bourgogne están tan estrechamente relacionadas que la denominación debe su nombre a la variedad y la variedad, a la denominación. Gracias al reciente reconocimiento de este vino vivo y fresco en todo el mundo, el exilio borgoñón ha cobrado un nuevo impulso.

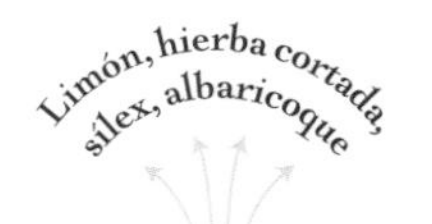

SAUVIGNON BLANC

Gran variedad de uva blanca de los viñedos del Centro Loira; aquí se producen algunos de los mejores sauvignon del mundo. Se vinifica sola en los excepcionales terroirs de Sancerre, Pouilly-Fumé, Menetou-Salon y hasta en los viñedos del Reuilly y Quincy en el Berry. Como gran intérprete de los suelos, la sauvignon desvela diferentes expresiones de una parcela a otra.

16%

15%

14%

6%

CHENIN

Esta variedad, hecha a medida para el Loira, es poco común en el resto del mundo. Se encuentra principalmente en Anjou y Turena, donde realza los terroirs de Savennières, Quart de Chaume, Vouvray y Montlouis. Tiene fama de ser difícil por su maduración tardía y su sensibilidad, pero es generosa para los que saben cultivarla. Ojo, flechazo garantizado.

CHARDONNAY

La chardonnay, originaria de Borgoña, llegó al valle del Loira durante la Edad Media. Se utiliza en la producción de Crémant de Loire y Saumur Brut. También se encuentra en la IGP Val de Loire.

FOLLE BLANCHE

Si también se la conoce como gros plant es porque la folle blanche es la variedad del Gros Plant del Pays Nantais. A la sombra de la muscadet, produce vinos poco alcohólicos con una marcada acidez.

OTRAS VARIEDADES BLANCAS

Malvoisie, chasselas, romorantin...

DEL LOIRA

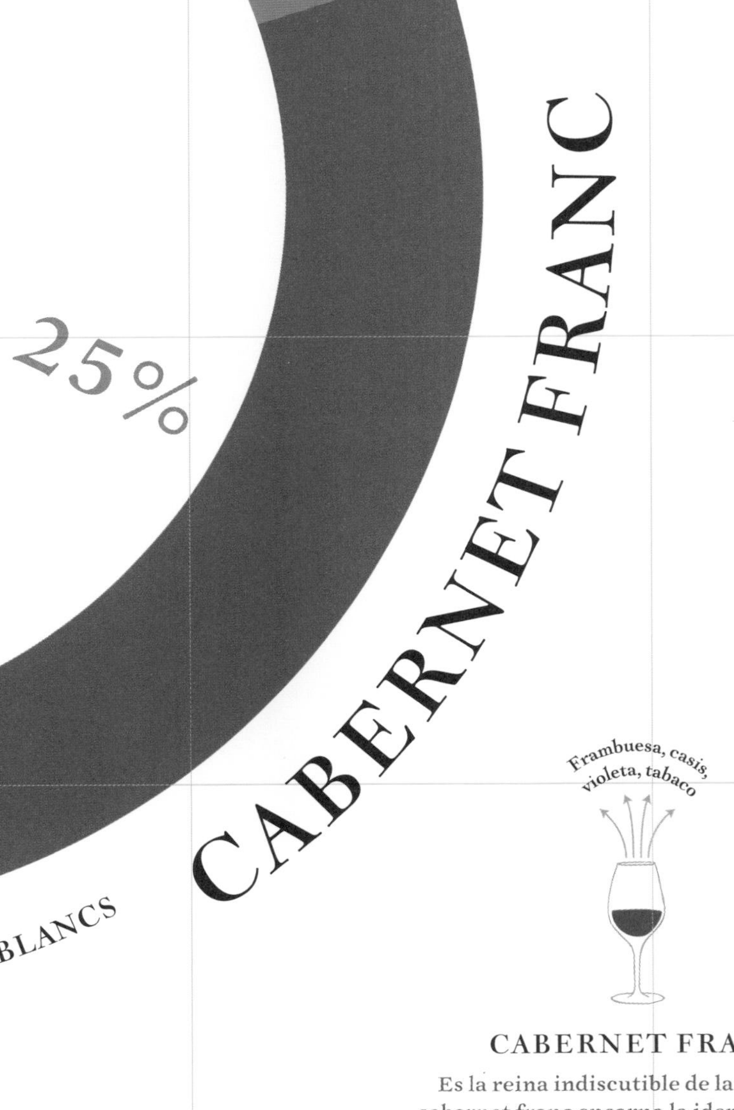

OTRAS VARIEDADES TINTAS

Pineau d'Aunis, côt, négrette...

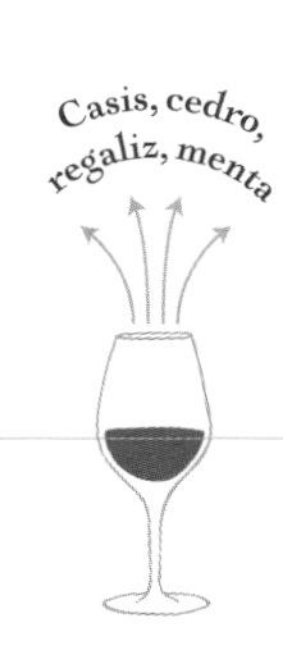

CABERNET SAUVIGNON

Su presencia en el Loira puede resultar sorprendente, pero es muy útil para elaborar vinos potentes, sobre todo en las regiones de Saumurois y Turena, donde complementa a la cabernet franc para aportar estructura y color. Su presencia suele apreciarse por un toque de menta.

GROLLEAU

Se trata de una variedad de uva poco utilizada, sobre todo fuera del Loira, descendiente de la gouais. De gran resistencia y productividad, genera vinos afrutados, sabrosos y fáciles de beber.

Cereza, pimienta, casis, ciruela, champiñón

PINOT NOIR

Frágil y caprichosa, se ha hecho un hueco en los viñedos más septentrionales de Francia, sobre todo en Borgoña, Champaña y Alsacia, donde es la única variedad tinta. En la región del Loira, se expresa maravillosamente en los terroirs de Sancerre y Menetou-Salon.

GAMAY

Si la gamay rima con Beaujolais (región donde representa el 99 % del viñedo), también está muy presente en el Loira, desde la Vendée hasta Auvernia. Se trata de una variedad muy fértil que requiereuna buena poda para limitar el número de racimos por cepa y obtener uvas de calidad. La gamay es apreciada por su carácter ligero y fácil de beber.

Frambuesa, casis, violeta, tabaco

CABERNET FRANC

Es la reina indiscutible de la región, la cabernet franc encarna la identidad de los tintos del Loira. Originaria del sudoeste, donde aparece en un segundo plano de los coupages, aquí suele vinificarse sola. Revela su más bella expresión en los suelos calizos y calcáreos de Chinon, Bourgueil y Saumur-Champigny.

CRUS LOCALES DE MUSCADET SÈVRE-ET-MAINE
LE LOROUX-BOTTEREAU
HAUTE-GOULAINE
Le Landreau
Goulaine
La Haye-Fouassière
La Chapelle-Heulin
Vallet
VALLET
La Haie-Fouassière
Le Pallet
Château-Thébaud
Le Pallet
Mouzillon
Mouzillon-Tillères
Monnières
Château-Thébaud
Monnières-St-Fiacre
Gorges
Maisdon-sur-Sèvre
Gorges
Clisson
St-Lumine-de-Clisson
CLISSON
Vair-sur-Loire
St-Mars-le-Désert
ANCENIS
LOIRA
Oudon
Orée-d'Anjou
Le Cellier
CARQUEFOU
Champtoceaux
Divatte-sur-Loire
Armonía
Goulaine
Sedosidad
Champtoceaux
Elegancia
La Haye-Fouassière
Cremosidad
Le Pallet
Riqueza
Vallet
Château-Thébaud
Finura
Monnières-St-Fiacre
Carnosidad
Mouzillon-Tillères
Complexidad
Gorges
Longitud
Clisson
Potencia
Muscadet
Coteaux de la Loire
Coteaux d'Ancenis
MAINE
Y LOIRA
LOIRA ATLÁNTICO
Nort-sur-Erdre
Erdre
Ligné
Ancenis
A11
Muscadet
LOIRE
Donges
Carquefou
ST-NAZAIRE
Gros plant du
Pays Nantais
Paimbœuf
Montrevault-sur-Èvre
St-Brévin-les-Pins
NANTES
St-Père-en-Retz
Vallet
Bouaye
Pornic
Sèvremoine
Chaumes-en-Retz
Lago de Grand-Lieu
A83
Aigrefeuille-sur-Maine
Clisson
Muscadet
Sèvre-et-Maine
CHOLET
Boulogne
Villeneuve-en-Retz
St-Philbert-de-Grand-Lieu
Machecoul
Île de Noirmoutier
Mortagne-sur-Sèvres
Montaigu
Muscadet
Sèvre-et-Maine
"Crus Communaux"
Rocheservière
Beauvoir-sur-Mer
VENDÉE
Legé
Challans
Muscadet
Côtes de Grandlieu
0 6 12 km
N
O
E
S

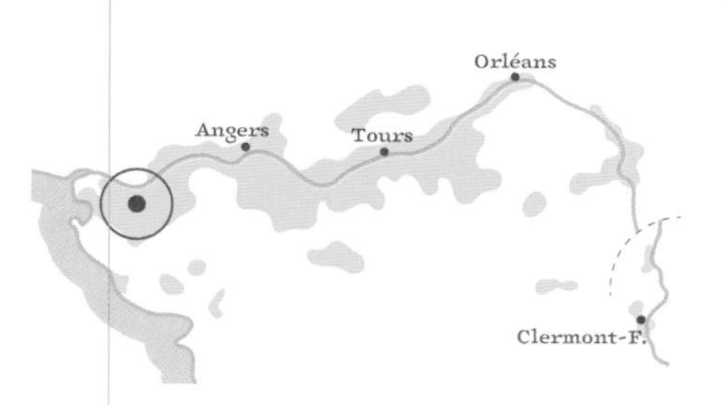

Muscadet y compañía

Muscadet

melon de Bourgogne

7900 ha

100%

Aquí es donde los continentes se separaron hace varios millones de años. Una prolongada agitación que dejó su huella y explica la riqueza de los suelos del antiguo macizo armoricano.

Otra separación marcó el destino de esta región. En 1395, Borgoña se divorció de una variedad de uva histórica de la región: la melon de Bourgogne, antiguamente conocida como gamay blanc. Tachada de desleal por Philippe le Hardi, la desterrada encontró refugio mucho más al oeste, a las puertas de Nantes. Hoy en día, muscadet es la única denominación del mundo que hace honor a esta variedad de uva.

Los bordeleses beben burdeos, los alsacianos defienden la riesling y los borgoñones llevan la pinot noir en la sangre. Pero los nanteses han estado enemistados durante mucho tiempo con la muscadet.

> **El muscadet ha reconquistado el corazón de los nanteses**

Esto se debe a años de sobreproducción que han encasillado al vino de la región como «blanco de mesa». Incluso si estaba en la carta de restaurantes con estrella de todo el mundo, en su propia ciudad lo seguían rechazando. Afortunadamente, esa etapa ya ha pasado. Gracias al esfuerzo de los viticultores, bodegueros y restauradores, el muscadet ha reconquistado el corazón de los nanteses.

Pero los tópicos persisten y muchos consumidores siguen considerándolo un simple vino blanco ideal para las ostras. ¡Vaya error! Es el único lugar del mundo donde los blancos secos se vinifican durante veinticuatro, sesenta o incluso ciento veinte meses en cubas sobre lías finas, lo que ofrece un increíble potencial de envejecimiento. Tanto más por cuanto la melon de Bourgogne revela el terroir: no impone sus aromas, sino que se inspira en el terroir para expresar un perfil único, vinculado al propio lugar.

Desde 2011, el INAO (Instituto Nacional de Origen y Calidad) reconoce los terroirs de muscadet con diez menciones municipales. Estos crus han sido seleccionados y delimitados por sus características geológicas y topográficas. ¿El siguiente paso? El reconocimiento de los lieux-dits dentro de estos crus, al igual que los climats de Borgoña. Sin duda, este melón es borgoñón.

Gros plant du Pays Nantais

folle blanche

570 ha

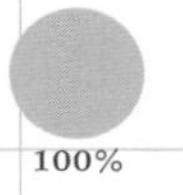

100%

La zona de denominación es la misma que la del muscadet. La única diferencia está en la variedad de uva: folle blanche. Una antigua variedad utilizada para la producción de coñac y armañac que ha renacido en los alrededores de Nantes para producir vinos blancos secos y vivos de baja graduación alcohólica.

Coteaux d'Ancenis

gamay, pinot gris (malvoisie)

150 ha

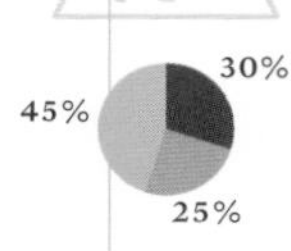

Está claro que a la región le gustan las variedades inesperadas. Esta denominación, localizada principalmente en el norte del Loira, al este de Nantes, ofrece la mayor parte de su viñedo a la malvoisie, más conocida como pinot gris en Alsacia. Una variedad mediterránea que brinda vinos blancos suaves y golosos. La gamay da tintos afrutados típicos de la región.

Anjou y Saumur

Es la única región del Loira con tantas caras diferentes. Una fuerza para la diversidad, pero una debilidad para ser identificada. Descubra un viñedo lleno de color.

Variedades

cabernet franc, cabernet sauvignon, pineau d'aunis, grolleau, gamay

chenin, sauvignon, chardonnay

Hectáreas

19 400

Tipos de vino

10 % 5 % 12 % 18 % 55 %

Suelos

esquistos pizarrosos, areniscas, carboníferas, tobas, rocas volcánicas

Ni demasiado calor ni demasiado frío: es la famosa placidez de Anjou que puede encontrarse tanto en los vinos como en el arte de vivir. La cabernet franc es la variedad histórica y aún dominante de la región. En Saumur, produce vinos tintos de casta en suelos de toba. En Saumur Champigny es donde se producen los mejores. Al oeste, está en Anjou noir, nombre vinculado al suelo, compuesto principalmente de esquisto oscuro. Esta región es la tierra del cabernet d'anjou y del rosé d'anjou. ¿Conoce la diferencia entre estos dos primos? Las variedades de uva. Como su nombre indica, el primero solo admite cabernet franc y cabernet sauvignon, mientras que el segundo tolera la adición de gamay, pineau d'aunis o grolleau.

Si Anjou es tierra de rosados, la nueva generación parece decidida a escribir el futuro en blanco. Ya sea seco, semiseco o dulce, la chenin se adapta muy bien a la región. Como en Sauternes, el microclima favorece el desarrollo de la podredumbre noble. Unas semanas antes de la vendimia, un hongo llamado *Botrytis cinerea* seca las uvas, que se arrugan y se vuelven marrones al sol. Este fenómeno permite la producción de los grandes vinos licorosos del Loira (Coteaux du Layon, Quarts-de-chaume, Bonnezeaux...).

Tierra del cabernet d'Anjou y de la placidez de la región

No hay que olvidar que, después de Champaña, la región del Loira es la primera productora de espumosos de Francia, y, en particular, la región de Saumur, donde se produce el Crémant de Loire, aunque la AOC Saumur Fines Bulles es la de mayor calidad. Los viticultores pueden confiar en las cuevas trogloditas para madurar perfectamente sus espumosos; excavadas en la roca, garantizan la oscuridad y una temperatura estable durante todo el año. Antiguamente utilizadas para la producción de setas, se han convertido en la mejor baza de los viticultores.

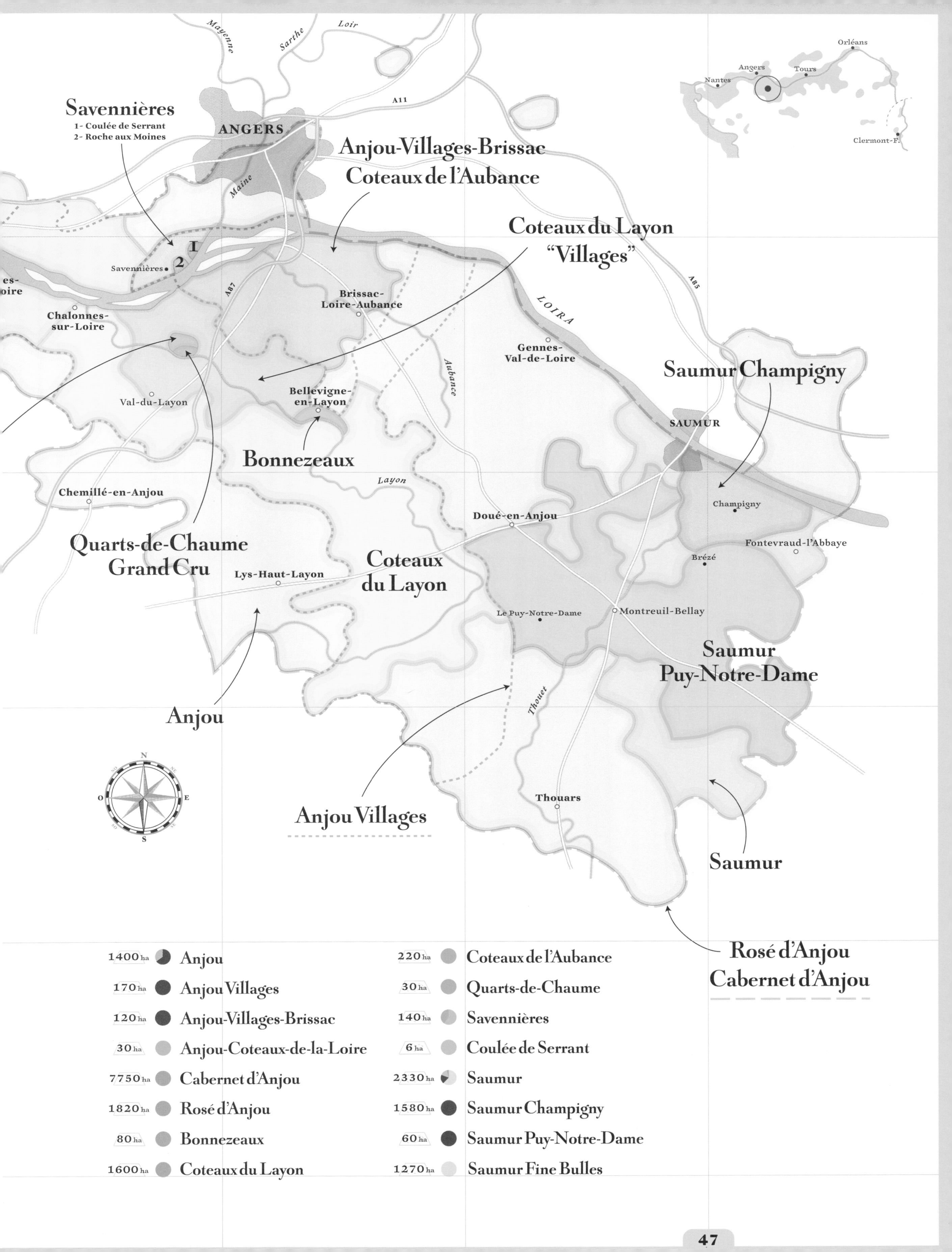

Mayenne
Sarthe
Loir
Orléans
Angers
Tours
Nantes
Clermont-F.
A11
Savennières
1- Coulée de Serrant
2- Roche aux Moines
ANGERS
Anjou-Villages-Brissac
Coteaux de l'Aubance
Maine
Coteaux du Layon
"Villages"
Savennières
A87
Brissac-
Loire-Aubance
LOIRA
A85
Chalonnes-
sur-Loire
Gennes-
Val-de-Loire
Saumur Champigny
Aubance
Val-du-Layon
Bellevigne-
en-Layon
SAUMUR
Bonnezeaux
Layon
Chemillé-en-Anjou
Champigny
Doué-en-Anjou
Quarts-de-Chaume
Grand Cru
Fontevraud-l'Abbaye
Coteaux
du Layon
Brézé
Lys-Haut-Layon
Le Puy-Notre-Dame
Montreuil-Bellay
Saumur
Puy-Notre-Dame
Anjou
Thouet
N
O
E
S
Thouars
Anjou Villages
Saumur
Rosé d'Anjou
Cabernet d'Anjou
1400 ha Anjou
170 ha Anjou Villages
120 ha Anjou-Villages-Brissac
30 ha Anjou-Coteaux-de-la-Loire
7750 ha Cabernet d'Anjou
1820 ha Rosé d'Anjou
80 ha Bonnezeaux
1600 ha Coteaux du Layon
220 ha Coteaux de l'Aubance
30 ha Quarts-de-Chaume
140 ha Savennières
6 ha Coulée de Serrant
2330 ha Saumur
1580 ha Saumur Champigny
60 ha Saumur Puy-Notre-Dame
1270 ha Saumur Fine Bulles

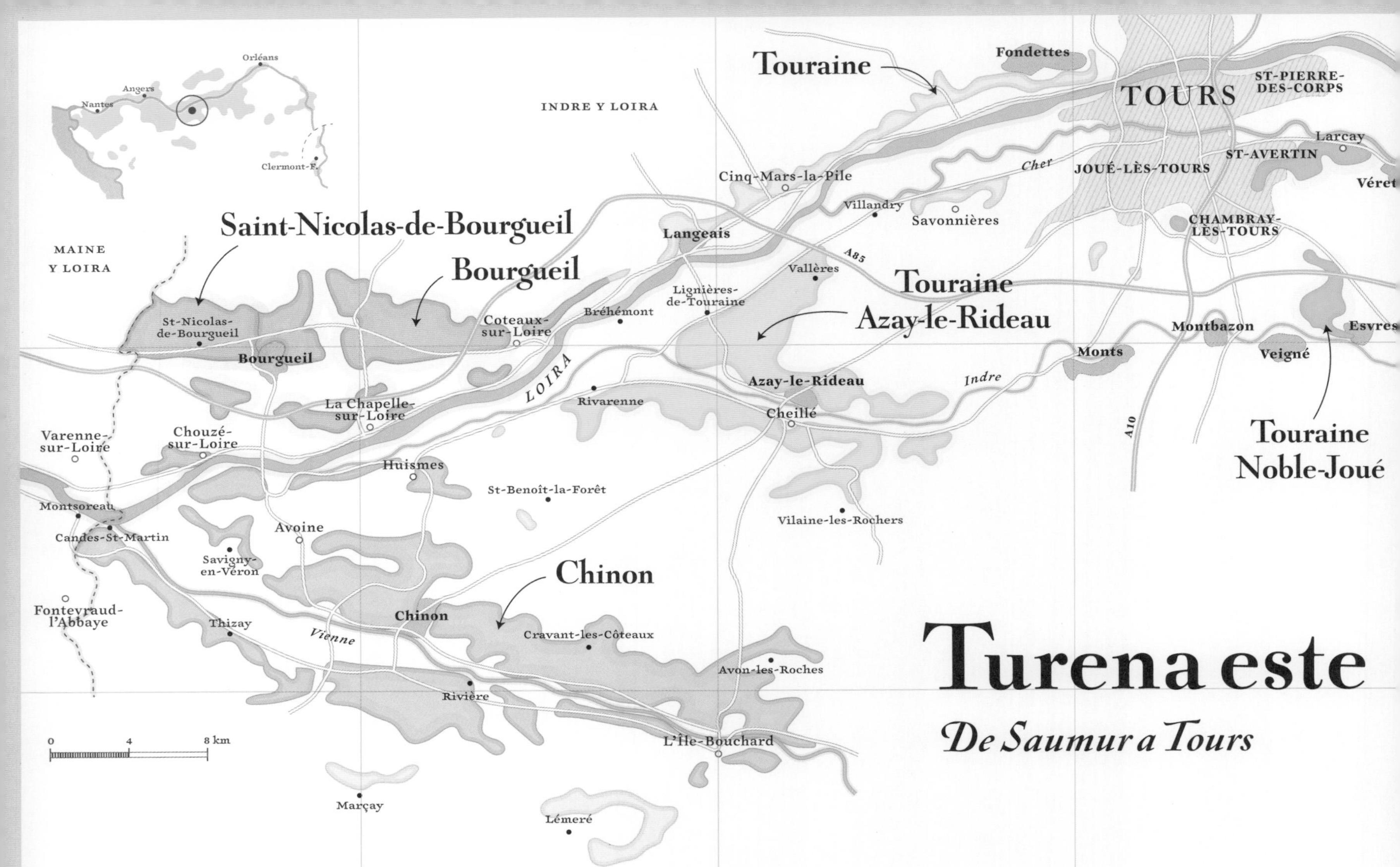

Turena este

De Saumur a Tours

Bourgueil

Denominación de moda; lo más probable es que su bodeguero le haya sugerido una botella de esta parte de la Turena. En su gran mayoría, los vinos se producen en monovarietal de cabernet franc. Entre las parcelas de arena y grava y las situadas en laderas con dominio de la toba, en Bourgueil encontramos una fascinante variedad de vinos: los de las planicies tienen más sabor a guinda y fresa, mientras que los de la toba tienden a la mora y la frambuesa.

1400 ha

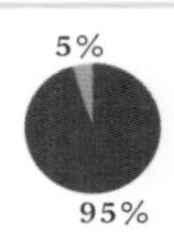

Saint-Nicolas-de-Bourgueil

En la región se dice que «el bourgueil se guarda; el saint-nicolas se bebe». Es difícil distinguir a primera vista entre estas dos denominaciones; la diferencia está bajo nuestros pies. En pocas palabras, los suelos de Bourgueil son principalmente arcillocalcáreos, mientras que los de Saint-Nicolas son en su mayor parte arenosos y de grava, lo que confiere a los vinos ligereza y delicadeza.

1100 ha

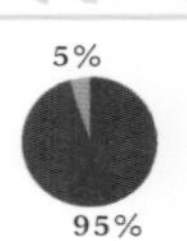

Chinon

Elogiada por Rabelais, oriundo de la ciudad, Chinon ha conocido épocas de gran esplendor. Gracias al impulso de jóvenes viticultores, está recuperando su antigua reputación y aún puede contar con sus vinos de ladera y sus añadas de larga guarda elaborados con cabernet franc. Los rosados son deliciosos y los blancos, más reservados, son secos y frescos. Las mejores añadas pueden conservarse fácilmente hasta cinco años en las mejores cosechas. Los tintos de la denominación pueden ser delicados y aromáticos o con cuerpo y robustos.

2400 ha

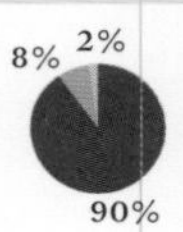

Touraine

Es una de las denominaciones regionales más grandes del Loira; en ella se distinguen cinco denominaciones geográficas. Los blancos secos son aromáticos, muy vivos, y se elaboran principalmente con sauvignon. Para la elaboración de espumosos se prefiere la chenin y la chardonnay. En cuanto a los tintos, la gamay, a menudo en monovarietal, da vinos ligeros y francos con aromas característicos de frutos rojos. Los rosados son muy frescos y delicados en sus coupages clásicos.

5000 ha

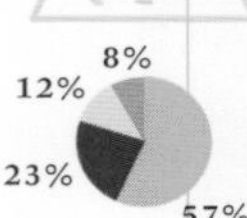

Touraine Noble-Joué

35 ha

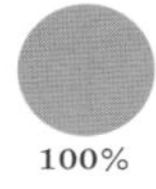

Denominación de rosado muy reservada, su nombre procede de la ciudad de Joué-lès-Tours y del adjetivo «noble» que se aplica a las variedades de uva de la familia de las pinot de las que se obtiene la meunier noir utilizada en este caso. Los vinos rosados ofrecen aromas de peonía, grosella, guinda y pomelo.

Touraine Azay-le-Rideau

40 ha

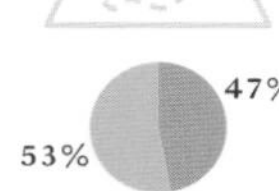

Dos variedades para dos colores; en este caso se utiliza la chenin para el blanco y la grolleau para el rosado. Este último procede incluso de unos kilómetros más allá. Es la única denominación del Loira que utiliza esta variedad sin coupages para los rosados.

Vendômois

Coteaux-du-Loir

Si seguimos el curso del Loira, los Coteaux-du-Vendômois dan paso a los Coteaux-du-Loir. Las variedades son muy similares, con predominio de la pineau d'aunis para los tintos y los rosados y de la chenin para los blancos. Los tintos no son muy tánicos y tienen una agradable complejidad, mientras que los rosados son frescos y ligeros. Los blancos son secos y desarrollan, según el terroir, mineralidad o redondez.

75 ha

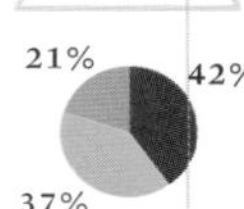

Coteaux-du-Vendômois

En suelos limosopedregosos que cubren terrenos arcillocalcáreos, se cultiva sobre todo pineau d'aunis con gamay, cabernet franc, cabernet sauvignon o côt (malbec). La especialidad local: el vino gris, de pineau d'aunis, un rosado tan claro que parece casi transparente. Este resultado se debe a una maceración muy breve. Los tres colores son, en general, vinos que deben beberse jóvenes.

140 ha

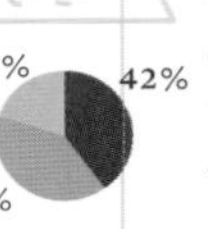

Jasnières

En la orilla derecha del Loira, en sus escarpadas laderas que pueden llegar a un 15 % de pendiente, orientados al sur, los viñedos albergan las cepas de chenin con las que se elabora este vino blanco de carácter reservado. La denominación revela una variedad de suelos que van del sílex a la arcilla pasando por la caliza. Estos vinos, a menudo minerales con azúcar residual, tienen aromas florales como el espino blanco y la acacia. Por lo general, merecen unos años de paciencia antes de disfrutarlos.

50 ha

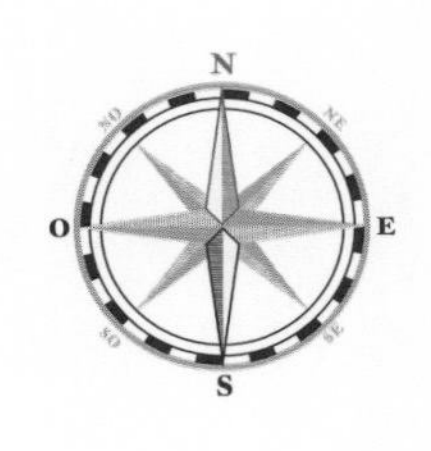

Turena oeste

De Tours a Blois

St-Lubin-en V.
BLOIS
A10
Valencisse
St-G
Chailles
Touraine Mesland
Valloire-sur-Cisse
Mesland
Touraine Amboise
Veuzin-sur-Loire
Candé-sur-Beuvron
Les Montils
Montreuil-en-Touraine
Monteaux
Mouthou-sur-Bièvre
Chaumont-sur-Loire
Ouchamps
Cangey
Rilly-sur-Loire
Mosnes
Poucé-sur-Cisse
Cheverny
Fougères-su
Sambin
Chargé
Nazelles-Négron
Noizay
Vallières-les-Grandes
LOIR Y CHER
LOIRA
AMBOISE
Souvigny-de-Touraine
Touraine Oisly
TOURS
Pontlevoy
Thénay
INDRE Y LOIRA
Chou
St-Martin-le-Beau
Montrichard
Monthou-sur-Cher
CHER
La Croix-de-Touraine
Chissay-en-Touraine
Civray-de-Touraine
Angé
Thésée
Chenonceaux
Bléré
St-Georges-sur-Cher
Faverolles sur-Cher
Pouillé
Francueil
Mareuil-sur-Ch
Épeigné-les-Bois
Touraine Chenonceaux

Touraine Amboise

160 ha

23%
42%
35%

Este bonito viñedo de la Turena, apreciado por los reyes, bordea el castillo de Amboise y sigue las orillas del Loira hasta Mesland. La gamay está muy presente y puede ensamblarse para su envejecimiento con côt y cabernet franc.

Touraine Mesland

90 ha

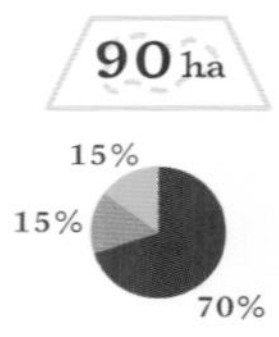

Desde el punto de vista histórico, en este pequeño viñedo se introdujo por primera vez la gamay en el Loira, hacia 1830. Aunque aquí se encuentran todas las principales variedades de uva del Loira, la gamay sigue ocupando un lugar destacado.

Touraine Oisly

35 ha

En los alrededores de Oisly, en la región vinícola de Sologne, este antiguo viñedo honra la sauvignon blanc y encuentra una de las expresiones más bellas del Loira. Se caracteriza por su frescura y delicadeza aromática.

Touraine Chenonceaux

130 ha

22%
78%

Esta reciente denominación de Turena (2011) se basa en la excelente reputación del castillo de Chenonceaux para ofrecer un vino blanco elaborado exclusivamente con sauvignon blanc y un tinto con un coupage de côt y cabernet franc.

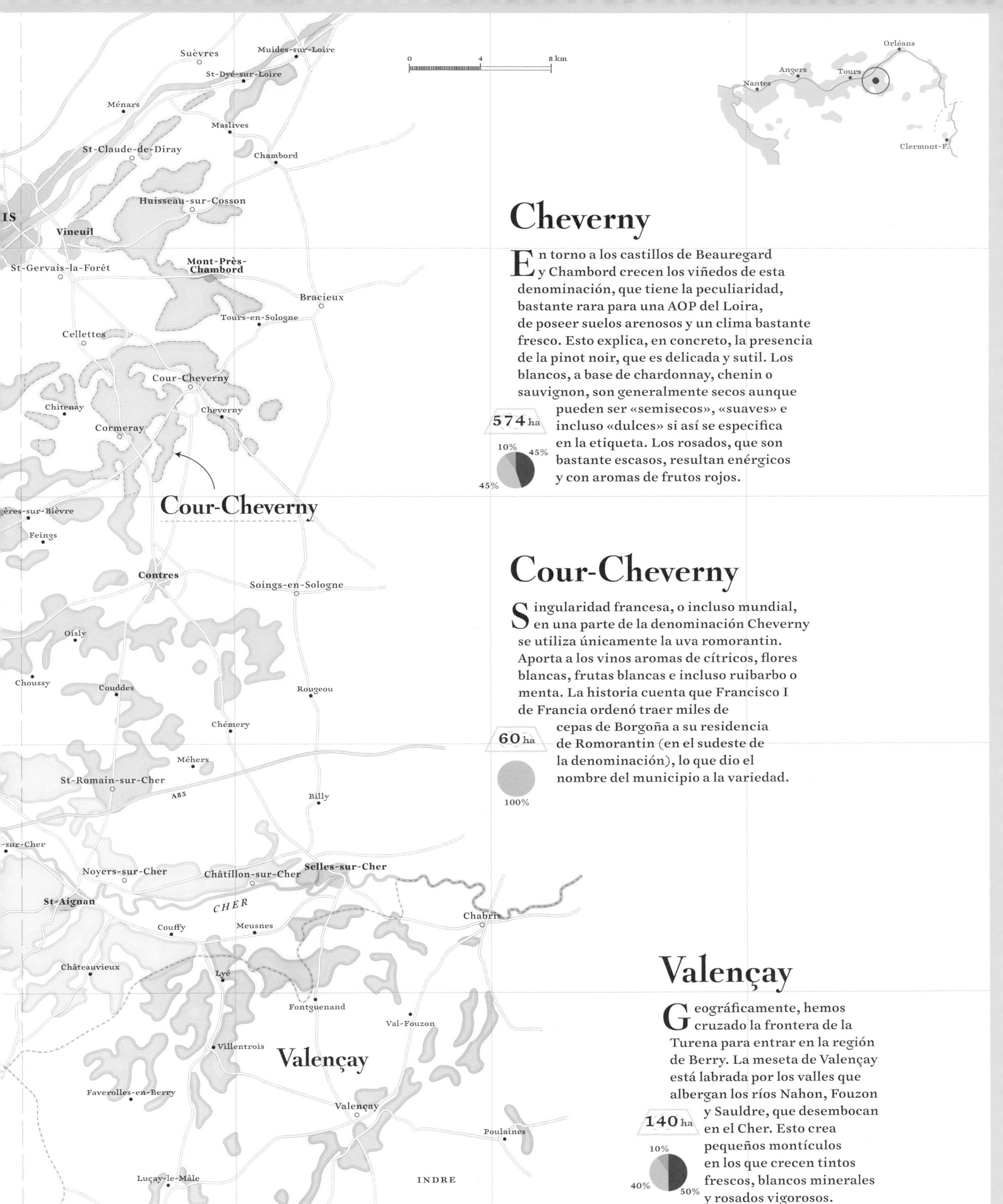

Cheverny

En torno a los castillos de Beauregard y Chambord crecen los viñedos de esta denominación, que tiene la peculiaridad, bastante rara para una AOP del Loira, de poseer suelos arenosos y un clima bastante fresco. Esto explica, en concreto, la presencia de la pinot noir, que es delicada y sutil. Los blancos, a base de chardonnay, chenin o sauvignon, son generalmente secos aunque pueden ser «semisecos», «suaves» e incluso «dulces» si así se especifica en la etiqueta. Los rosados, que son bastante escasos, resultan enérgicos y con aromas de frutos rojos.

574 ha

10% 45% 45%

Cour-Cheverny

Singularidad francesa, o incluso mundial, en una parte de la denominación Cheverny se utiliza únicamente la uva romorantin. Aporta a los vinos aromas de cítricos, flores blancas, frutas blancas e incluso ruibarbo o menta. La historia cuenta que Francisco I de Francia ordenó traer miles de cepas de Borgoña a su residencia de Romorantin (en el sudeste de la denominación), lo que dio el nombre del municipio a la variedad.

60 ha

100%

Valençay

Geográficamente, hemos cruzado la frontera de la Turena para entrar en la región de Berry. La meseta de Valençay está labrada por los valles que albergan los ríos Nahon, Fouzon y Sauldre, que desembocan en el Cher. Esto crea pequeños montículos en los que crecen tintos frescos, blancos minerales y rosados vigorosos.

140 ha

10% 40% 50%

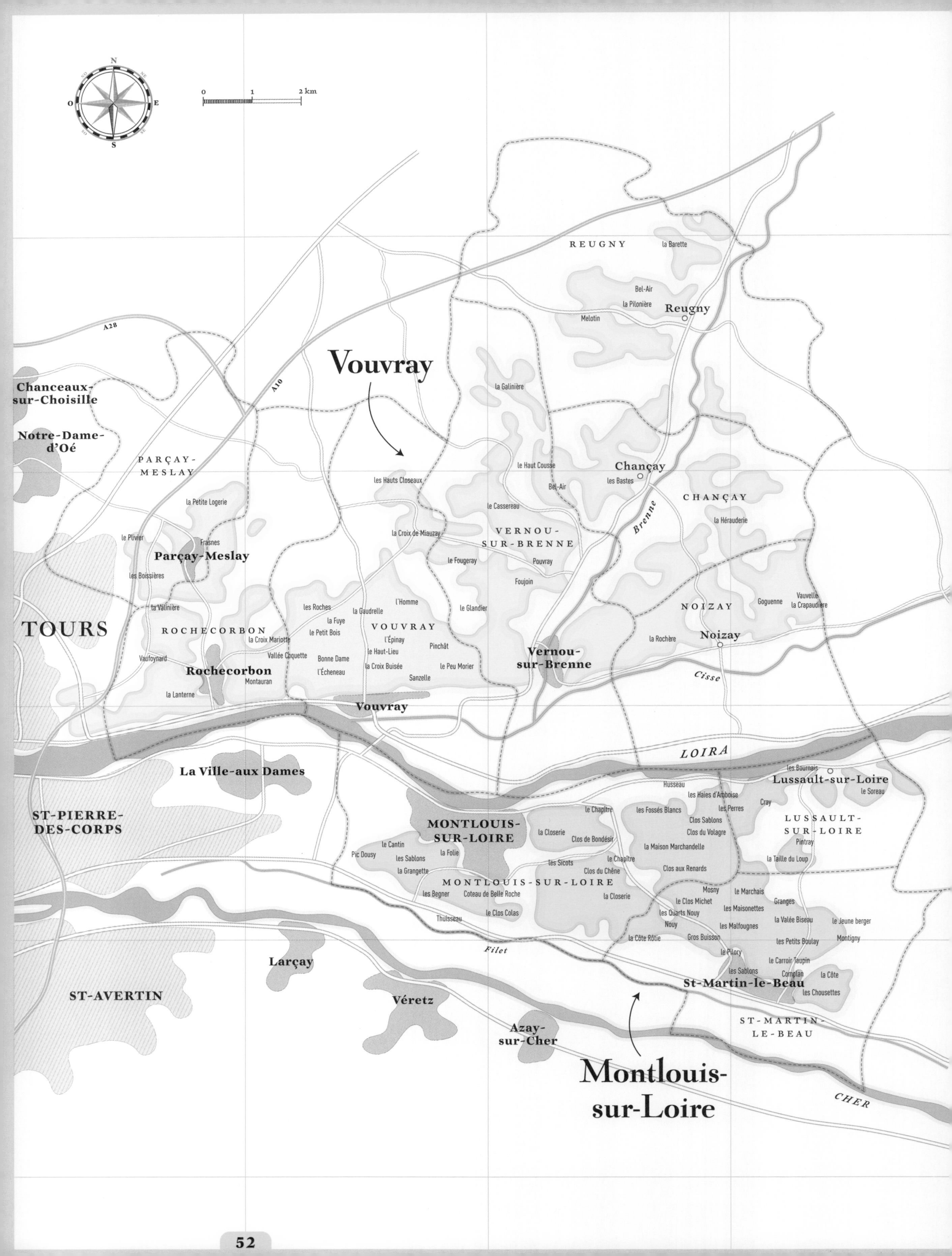
N
E
S
O
0
1
2 km
A28
A10
Vouvray
Chanceaux-
sur-Choisille
Notre-Dame-
d'Oé
PARÇAY-
MESLAY
TOURS
REUGNY
la Barette
Bel-Air
la Pilonière
Reugny
Melotin
la Galinière
le Haut Cousse
Chançay
les Bastes
Bel-Air
CHANÇAY
Brenne
la Hérauderie
les Hauts Closeaux
le Cassereau
la Petite Logerie
le Plivier
Frasnes
Parçay-Meslay
les Boissières
la Croix de Miauzay
VERNOU-
SUR-BRENNE
le Fougeray
Pouvray
Foujoin
la Valinière
les Roches
la Gaudrelle
l'Homme
le Glandier
NOIZAY
Goguenne
Vauvelle
la Crapaudière
ROCHECORBON
la Fuye
le Petit Bois
VOUVRAY
la Croix Mariotte
l'Épinay
le Haut-Lieu
Pinchât
la Rochère
Noizay
Vaufoynard
Vallée Coquette
Bonne Dame
la Croix Buisée
le Peu Morier
Vernou-
sur-Brenne
Rochecorbon
Montauran
l'Écheneau
Sanzelle
Cisse
la Lanterne
Vouvray
LOIRA
La Ville-aux Dames
les Bournais
Lussault-sur-Loire
Husseau
les Haies d'Amboise
le Soreau
le Chapitre
les Fossés Blancs
les Perres
Cray
ST-PIERRE-
DES-CORPS
MONTLOUIS-
SUR-LOIRE
Clos Sablons
LUSSAULT-
SUR-LOIRE
la Closerie
Clos du Volagre
Clos de Bondésir
Pintray
le Cantin
la Maison Marchandelle
Pic Dousy
les Sablons
la Folie
le Chapitre
la Taille du Loup
les Sicots
la Grangette
Clos du Chêne
Clos aux Renards
MONTLOUIS-SUR-LOIRE
Mosny
le Marchais
les Begner
Coteau de Belle Roche
la Closerie
le Clos Michet
Granges
les Maisonettes
les Quarts Nouy
Thuisseau
le Clos Colas
la Valée Biseau
le Jeune berger
Nouy
les Malfougnes
la Côte Rôtie
Gros Buisson
les Petits Boulay
Montigny
Filet
le Pilory
le Carroir Taupin
Larçay
les Sablons
Complan
la Côte
St-Martin-le-Beau
les Chousettes
ST-AVERTIN
Véretz
ST-MARTIN-
LE-BEAU
Azay-
sur-Cher
Montlouis-
sur-Loire
CHER

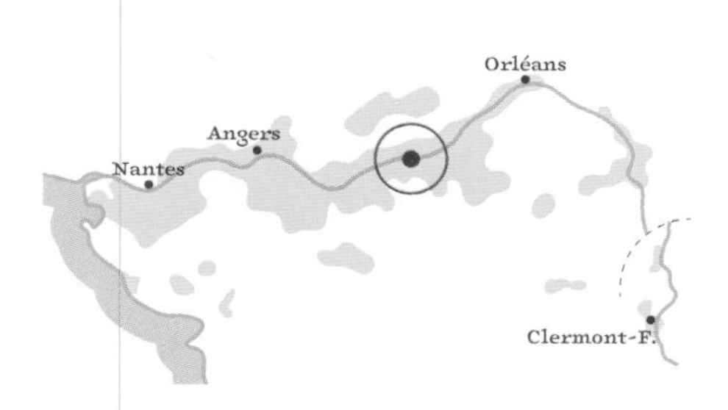

Vouvray y Montlouis

En la orilla derecha, Vouvray; en la orilla izquierda, Montlouis-sur-Loire: dos AOC bordean el Loira entre Tours y Amboise y subliman la chenin con vinos tranquilos y espumosos.

Vouvray

2250 ha

30%

70%

En la orilla derecha del Loira, a 15 kilómetros al este de Tours y en la ladera de las colinas, se encuentra la meseta del viñedo de Vouvrillon, recortada por numerosos valles. Los visitantes que recorren estos pueblos en bicicleta (¡no es alto, pero sí empinado!) pueden contemplar las vetustas casas de piedra caliza y pasear por los suelos arcillosos y pedregosos. Estos dan riqueza e intensidad a los vinos blancos secos, que presentan manzana y melocotón en su juventud y tienden hacia la miel y la avellana con el tiempo. Cuando se reúnen las condiciones ideales (las bayas se colman de azúcar), se deja que la *Botrytis cinerea*, la podredumbre noble, se asiente para aportar sus notas exóticas al vino. Los espumosos, amparados en su color amarillo pajizo, aportan aromas cítricos y de brioche tras un poco de paciencia.

El Vouvray es generoso e intenso

Montlouis-sur-Loire

Frente a Vouvray, en la orilla izquierda del río, se encuentra Montlouis-sur-Loire, donde las primeras vides datan del siglo v. En esta zona, el Loira se ha encenagado y ya no es navegable; el puerto ha desaparecido, pero el vino sigue fluyendo, consecuencia también de una variedad única: la chenin blanc (pineau de la Loire para los lugareños). Los viñedos están situados en una meseta calcárea al sur del río. Si durante mucho tiempo se han comercializado (y confundido o incluso relegado) con el nombre de Vouvray, los vinos de Montlouis-sur-Loire, así como los producidos en los municipios de Lussault-sur-Loire y Saint-Martin-le-Beau, se han independizado. Se presentan tanto como vinos tranquilos (secos, semisecos y dulces) como espumosos.

Se ha confundido durante años Montlouis con Vouvray

435 ha

40%

60%

Los vinos tranquilos, que están obligados a utilizar la palabra «seco» en la etiqueta, tienen notas afrutadas y florales cuando son jóvenes y tienden hacia la miel con la edad. Los más dulzones son más aptos para el envejecimiento y, con el tiempo, se acercan a los frutos secos y exóticos, así como a las almendras tostadas o al membrillo.

Los espumosos se caracterizan, generalmente, por sus notas cítricas y de frutas de pulpa blanca. Con la edad, tienden hacia la almendra o la cera de abeja.

Los viñedos del Centro

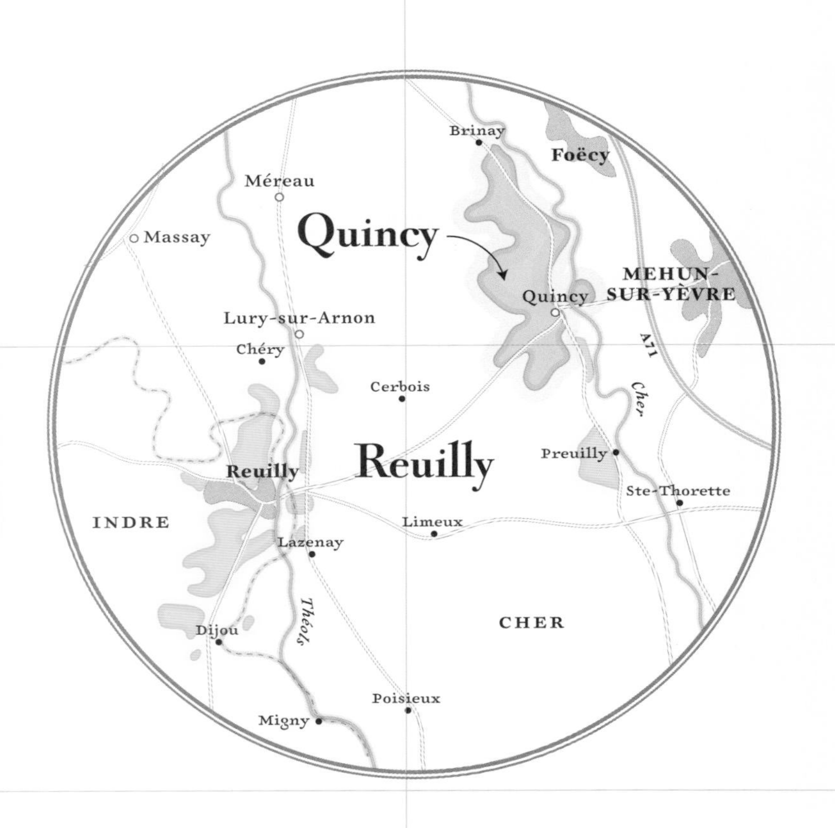

Reuilly

260 ha

50% 30% 20%

Los viñedos han abastecido durante mucho tiempo a las localidades de Bourges y Vierzon. A pesar de un periodo de inactividad desde finales del siglo XIX, un grupo de viticultores lleva cuarenta años revitalizando la denominación. Las viñas de las laderas crecen sobre marga caliza, mientras que las otras se extienden por altas terrazas de arena y grava. Los blancos, elaborados con sauvignon blanc, son secos y cítricos, mientras que los tintos de pinot noir son más bien ligeros y muy afrutados. Por último, los rosados, elaborados a partir de pinot gris, se denominan «Reuilly gris».

Quincy

300 ha

100%

Se dice que su viñedo es el más antiguo de la región Centro. Esta denominación, enclavada entre las dos partes de la de Reuilly, produce únicamente vino blanco de sauvignon blanc en suelos que le permiten alcanzar la plena madurez muy pronto. Los vinos tienen aromas de pomelo, menta fresca, pimienta y acacia.

Châteaumeillant

90 ha

30% 70%

Este viñedo, a caballo entre los departamentos de Indre y Cher, es el más céntrico de Francia. Los suelos de esta zona son complejos e incluyen arenisca, mica, gneis, sílice y arcilla arenosa. Esta pequeña denominación produce, principalmente, tintos de gamay y pinot noir, con fruta madura y notas de pimienta. Los rosados (conocidos como «gris») son frescos y afrutados, con notas de fruta blanca.

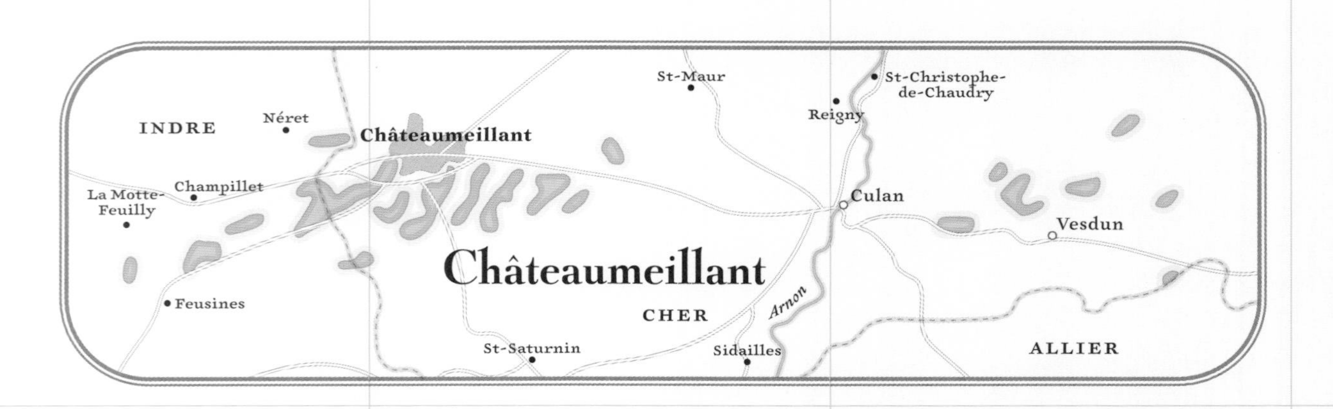

Coteaux du Giennois

El viñedo se extiende a lo largo del Loira unos 50 kilómetros. Los blancos de sauvignon son muy minerales y en ellos destacan notas de flores blancas y de membrillo, mientras que los tintos de gamay y pinot noir son finos y afrutados. Los rosados, conocidos por su delicadeza, revelan notas de melocotón, a veces ligeramente especiadas.

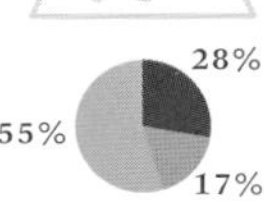

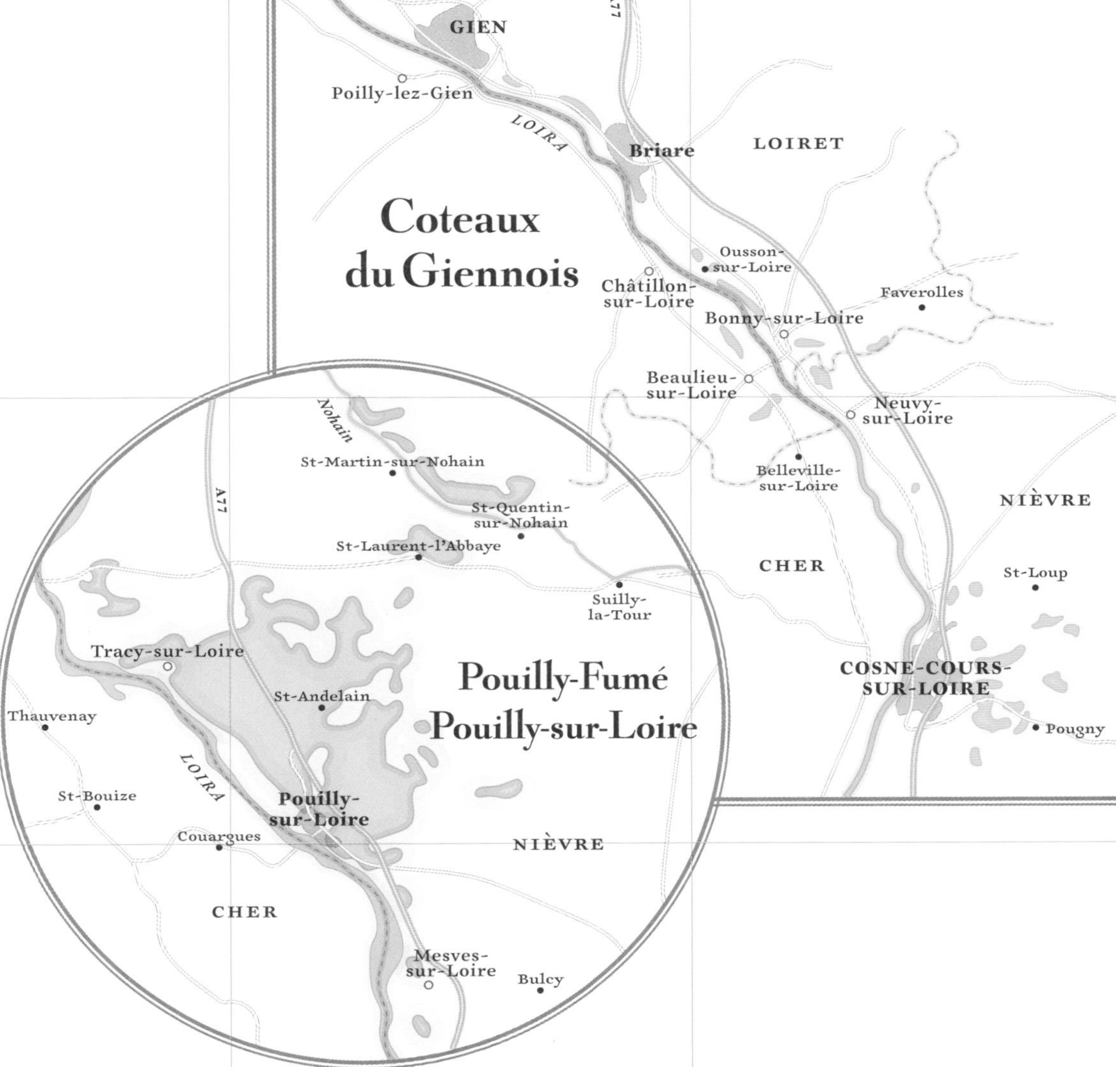

Pouilly-Fumé

No hay que confundirla con la denominación borgoñona Pouilly-Fuissé. Los vinos producidos aquí también pueden denominarse «Blanc Fumé de Pouilly». El nombre procede del hecho de que, cuando están maduras, las uvas de sauvignon se cubren de una pruina gris, razón por la que se conoce localmente como «blanc fumé». En esta zona hay tres tipos de suelo: calcáreo (llamado «caillottes»), marga y sílex. Los vinos sobre caillottes suelen ser cítricos y expresar flores blancas, mientras que sobre sílex recuerdan más al pedernal.

Pouilly-sur-Loire

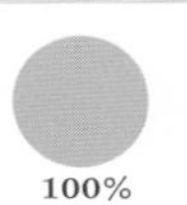

En la misma zona de denominación que Pouilly-Fumé, encontramos los Pouilly-sur-Loire, que destacan por el uso de la variedad chasselas, muy conocida en Suiza, donde es la variedad de uva blanca más cultivada. Son vinos de buen beber que a veces pueden revelar notas de avellana.

Menetou-Salon

En estos suelos calizos al noroeste de Bourges, Menetou-Salon, tiene un estrecho vínculo de parentesco con la vecina denominación de Sancerre. Las sauvignon blanc dan vinos especiados, almizclados, mentolados, con aromas a cítricos y pimienta, mientras que las pinot noir son flexibles y tienen matices de cereza, ciruela y fruta madura. Los rosados son poco frecuentes, pero maridan muy bien con el pescado.

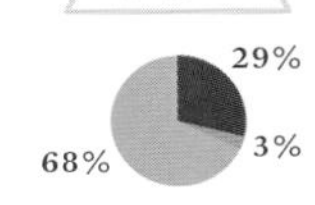

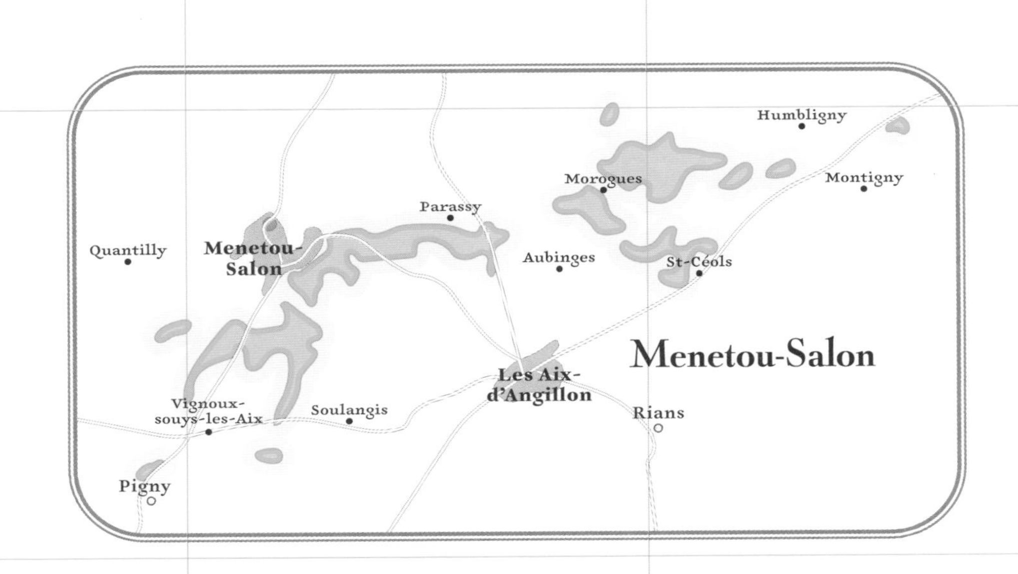

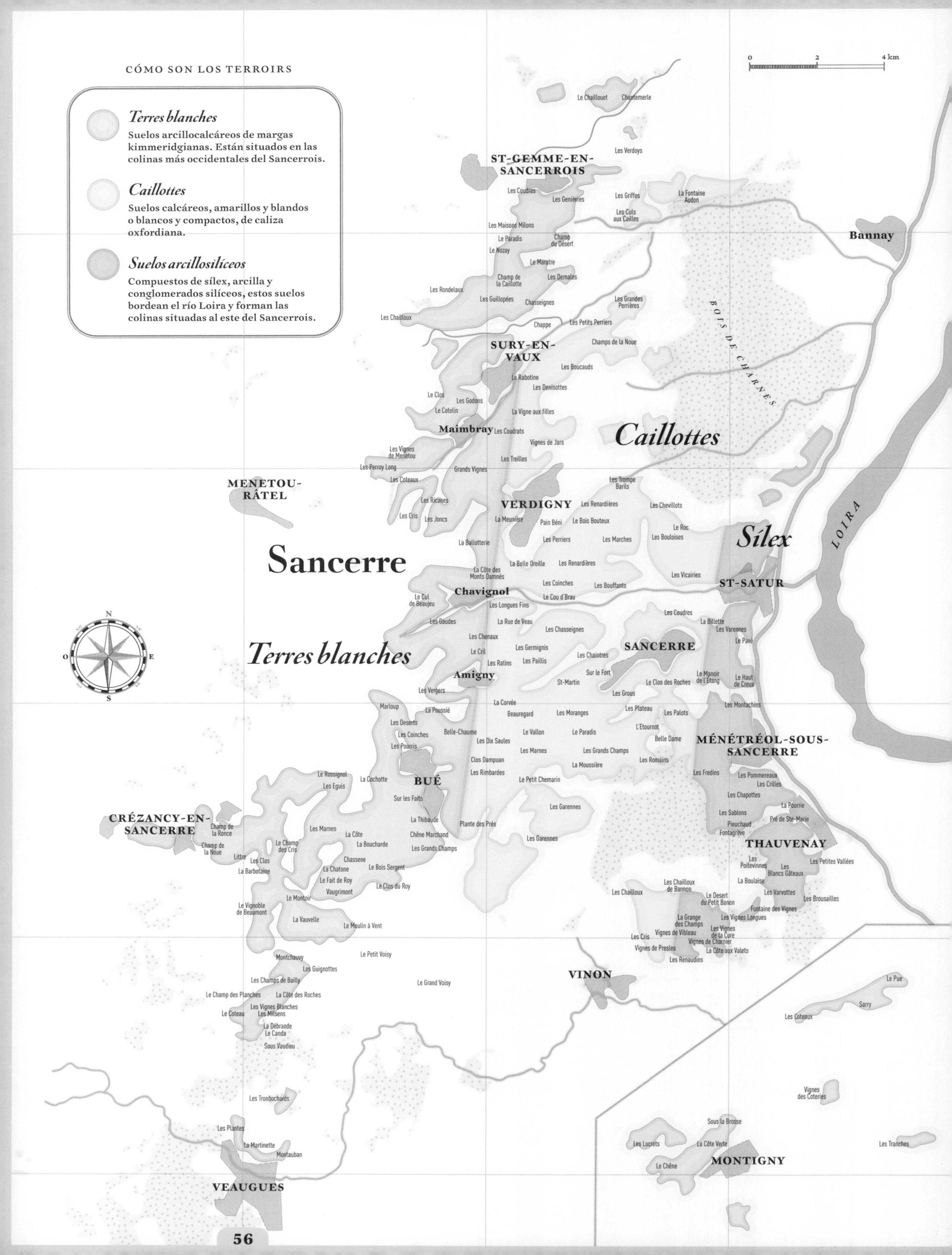

Terres blanches
Suelos arcillocalcáreos de margas kimmeridgianas. Están situados en las colinas más occidentales del Sancerrois.
Caillottes
Suelos calcáreos, amarillos y blandos o blancos y compactos, de caliza oxfordiana.
Suelos arcillosilíceos
Compuestos de sílex, arcilla y conglomerados silíceos, estos suelos bordean el río Loira y forman las colinas situadas al este del Sancerrois.
0
2
4 km
Sancerre
Terres blanches
Caillottes
Sílex
LOIRA
BOIS DE CHARNES
ST-GEMME-EN-SANCERROIS
SURY-EN-VAUX
Maimbray
MENETOU-RÂTEL
VERDIGNY
Chavignol
ST-SATUR
SANCERRE
Amigny
Bannay
MÉNÉTRÉOL-SOUS-SANCERRE
BUÉ
THAUVENAY
CRÉZANCY-EN-SANCERRE
VINON
VEAUGUES
MONTIGNY
N
S
E
O
Le Chaillouet
Chantemerle
Les Verdoys
Les Coudres
Les Genièvres
Les Griffes
La Fontaine Audon
Les Culs aux Cailles
Les Maisons Milons
Le Paradis
Champ du Désert
Le Nozay
Le Maratre
Champ de la Caillotte
Les Demales
Les Rondelaux
Les Guillopées
Chasseignes
Les Grandes Perrières
Les Chailloux
Chappe
Les Petits Perriers
Champs de la Noue
Les Boucauds
La Rabotine
Les Denisottes
Le Clos
Les Godons
Le Cotelin
La Vigne aux filles
Les Coudrats
Vignes de Jars
Les Vignes de Menetou
Les Perroy Long
Les Treilles
Grands Vignes
Les Coteaux
Les Trompe Barils
Les Ricanes
Les Renardières
Les Chevillots
Les Cris
Les Joncs
La Meunière
Pain Béni
Le Bois Bouteux
Le Roc
Les Bouloises
La Ballotterie
Les Perriers
Les Marches
La Belle Oreille
Les Renardières
La Côte des Monts Damnés
Les Vicairies
Les Coinches
Les Bouffants
Le Cul de Beaujeu
Les Longues Fins
Le Cou d'Brau
Les Coudres
La Rue de Veau
La Billette
Les Gaudes
Les Varennes
Les Chasseignes
Les Chenaux
Le Pavé
Les Germignis
Le Cril
Les Chaintres
Les Ratins
Les Paillis
Sur le Fort
Le Manoir de l'Étang
Le Haut de Creux
St-Martin
Le Clos des Roches
Les Vergers
Les Grous
La Corvée
Marloup
Beauregard
Les Plateau
Les Palots
Les Montachins
La Poussié
Les Moranges
Les Deserts
L'Etournot
Belle-Chaume
Le Vallon
Le Paradis
Les Coinches
Belle Dame
Les Dix Saules
Les Poirris
Les Marnes
Les Grands Champs
Clos Dampuan
Les Romains
La Moussière
Le Rossignol
Les Rimbardes
Les Fredins
Les Pommereaux
La Cochotte
Le Petit Chemarin
Les Crilles
Les Eguis
Sur les Faits
Les Chapottes
Les Garennes
La Pourrie
Les Sablons
La Thibaude
Pré de Ste-Marie
Champ de la Ronce
Plante des Prés
Pieuchaud
Les Marnes
Fontagrève
Chêne Marchand
Les Garennes
Le Champ des Cris
La Côte
Champ de la Noue
La Bouchardé
Les Grands Champs
Littré
Les Clos
Chassene
Les Poitevinnes
Les Petites Vallées
La Barbotaine
La Chatone
Le Bois Sergent
Les Blancs Gâteaux
Le Fait de Roy
La Boulaise
Le Clos du Roy
Les Chailloux de Bannon
Vaugrimont
Les Chailloux
Les Varvottes
Le Montoir
Le Desert du Petit Banon
Les Brousailles
Le Vignoble de Beaumont
Fontaine des Vignes
La Vauvelle
La Grange des Champs
Les Vignes Longues
Le Moulin à Vent
Les Vignes de la Cure
Les Cris
Vignes de Vibleau
Vignes de Charnier
Vignes de Presles
La Côte aux Valets
Monchauvy
Le Petit Voisy
Les Renaudins
Les Guignottes
Les Champs de Bailly
Le Grand Voisy
Le Pue
Le Champ des Planches
La Côte des Roches
Sarry
Les Vignes Blanches
Le Coteau
Les Milsens
Les Coteaux
La Débrande
Le Canda
Sous Vaudieu
Vignes des Coteries
Les Tronbochards
Sous la Brosse
Les Plantes
Les Lucrets
La Côte Verte
Les Tranches
La Martinette
Montauban
Le Chêne

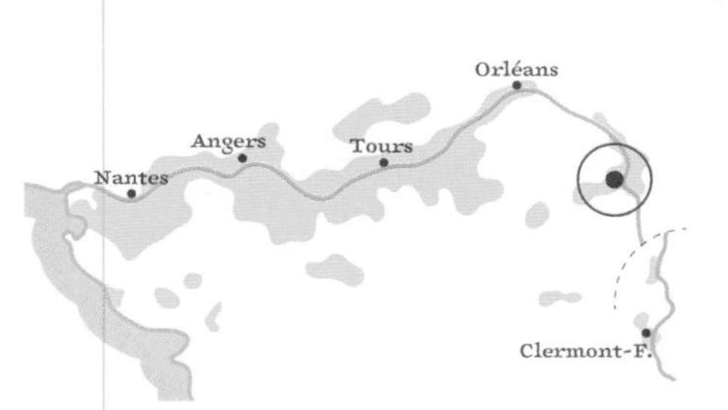

Sancerre

La sauvignon blanc se planta en todo el mundo, pero en las colinas de Sancerre es donde revela una de sus facetas más atractivas.

Variedades

pinot noir

sauvignon blanc

Hectáreas

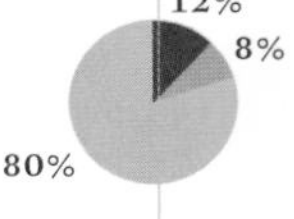

Tipos de vino

12%

8%

80%

Suelos

arcillocalcáreos, arcillosilíceo y calcáreo

Una sucesión de pueblecitos, viñedos hasta donde alcanza la vista, un relieve accidentado salpicado de numerosos lieux-dits, uvas blancas, uvas tintas... ¡Si el Loira no lindara con estos viñedos, uno pensaría que está en Borgoña! Sobre todo porque antaño era la pinot noir la que reinaba en el terreno. Pero la crisis de la filoxera, un pulgón parásito que ataca las raíces de la vid, puso patas arriba la región y abrió la puerta a otra reina: la sauvignon blanc, una variedad que remite a mineralidad y tensión, una variedad productiva: solo si se limita su rendimiento pueden obtenerse grandes vinos. Los viticultores de Sancerre demuestran que esta variedad puede, en las mejores añadas, revelar un excelente potencial de envejecimiento.

Como todos los grandes terroirs, hay que retroceder en el tiempo para comprenderlo. La región es un milhojas geológico. La riqueza de sus suelos está ligada a un acontecimiento milenario: la falla de Sancerre. Su origen se remonta al plegamiento alpino que alteró la región y desvió al Loira de su curso. En cada parcela, el suelo y el subsuelo no tienen ni la misma edad ni la misma naturaleza. Las vides crecen en capas diferentes y el relieve les proporciona distintos niveles de insolación. Todas estas variaciones, junto con el saber hacer de los viticultores, ofrecen una increíble diversidad a los vinos de Sancerre. Las parcelas de las Terres blanches ofrecen blancos con cuerpo, mientras que los Caillottes ofrecen vinos de sauvignon más afrutados, listos para beber. Los vinos producidos en los suelos pedregosos se distinguen por su mineralidad.

La región es un milhojas geológico

En los últimos años, la región ha demostrado que la presencia de la pinot noir no es casual. Los tintos son más frescos y especiados que en Borgoña, a la vez que siguen siendo más asequibles que los de la Côte de Nuits.

Cuando hablamos de maridajes, se suele decir que los productos regionales combinan a las mil maravillas. Para comprobar esta máxima, recomendamos que pruebe un vino de Sancerre con el queso local: el crottin de Chavignol.

Sancerre
en Terres blanches

Sancerre
en Caillottes

Sancerre
en Silex

LAS TRES EXPRESIONES DE UN SANCERRE BLANCO

El viñedo de Auvernia

A finales de 2020, por iniciativa de los viticultores de la región, se pidió a los expertos que determinaran las características precisas de los vinos cultivados en los volcanes de Auvernia con la intención de crear una marca para los vinos volcánicos.

Côtes d'Auvergne

Situado en los alrededores de Clermont-Ferrand, este pequeño viñedo, AOC desde 2010, se asienta en las laderas de los Puys (nombre dado a los volcanes), entre 250 y 500 metros de altitud. La notoria actividad volcánica de la región da lugar a suelos muy particulares que mezclan caliza, marga, basalto… Los tintos se elaboran con pinot noir y gamay, los blancos con chardonnay. Los Côtes d'Auvergne son extraordinariamente frescos y su agradable combinación con los quesos de la región ofrece gratos momentos para el paladar y la buena compañía.

230 ha

13%
22%
65%

Saint-Pourçain

Este viñedo está situado al sur de Moulins, a medio camino entre Nevers y Clermont-Ferrand. Los vinos de Saint-Pourçain se «exportaban» a los cuatro puntos cardinales del reino de Francia por vía fluvial, a través del Allier y el Loira. La denominación fue cayendo poco a poco en el olvido y, tras haber abandonado el blanco para concentrarse en el tinto, en 2009 obtuvo la AOC, tras lo cual trata de recuperar sus títulos nobiliarios. Si bien los refrescantes tintos de pinot noir y gamay poseen algo que cautiva, los blancos que utilizan la variedad de uva local, la tressaillier, tampoco deben obviarse, pues esta aporta una frescura y una vivacidad muy interesantes.

550 ha

29%
57%
14%

Otros viñedos del Loira

Fiefs Vendéens

Los romanos plantaron las primeras vides cuando fueron a comprar sal a la región. La crisis de la filoxera borró del mapa el viñedo, pero el orgullo local llevó a un puñado de viticultores, después de la Segunda Guerra Mundial, a replantar las variedades favoritas del cardenal Richelieu. En la actualidad, dieciocho familias producen vino en la región. Marismas, río o mar: el agua está omnipresente en todas sus formas en la Vendée. El microclima ofrece más sol que en Muscadet, lo que explica el predominio de las variedades de uva tinta (cabernet franc, négrette, pinot noir). Para los blancos se prefieren la chenin, la chardonnay y la sauvignon blanc. Observando las variedades plantadas, se comprende rápidamente la relación de los Fiefs Vendéens con el Loira. Frente al mar, los tintos son briosos y los blancos salados.

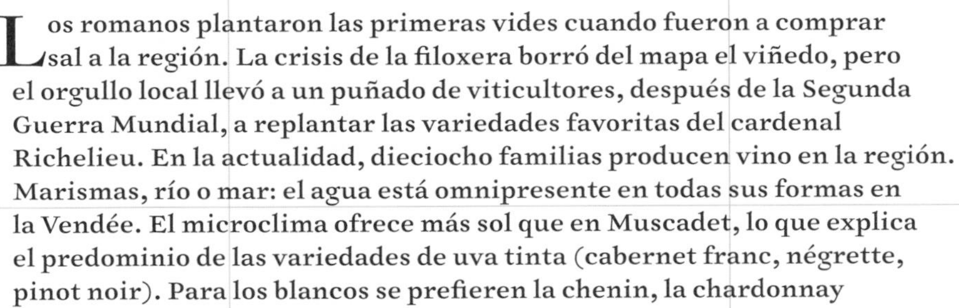

Orléans Orléans-Cléry

En los cabarets parisinos, en el siglo XIX, se encontraba fácilmente vino de Orléans, un vino corriente producido en grandes cantidades. En la actualidad, los viñedos se han reducido considerablemente, pero han sobrevivido, como demuestran estas dos denominaciones. La AOC Orléans, obtenida en 2006, reconoce una curiosa mezcla de pinot noir y meunier que ofrece tintos ligeros y floridos. En el corazón de la denominación, en la orilla izquierda del Loira, la pequeña denominación Orléans-Cléry abarca 20 hectáreas y produce únicamente un vino tinto a base de cabernet franc, una variedad que difícilmente volveremos a encontrar remontando el Loira. A pesar de su potente nariz y su intenso color rojizo, es un vino bastante ligero, con taninos sedosos.

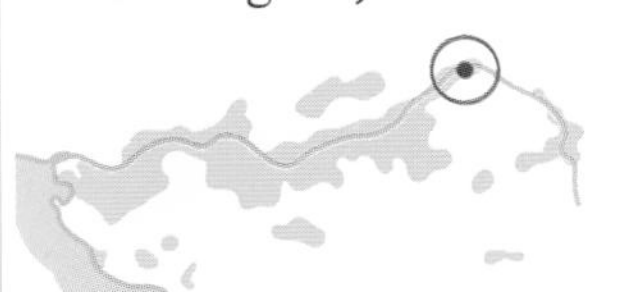

90 ha

Haut-Poitou

Antaño, los vinos solían bautizarse con el nombre del puerto desde el que salían. Por ello, los vinos del Haut-Poitou recibieron el nombre de «vinos de la Rochelle». Esta región, unida a Inglaterra en la época del matrimonio de Leonor de Aquitania con Enrique Plantagenet, disfrutó de muy buenos años gracias a los ingleses. Tanto es así que los viñedos poitevinos cubrían 40 000 hectáreas. Pero un escándalo relacionado con el tratamiento de los vinos con plomo y los estragos de las distintas guerras acabaron con este mar de vides. Hoy, nueve viticultores luchan por restaurar la imagen de este viñedo olvidado. Primera victoria: el reconocimiento de la AOC en 2011. Los blancos, mayoritarios, se elaboran con sauvignon blanc y gris; para los tintos se utilizan las variedades características del Loira: cabernet franc, pinot noir y gamay.

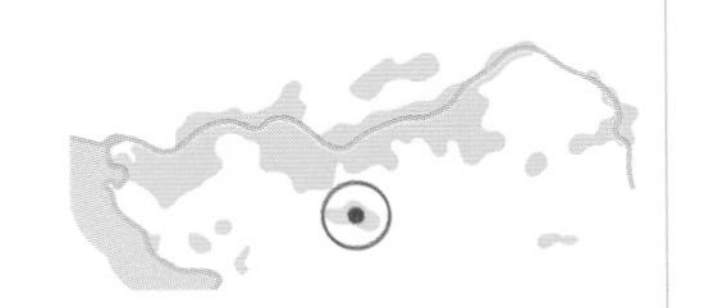

110 ha

JURA

la parte de los ángeles

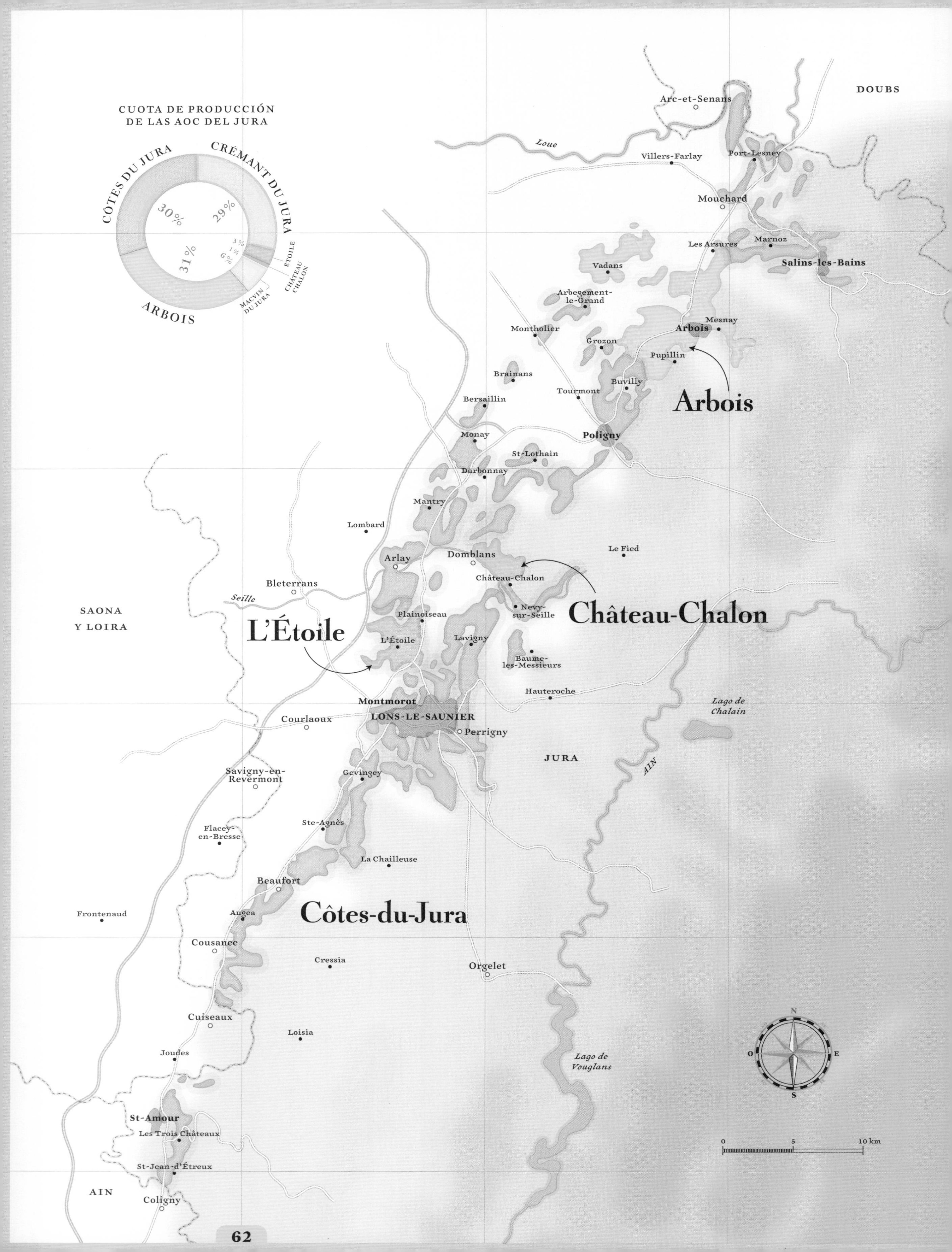
CUOTA DE PRODUCCIÓN
DE LAS AOC DEL JURA
CÔTES DU JURA
CRÉMANT DU JURA
ARBOIS
30%
29%
31%
3%
1%
6%
ÉTOILE
CHÂTEAU CHALON
MACVIN DU JURA
DOUBS
Arc-et-Senans
Loue
Villers-Farlay
Port-Lesney
Mouchard
Les Arsures
Marnoz
Salins-les-Bains
Vadans
Arbegement-le-Grand
Montholier
Grozon
Mesnay
Arbois
Pupillin
Brainans
Tourmont
Buvilly
Bersaillin
Arbois
Monay
Poligny
St-Lothain
Darbonnay
Mantry
Lombard
Le Fied
Arlay
Domblans
Château-Chalon
Bleterrans
Seille
Nevy-sur-Seille
Château-Chalon
SAONA
Y LOIRA
Plainoiseau
L'Étoile
L'Étoile
Lavigny
Baume-les-Messieurs
Hauteroche
Lago de Chalain
Montmorot
LONS-LE-SAUNIER
Courlaoux
Perrigny
JURA
AIN
Savigny-en-Revermont
Gevingey
Ste-Agnès
Flacey-en-Bresse
La Chailleuse
Beaufort
Côtes-du-Jura
Frontenaud
Augea
Cousance
Cressia
Orgelet
Cuiseaux
Loisia
N
O
E
S
Joudes
Lago de Vouglans
St-Amour
Les Trois Châteaux
0
5
10 km
St-Jean-d'Étreux
AIN
Coligny

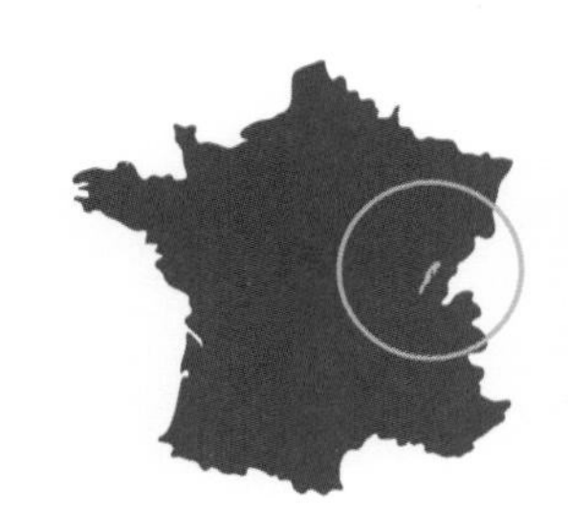

Jura

Este viñedo de dimensiones reducidas, concentrado en tan solo 80 kilómetros, ofrece un sorprendente abanico de vinos.

Variedades

• poulsard, trousseau, pinot noir

• chardonnay, savagnin

Hectáreas

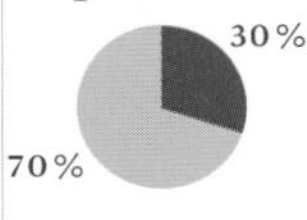

Tipos de vino

30 %

70 %

Suelos

arcillas, calizas y marga

Clima

continental templado

Desde tintos ligeros a aguardientes, pasando por blancos oxidativos y espumosos, el Jura puede acompañar una comida de cabo a rabo. Colindante con Borgoña, la región comparte muchas similitudes con su vecina. Se trata de un viñedo en ladera repartido en una infinidad de suelos donde la chardonnay predomina entre las variedades y los viticultores se centran en los vinos monovarietales. Sin embargo, hay algo que los borgoñones no tienen: el vino amarillo. Lógicamente, un viticultor que quiera envejecer sus vinos en barricas debe practicar el rellenado. Esta técnica tiene por objeto reponer el vino que se evapora de forma natural: la famosa parte de los ángeles. Hablamos de un 5 % cada año; puede no parecer mucho, pero a lo largo de seis años los «ángeles» pueden hacer desaparecer un tercio de la barrica. En todo el mundo, cuando un vino está en contacto con el aire, se convierte en vinagre, pero en el Jura se convierte en Vin Jaune. ¿Cómo es posible? Gracias a las levaduras presentes en el aire de la región, que salen a la superficie del vino para formar un velo protector que suaviza la oxidación. Hablamos de un vino bajo velo. Esto demuestra que no solo en la vid se expresa el terroir. Un vino debe esperar seis años en barrica para reclamar la denominación «Vin Jaune». Con solo 60 hectáreas, la muy discreta AOC Château-Chalon produce los Vins Jaunes más apreciados y aptos para envejecer.

Si tiene la oportunidad de pasear por los pueblos de la región, seguramente se cruzará con estudiantes japoneses o canadienses que han hecho el viaje más por la chardonnay que por el queso comté. En diez años, el Jura se ha convertido en el referente mundial de los vinos naturales y biodinámicos. Al igual que el Beaujolais o el Muscadet, esta región fue injustamente olvidada en los años setenta. El precio de la tierra bajó y esto permitió a una nueva generación instalarse y hacer maravillas.

El Jura puede acompañar toda una comida

El vino de paja (vin de paille) *es otro producto original del Jura. Tras la vendimia, los viticultores dejan secar las uvas sobre un lecho de paja durante un mínimo de seis semanas. Este método produce un vino dulce por naturaleza cuyas botellas son escasas.*

Arbois
tinto
VARIEDAD POULSARD

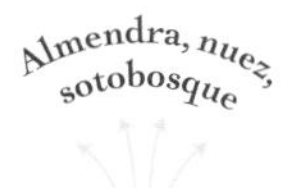

Arbois
blanco
VARIEDAD SAVAGNIN

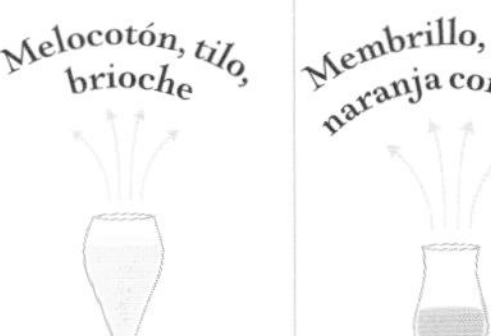

Crémant du Jura

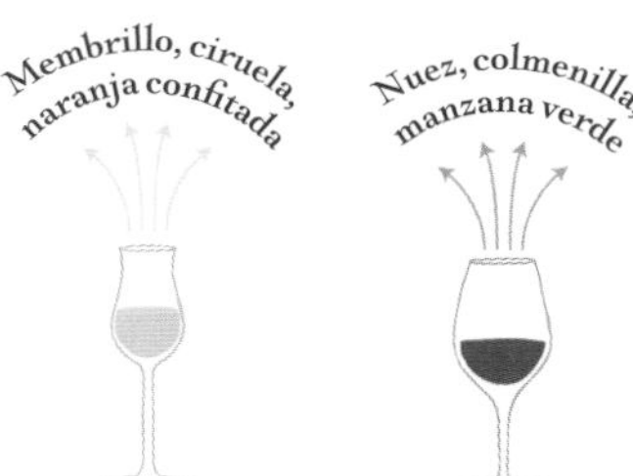

Macvin du Jura
vino de licor

Château-Chalon
Vin Jaune

Vin de Paille

Marc du Jura
aguardiente de orujo

CHARDONNAY

Los viticultores no esperaron a que se impusiera la moda de la chardonnay: esta variedad de uva está en la región desde hace más de ochocientos años. Hay que decir que el departamento del Jura limita con la Côte d'Or y le bastó un paso para encontrarse en las laderas del Franco Condado, donde prefiere los suelos calcáreos.

50%

Almendra, nuez, sotobosque,
miel, manzana

SAVAGNIN

Esta prima de la gewurztraminer estuvo reservada durante mucho tiempo a la producción de vino amarillo. Hoy en día se vinifica cada vez más a la manera tradicional. No es la variedad más plantada, pero es la que mejor encarna la identidad de los blancos del Jura.

DEL JURA

TROUSSEAU
PINOT NOIR
POULSARD
SAVAGNIN
5%
10%
18%
17%

TROUSSEAU

Poco conocida por el gran público, es la uva tinta más robusta del Jura. Rara y caprichosa, necesita sol y algunos años de envejecimiento para revelar su potencial. Se encuentra principalmente en Arbois y Côtes-du-Jura.

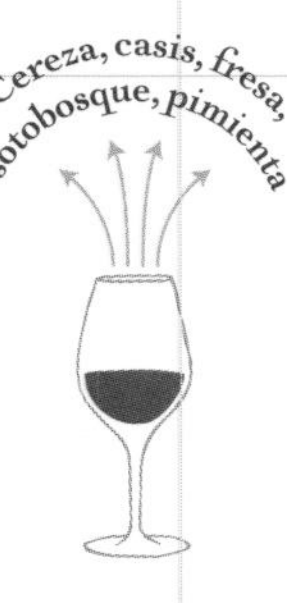

PINOT NOIR

Esta variedad, presente en la región desde el siglo XVI, estuvo a punto de ser arrancada. Algunos la criticaron por no ser tan buena como en Borgoña; pero el viticultor del Franco Condado no es de los que se rinden. Con la subida de las temperaturas, la comprensión de los suelos y los esfuerzos realizados en el proceso de maduración, muchas fincas están demostrando que la pinot noir tiene su hueco en la región. Y las mejores añadas pueden hacer sonrojar a más de un borgoñón...

POULSARD

También llamada «ploussard» en Pupillin, esta variedad juega en casa, y aunque aporta poco color, da mucha fruta. Tiene mucho en común con la gamay por su carácter afrutado y desenfadado. Ideal para acompañar otra especialidad de la región: la salchicha de Morteau.

BURDEOS

la trilogía del vino

Burdeos

Tres variedades de uva tinta, tres de blanca. Famoso en todo el mundo, Burdeos vive actualmente una época convulsa, pero no ha dicho su última palabra.

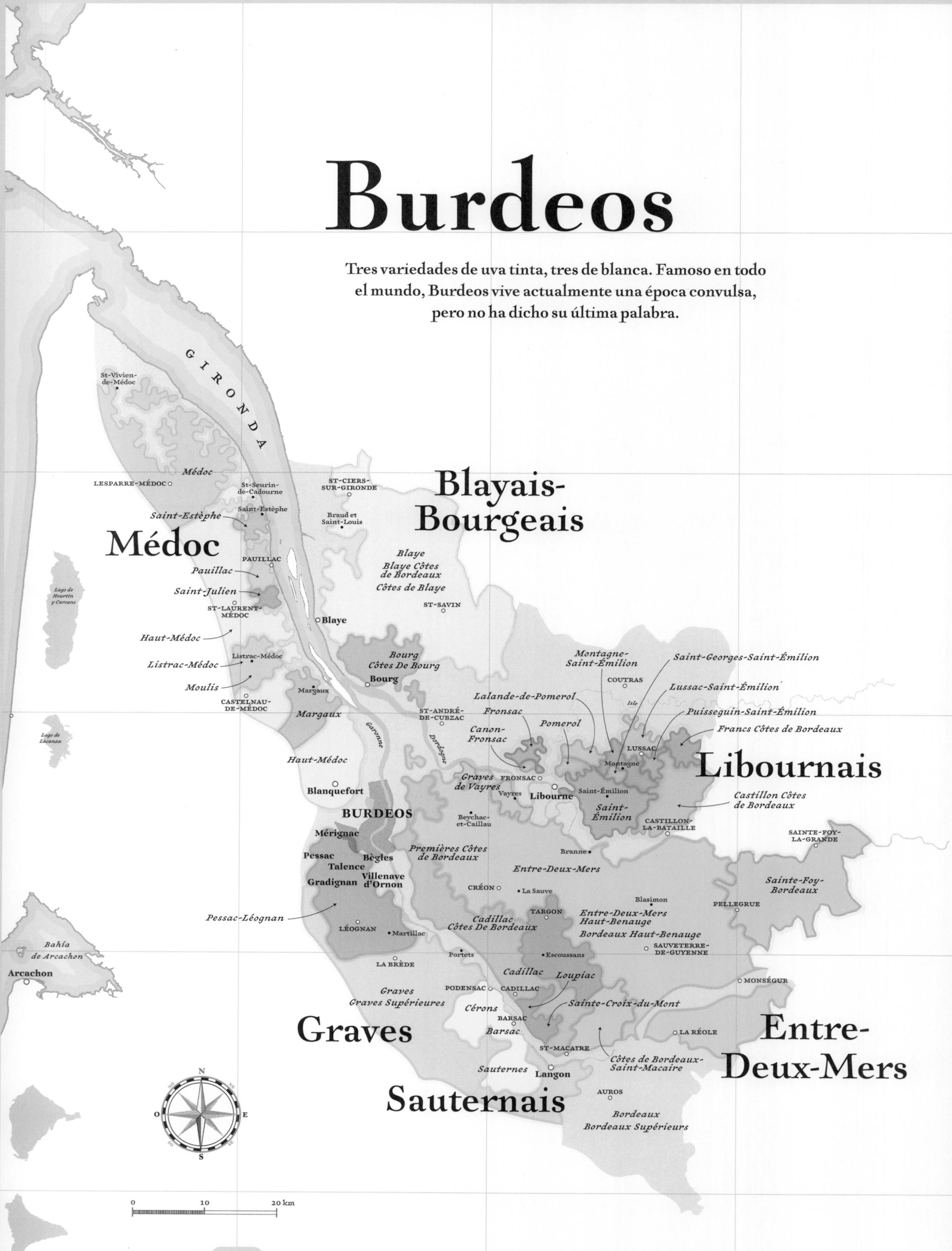

GIRONDA

St-Vivien-de-Médoc

Médoc

LESPARRE-MÉDOC

St-Seurin-de-Cadourne

ST-CIERS-SUR-GIRONDE

Blayais-Bourgeais

Saint-Estèphe

Saint-Estèphe

Braud et Saint-Louis

Médoc

PAUILLAC

Blaye

Blaye Côtes de Bordeaux

Côtes de Blaye

Pauillac

Saint-Julien

Lago de Hourtin y Carcans

ST-LAURENT-MÉDOC

ST-SAVIN

Blaye

Haut-Médoc

Listrac-Médoc

Listrac-Médoc

Bourg

Côtes De Bourg

Bourg

Moulis

Margaux

CASTELNAU-DE-MÉDOC

Margaux

Montagne-Saint-Émilion

Saint-Georges-Saint-Émilion

COUTRAS

Lussac-Saint-Émilion

Lalande-de-Pomerol

Isle

Fronsac

Puisseguin-Saint-Émilion

ST-ANDRÉ-DE-CUBZAC

Lago de Lacanau

Garonne

Dordogne

Canon-Fronsac

Pomerol

Francs Côtes de Bordeaux

LUSSAC

Libournais

Haut-Médoc

Montagne

Graves de Vayres

FRONSAC

Blanquefort

Vayres

Libourne

Saint-Émilion

Castillon Côtes de Bordeaux

Saint-Émilion

BURDEOS

Beychac-et-Caillau

CASTILLON-LA-BATAILLE

Mérignac

SAINTE-FOY-LA-GRANDE

Premières Côtes de Bordeaux

Branne

Pessac

Bègles

Talence

Entre-Deux-Mers

Villenave d'Ornon

Gradignan

Sainte-Foy-Bordeaux

CRÉON

La Sauve

Blasimon

PELLEGRUE

TARGON

Entre-Deux-Mers Haut-Benauge

Pessac-Léognan

Cadillac Côtes De Bordeaux

Bordeaux Haut-Benauge

LÉOGNAN

Martillac

SAUVETERRE-DE-GUYENNE

Bahía de Arcachon

Portets

Escoussans

LA BRÈDE

Arcachon

Cadillac

Loupiac

MONSÉGUR

Graves

Graves Supérieures

PODENSAC

CADILLAC

Sainte-Croix-du-Mont

Cérons

BARSAC

Graves

Barsac

LA RÉOLE

Entre-Deux-Mers

ST-MACAIRE

Côtes de Bordeaux-Saint-Macaire

Sauternes

Langon

N

NE

SO

O

E

S

SE

Sauternais

AUROS

Bordeaux

Bordeaux Supérieurs

0 10 20 km

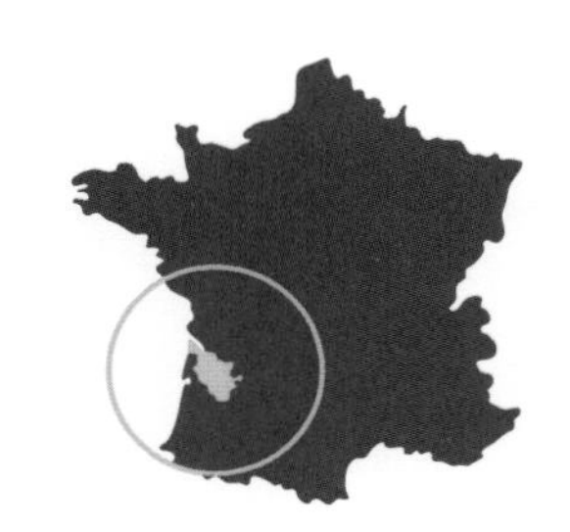

Variedades

cabernet sauvignon, cabernet franc, merlot

sauvignon blanc, sémillon, muscadelle

Hectáreas

118 000

Tipos de vino

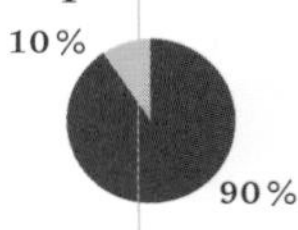

Suelos

grava, arcillocalcáreo, arcillocalcáreo arenoso

Clima

oceánico templado suave y húmedo

Es la región vitícola más famosa del mundo y la denominación más consumida de Francia. Burdeos debe su renombre a los ingleses que han llevado sus botellas por todo el mundo. Esta tierra de grandes vinos tintos es una región llena de paradojas. A pesar de la fama mundial, nadie es profeta en su tierra. ¿Demasiado caros? Los grandes châteaux, cuyos precios se han disparado en los últimos veinte años, no son más que una gota de merlot en el océano de los vinos de la Gironda. ¿Demasiada madera? Los jóvenes viticultores lo han comprendido y se esfuerzan por elaborar vinos más finos. ¿No es suficientemente ecológico? Entre los viñedos franceses, no es un alumno aventajado, pero tampoco es el último de la clase: la región ha hecho grandes esfuerzos en los últimos diez años y sabe que tiene que volver a ganarse el corazón de algunos consumidores.

> A pesar de la fama mundial, nadie es profeta en su tierra

Todos los vinos de Burdeos son vinos de coupage: dos o tres variedades de uva se vinifican por separado antes de mezclarse en el momento del embotellado. Para los blancos, la sauvignon ofrece frescura y potencia aromática, mientras que la sémillon aporta redondez y grasa. En el caso de los tintos, la cabernet sauvignon es especialmente tánica: aporta una estructura que permite que el vino perdure en el tiempo. Por su parte, la merlot y la cabernet franc ofrecen más flexibilidad y fruta.

Burdeos tiene un sistema de distribución único en el mundo. Las grandes fincas no venden sus vinos a los distribuidores tradicionales, sino a intermediarios: los *négociants*. Estos compran las botellas *en primeur*, es decir, antes del embotellado, en la primavera siguiente a la vendimia. Esta singularidad permite a los châteaux preservar su tesorería, pero contribuye a la especulación sobre los Grands Crus.

ORILLA IZQUIERDA	ORILLA DERECHA
Suelo de grava	Suelo arcillocalcáreo
Sin relieve	Valles ligeramente inclinados
14 AOC	46 AOC
Dominio de cabernet sauvignon	Dominio de merlot
40 hectáreas	7 hectáreas (tamaño medio de una finca)
Vino tinto con cuerpo	Vino tinto más flexible
Vino tinto, blanco y licoroso	99 % vino tinto

43-71 — *Las vides aparecieron durante la ocupación romana de la región para saciar la sed de los soldados de las guarniciones locales.*

1152 — *Matrimonio de Leonor, duquesa de Aquitania, con Enrique Plantagenet, futuro rey de Inglaterra. Una alianza decisiva para la reputación de los vinos de Burdeos en todo el mundo.*

1241 — *Enrique III Plantagenet, rey de Inglaterra, favoreció los vinos de Burdeos enel mercado inglés (el mayor mercado de exportación de la época); privó así al resto de los productores del sudoeste de la posibilidad de exportar. Este «privilegio» duró 500 años.*

1855 — *Con motivo de la Exposición Universal de París, Napoleón III ordenó una clasificación de los Grands Crus de Burdeos. Unos 60 Châteaux fueron clasificados por su excepcional terroir y hoy siguen disfrutando de este reconocimiento.*

1875-1892 — *La epidemia de filoxera diezmó los viñedos franceses y transformó para siempre el paisaje vitícola francés.*

1936 — *Se creó el INAO y el 97 % de la producción bordelesa se clasificó como AOC para limitar el fraude en la procedencia.*

1955 — *Inspirándose en la clasificación de 1855, se crearon clasificaciones para Graves y Saint-Émilion.*

1983 — *El estadounidense Robert Parker elogió la añada de 1982. Los precios se dispararon y fue el comienzo de una historia de amor entre Burdeos y el famoso crítico de vinos.*

2016 — *Inauguración de la Cité du Vin, el mayor museo del mundo dedicado al vino.*

VARIEDADES

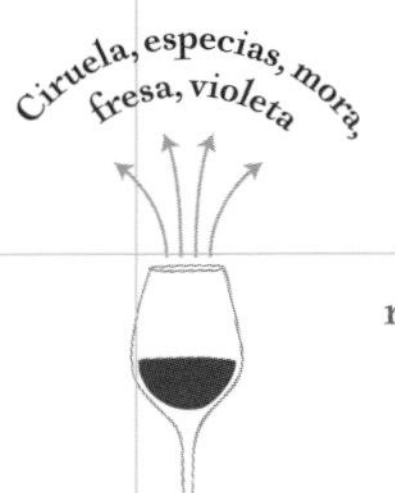

MERLOT

A menudo pensamos en la cabernet sauvignon, pero la merlot es la verdadera reina de Burdeos, con el 59 % de la superficie plantada. Su terreno favorito: los frescos suelos arcillocalcáreos de Saint-Émilion y Pomerol. Sus pequeñas bayas dan vinos de color oscuro y aromas de frutos rojos que evolucionan, con el tiempo, hacia la ciruela pasa y la trufa.

MERLOT

59 %

CABERNET SAUVIGNON

Reconocida como la base de los grandes vinos de la orilla izquierda, la cabernet sauvignon se encuentra como en casa en el Médoc y en los Graves, donde los suelos del mismo nombre le sientan de maravilla. Es una variedad tardía, por lo que se vendimia más tarde que la merlot. Aporta potencia, estructura y complejidad al vino. Se dice que tiene, principalmente, notas de frutas negras. Puede parecer austera en su juventud, pero aporta una estructura tánica que contribuye al potencial de envejecimiento del vino.

CABERNET FRANC

Se ha convertido en la reina del valle del Loira, pero no hay que olvidar que es originaria del sudoeste y que sigue utilizándose en los coupages de los grandes vinos de Burdeos. Con sus taninos finos y sus sutiles aromas de frambuesa y violeta, aporta delicadeza y complejidad a los coupages de la región, produciendo vinos afrutados. Permite que los vinos se beban más jóvenes sin impedir que las buenas añadas tengan un gran potencial de envejecimiento.

OTRAS VARIEDADES

La producción de variedades de uva tinta más allá de las tres principales sigue siendo anecdótica. No obstante, cabe destacar la utilización de la variedad pirenaica petit verdot en algunos coupages de la orilla izquierda. También se encuentra a veces, más a menudo en la orilla derecha, una variedad originaria de Quercy que tiene muchos nombres: la malbec. Muy ocasionalmente, se puede encontrar la carménère; esta variedad de uva autóctona, cruce de cabernet franc y gros cabernet, también se llama «bordo» en la región italiana de Emilia-Romaña.

DE BURDEOS

MUSCADELLE
OTRAS BLANCAS
SAUVIGNON BLANC
SÉMILLON
OTRAS TINTAS
CABERNET FRANC
CABERNET SAUVIGNON
0,5 %
0,5 %
5 %
5 %
2,5 %
8 %
19,5 %

OTRAS VARIEDADES

La colombard es una de las variedades más antiguas de la Charente, representa el 1 % del viñedo bordelés y produce vinos vigorosos con aromas cítricos y florales. La encontrará sobre todo en las regiones de Bourgeais y Blayais. De forma más anecdótica, también encontrará la merlot blanc, nacida del cruce entre folle blanche y merlot noir; la sauvignon gris, una mutación del sauvignon blanc ligeramente rosado cuando está maduro; y la ugni blanc, muy conocida por su uso en la elaboración de coñac y armañac.

MUSCADELLE

Se utiliza sobre todo como complemento de los vinos blancos de la región, ya sean secos o dulces. Es una variedad de uva frágil que produce vinos muy aromáticos con notas florales y almizcladas.

SAUVIGNON BLANC

Es la variedad de referencia para los blancos secos de la región. La indicada para abrir con un buen pescado o para acompañar una bandeja de ostras en la bahía de Arcachon. Aporta acidez, mineralidad y frescura. ¿Su firma? Notas de cítricos, boj y hojas de higuera.

SÉMILLON

Esta variedad de uva se utiliza principalmente para los vinos blancos dulces y licorosos de Sauternes y Entre-Deux-Mers. Los viticultores la dejan voluntariamente en la vid hasta octubre para obtener la famosa «podredumbre noble». Gracias a ello, da vinos redondos y grasos con aromas de albaricoque y miel.

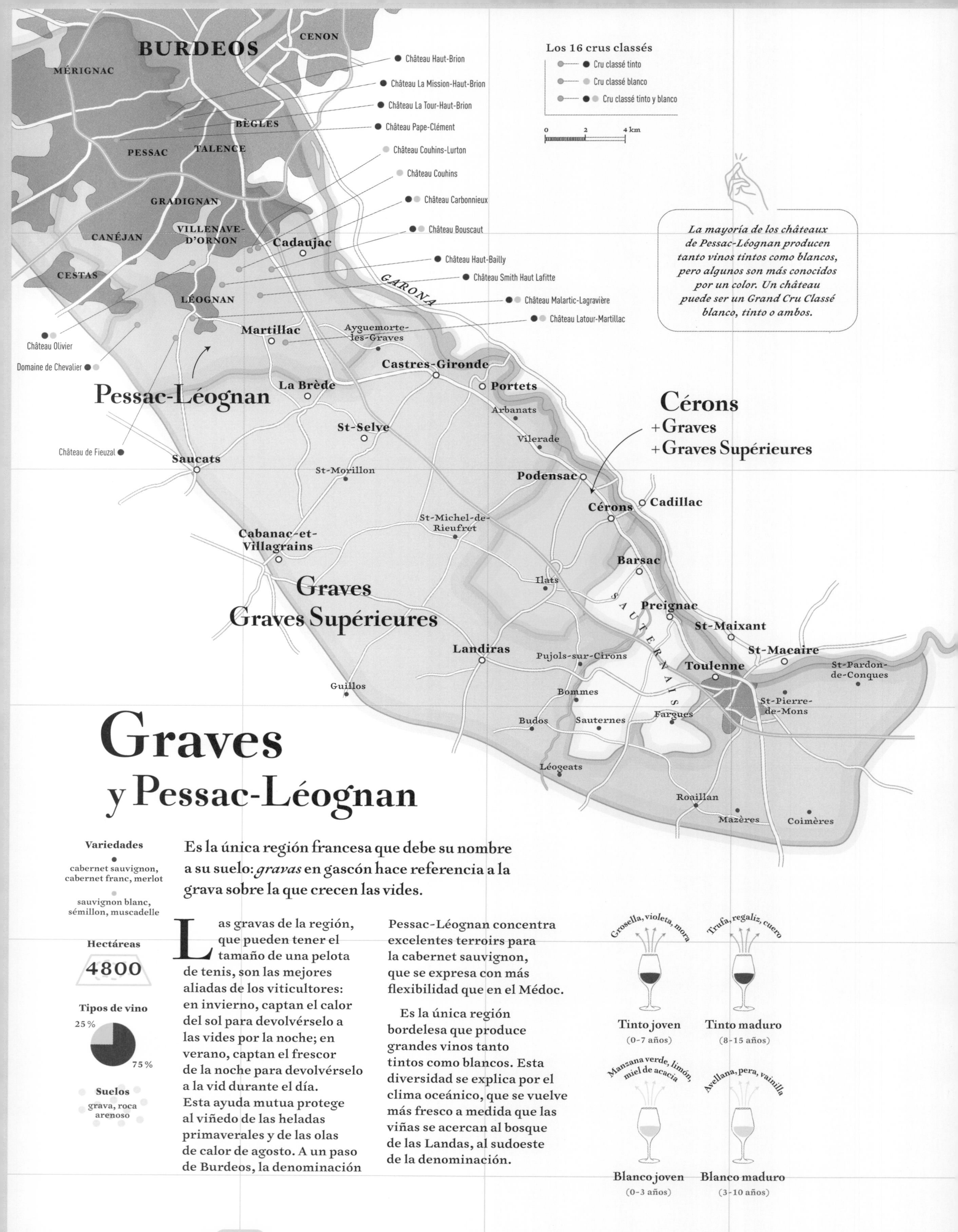

Graves y Pessac-Léognan

Variedades

cabernet sauvignon, cabernet franc, merlot

sauvignon blanc, sémillon, muscadelle

Hectáreas

4800

Tipos de vino

25 %

75 %

Suelos

grava, roca, arenoso

Es la única región francesa que debe su nombre a su suelo: *gravas* en gascón hace referencia a la grava sobre la que crecen las vides.

Las gravas de la región, que pueden tener el tamaño de una pelota de tenis, son las mejores aliadas de los viticultores: en invierno, captan el calor del sol para devolvérselo a las vides por la noche; en verano, captan el frescor de la noche para devolvérselo a la vid durante el día. Esta ayuda mutua protege al viñedo de las heladas primaverales y de las olas de calor de agosto. A un paso de Burdeos, la denominación Pessac-Léognan concentra excelentes terroirs para la cabernet sauvignon, que se expresa con más flexibilidad que en el Médoc.

Es la única región bordelesa que produce grandes vinos tanto tintos como blancos. Esta diversidad se explica por el clima oceánico, que se vuelve más fresco a medida que las viñas se acercan al bosque de las Landas, al sudoeste de la denominación.

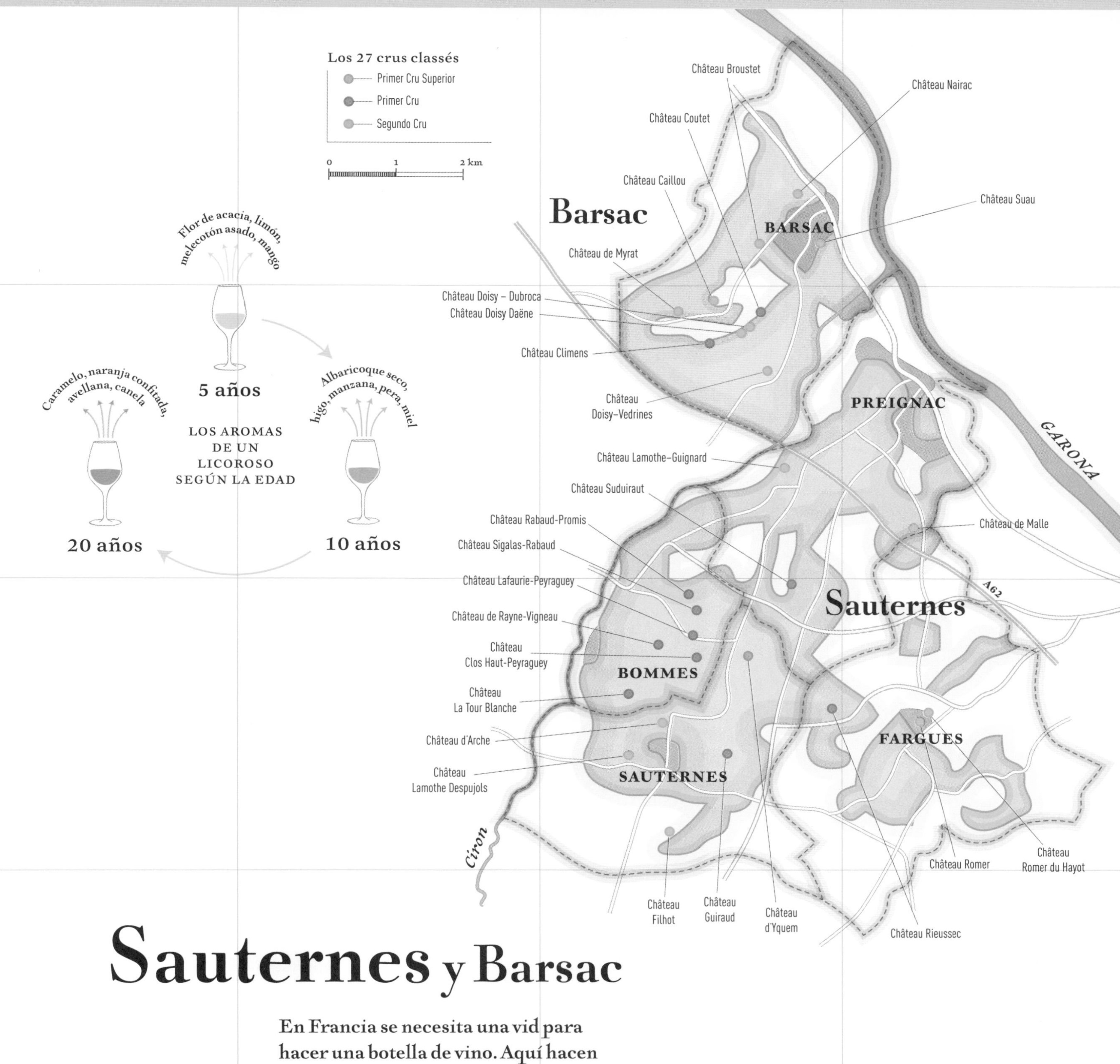

Sauternes y Barsac

En Francia se necesita una vid para hacer una botella de vino. Aquí hacen falta diez para hacer un sauternes.

Variedades
sémillon, sauvignon, muscadelle

Hectáreas
1857

Tipo de vino

100 %

Suelos
grava, guijarros sobre caliza

Un oxímoron es una figura retórica que pretende unir dos términos cuyos significados *a priori* distan mucho. «Podredumbre noble» es, sin duda, el oxímoron más bello del mundo del vino. En otoño, cuando las aguas de los ríos Garona y Ciron se encuentran, se forma un fenómeno único de condensación y la niebla matinal cubre las viñas. Se favorece el desarrollo de un hongo: la *Botrytis cinerea*, que seca las uvas, que se arrugan y se confitan bajo el sol. Este fenómeno confiere a los vinos licorosos de la región un carácter único. La vendimia se realiza generalmente en octubre para que cada baya de uva tenga un contenido elevado de azúcar y bajo de agua. Pueden pasar hasta treinta días desde el principio hasta el final de la vendimia, siendo necesarias varias pasadas para recoger los racimos adecuados. El resultado es un rendimiento muy bajo, lo que explica el elevado precio de las botellas.

> «Podredumbre noble» es, sin duda, el oxímoron más bello del mundo del vino

Médoc

Una franja de tierra a lo largo del río Garona, viñas hastadonde alcanza la vista que prosperan en un clima atípico; así es el Médoc, una de las joyas de la corona de la industria vitivinícola francesa.

El Médoc es una visita obligada para todos los amantes del vino tinto. Saint-Estèphe, Pauillac, Margaux..., tantos nombres que despiertan inmediatamente el interés del comensal. Comparten un pequeño territorio de 25 kilómetros de largo y menos de 10 kilómetros de ancho.

Surcado por el paralelo 45, se considera que el Médoc reúne las condiciones perfectas para la elaboración del vino. Es cálido, húmedo y el viento hace circular el aire. Estas condiciones suelen proteger a las vides de las heladas tardías y del moho. Además, las dos grandes masas de agua situadas a ambos lados de la península del Médoc desempeñan una importante función en la regulación de la temperatura.

Desde hace miles de años, el río Garona ha transportado toneladas de grava. Esas «gravas» proceden de los Pirineos por la fuerza del tiempo y de la corriente. Captan el calor del día y lo liberan a las vides cuando cae la noche. Este fenómeno, que permite que la cabernet sauvignon madure durante mucho tiempo, explica la presencia de los mejores vinos del Médoc en la parte oriental de la región, cerca del río, lo que justifica el dicho del Médoc: «las mejores viñas miran al estuario».

Viajar al Médoc es como atravesar un mar de vides

A primera vista, viajar al Médoc es como atravesar un mar de vides. Sin embargo, el paisaje de la península de la Gironda es más complejo y está formado por pinares, marismas y, por supuesto, viñedos, que se concentran en una franja de tierra a lo largo del estuario.

La región está dividida en ocho denominaciones. La AOC Médoc se aplica a toda la península, pero solo se utiliza en el norte, donde la influencia del océano es mayor. El Haut-Médoc debe su nombre a un modesto desnivel: su cima está a 43 metros sobre el nivel del mar.

Para la Exposición Universal de París de 1855, con Napoleón III, se creó una clasificación de los mejores châteaux con cinco niveles: del «Premier Cru» (Primer Cru) al «Cinquième Cru» (Quinto Cru). Sesenta châteaux siguen disfrutando de esta distinción.

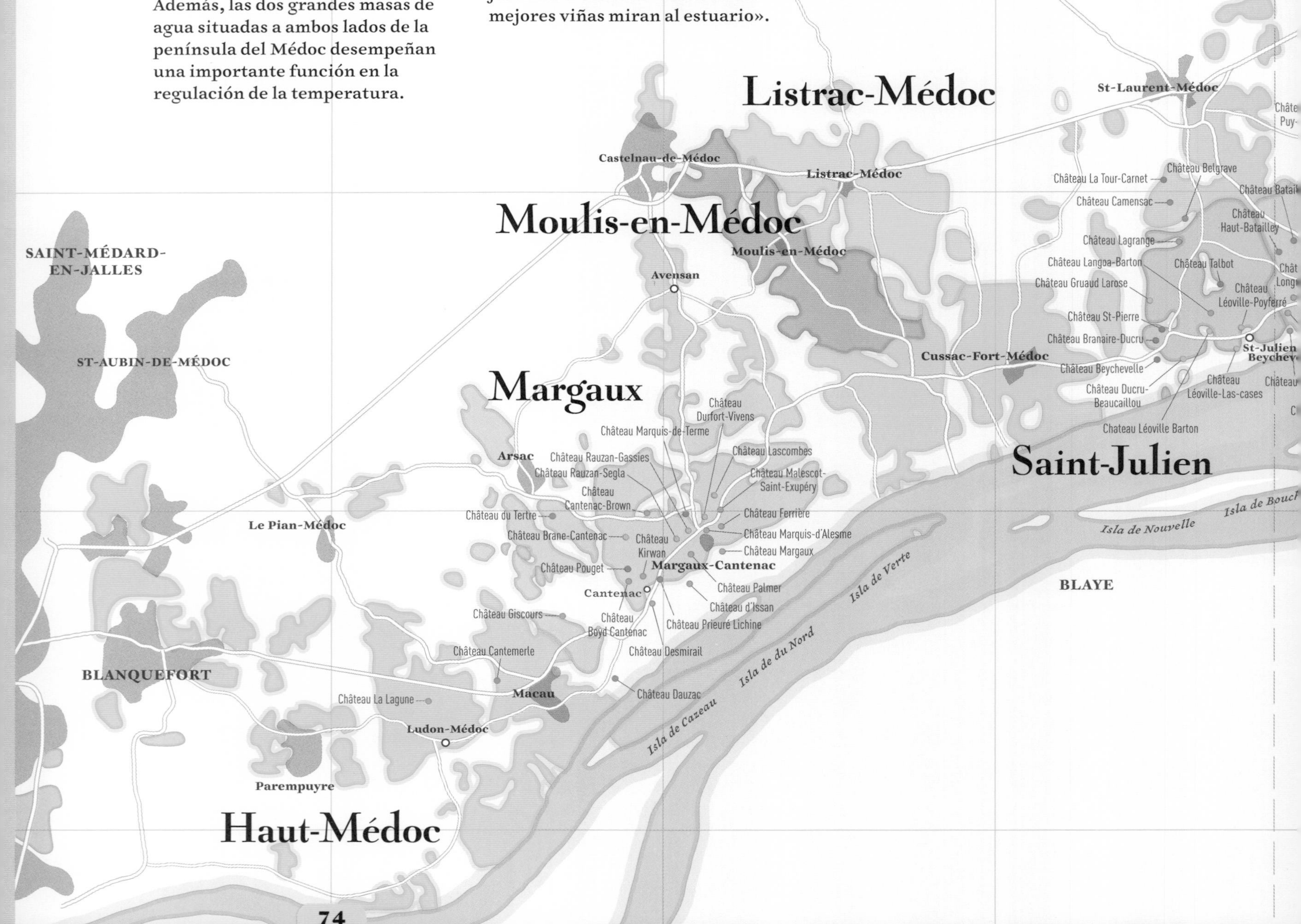

Los 60 crus classés
Primer Cru
Segundo Cru
Tercer Cru
Cuarto Cru
Quinto Cru
0
2
4 km
Grayan-et-l'Hôpital
Vendays-Montalivet
Vensac
St-Vivien-de-Médoc
Queyrac
Jau-Dignac-et-Loirac
Gaillan-en-Médoc
LESPARRE-MÉDOC
Prignac-en-Médoc
Civrac-en-Médoc
Bégadan
Valeyrac
Haut-Médoc
Médoc
Blaignan
St-Germain-d'Esteuil
Conquèques
Ordonnac
St-Sauveur
Cissac-Médoc
Vertheuil
St-Yzans-de-Médoc
GIRONDA
Château Grand-Puy-Ducasse
Château Lynch-Moussas
Pauillac
Château Pontet-Canet
Château Lafon-Rochet
Château d'Armailhac
Château Cos-Labory
St-Seurin-de-Cadourne
Château Calon-Ségur
Château Grand-Puy-Lacoste
Château Croizet-Bages
Château Montrose
St-Estèphe
Château Pichon Longueville Baron
Saint-Estèphe
Château Clerc-Milon
Château Pédesclaux
Château Duhart-Milon
Château Cos d'Estournel
Château Lafite Rothschild
Château Mouton Rothschild
Château Haut-Bages-Libéral
Château Latour
Château Lynch-Bages
Château Pichon Longueville Comtesse De Lalande
Isla de de Patiras
de Bouchaud
Variedades
cabernet sauvignon, merlot, cabernet franc, petit verdot
Hectáreas
16 500
Tipo de vino
100 %
Suelos
grava, roca arenoso

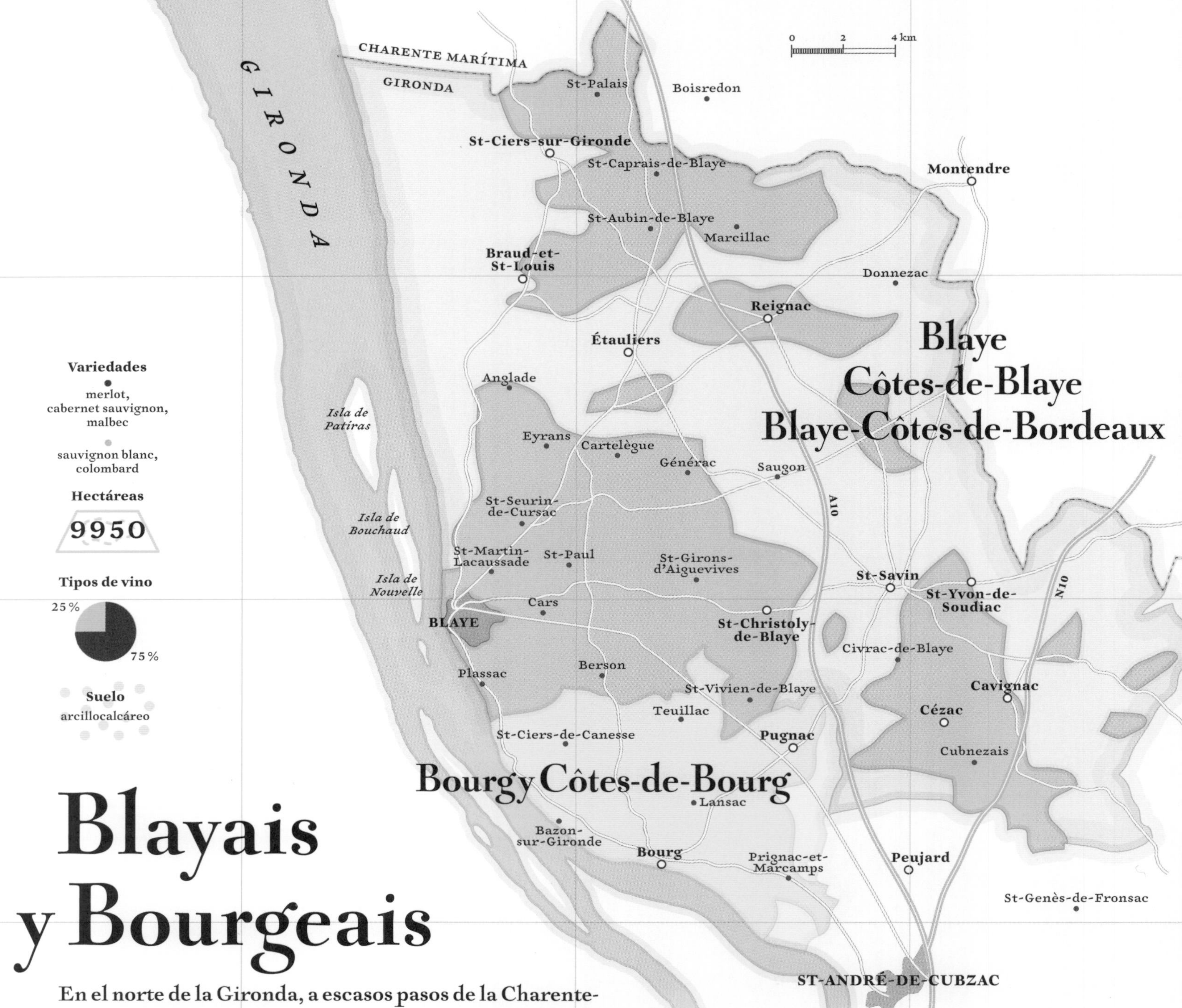

Blayais y Bourgeais

En el norte de la Gironda, a escasos pasos de la Charente-Maritime y frente al Médoc, se encuentran dos tierras vitivinícolas infravaloradas.

Según los escritos del geógrafo Jacques Baurein (1713-1790), Bourg era uno de los mejores terroirs de Burdeos en el siglo XVII. ¿Qué ha ocurrido desde entonces? Para diversificar sus fuentes de ingresos, los viticultores solían cultivar en «joualles», que consistía en intercalar una hilera de cereales entre cada hilera de vides para aumentar la productividad; positivo para la diversidad, pero negativo para la vid, demasiado irrigada.

Los viticultores han demostrado un gran dinamismo para salir de la sombra de su vecino del Médoc

Tras una revolución cualitativa a finales del siglo XX, los sindicatos de viticultores de la región han demostrado un gran dinamismo para promocionar su trabajo y salir de la sombra del vecino Médoc: Printemps des Vins, Blaye au Comptoir o Marathon de Blaye son algunos ejemplos de acciones apoyadas por los sindicatos locales.

El Blayais goza de un microclima que favorece el cultivo de la vid. La enorme masa de agua del estuario de la Gironda, situado muy cerca, suaviza las orillas. El Bourgeais, en laderas de exposición variada, es una sucesión de microclimas.

Entre-Deux-Mers

Variedades

sauvigon, sémillon, muscadelle

Hectáreas

30 000 — Viñedo de l'Entre-Deux-Mers

1500 — AOC Entre-Deux-Mers

Tipos de vino

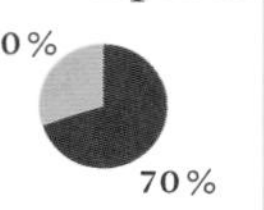

Suelo

arcillocalcáreo

También llamado Périgord Girondino, Entre-Deux-Mers es una zona variada y poco conocida que enseña otra cara de los viñedos bordeleses.

El nombre, cuando menos original, de esta zona encajonada entre el Garona, al sur, y la Dordoña, al norte, procede del gascón «mar», que se utilizaba para nombrar tanto a los mares como a los ríos. Huelga decir que aquí, cerca del estuario, los dos ríos son muy anchos y también reciben la influencia de las mareas.

Este triángulo accidentado se divide entre viñedos, prados y bosques. Es mucho más agreste que las demás AOC bordelesas.

Este triángulo accidentado se divide entre viñedos, prados y bosques

Este relieve es fruto de los afluentes del Garona y del Dordoña, que han esculpido la meseta en crestas y valles a lo largo de los siglos. Las colinas suelen reservarse para las vides, mientras que los valles, más húmedos, suelen ser zonas boscosas.

La denominación Entre-Deux-Mers no solo produce vinos blancos secos y vivos que esconden, bajo su color amarillo pajizo con reflejos verdes, notas de acacia, cítricos y frutas exóticas; también produce una gama de vinos blancos dulces y licorosos, sobre todo en Cadillac, Loupiac y Sainte-Croix-du-Mont, en la orilla derecha del Garona, frente a los prestigiosos terroirs de Cérons, Barsac y Sauternes.

Premières Côtes de Bordeaux

Graves-de-Vayres

Entre-Deux-Mers

Sainte-Foy-Bordeaux

Haut-Benauge

Cadillac Côtes de Bordeaux

Côtes de Bordeaux

Loupiac

Sainte-Croix-du-Mont

Côtes de Bordeaux-Saint-Macaire

Mientras que la denominación Entre-Deux-Mers está reservada a los blancos, la zona geográfica del mismo nombre produce sobre todo vinos tintos, principalmente bajo la denominación regional Bordeaux Supérieur.

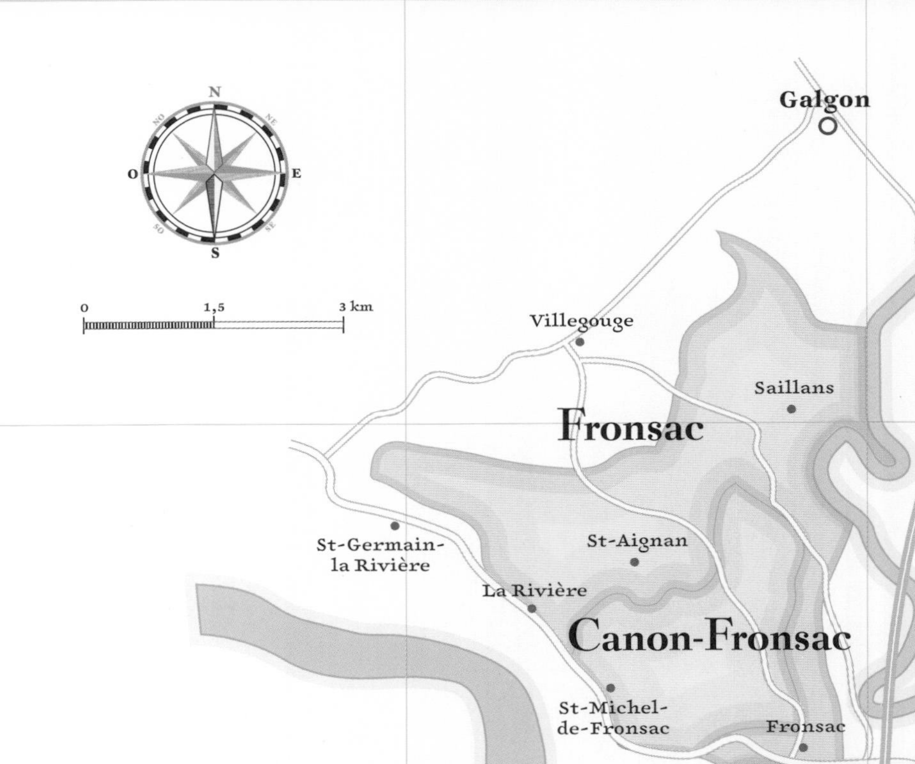

Pomerol

Estos prestigiosos suelos arcillosos se los reparten ciento cuarenta propiedades. Es la denominación más prestigiosa de la orilla derecha, conocida en particular por albergar uno de los vinos más caros del mundo: Petrus. Sin embargo, en 1855 se rechazó esta denominación en el momento de la clasificación. Los vinos son sensuales, potentes y pueden beberse jóvenes o pasados varios años.

800 ha

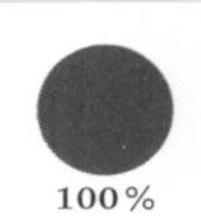

100 %

Fronsac y Canon-Fronsac

El viñedo más accidentado de Burdeos se extiende por laderas de piedra caliza que dominan los valles de la Dordoña y de Isle; el relieve le da unos aires de Toscana bordelesa. Es un buen alumno de la orilla derecha, con un 30 % de sus tierras certificadas ecológicas o en vías de serlo.

1090 ha

100 %

Francs Côtes de Bordeaux

La denominación más pequeña de Burdeos es la única que produce tintos, blancos y blancos licorosos. Los tintos tienen mucho cuerpo y recuerdan más a los vinos del Sudoeste.

425 ha

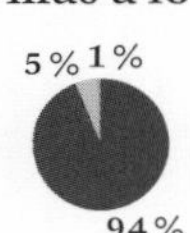

5 % 1 %

94 %

Les satellites de Saint-Émilion

Montagne, Saint-Georges, Lussac y Puisseguin se encuentran al norte de la famosa villa medieval, al otro lado de un pequeño río: el Barbanne. Estas denominaciones gozan de terroirs similares a los de Saint-Émilion y ofrecen una excelente relación calidad-precio.

4000 ha

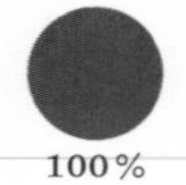

100 %

Castillon Côtes de Bordeaux

Si cerca de la Dordoña eran de grava, los suelos arcillosos al pie de las laderas se convierten en arcillocalcáreos, y luego, en calcáreos en las mesetas. El clima es más continental, por lo que los inviernos son más duros.

2500 ha

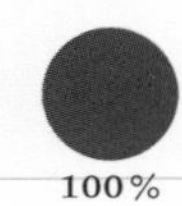

100 %

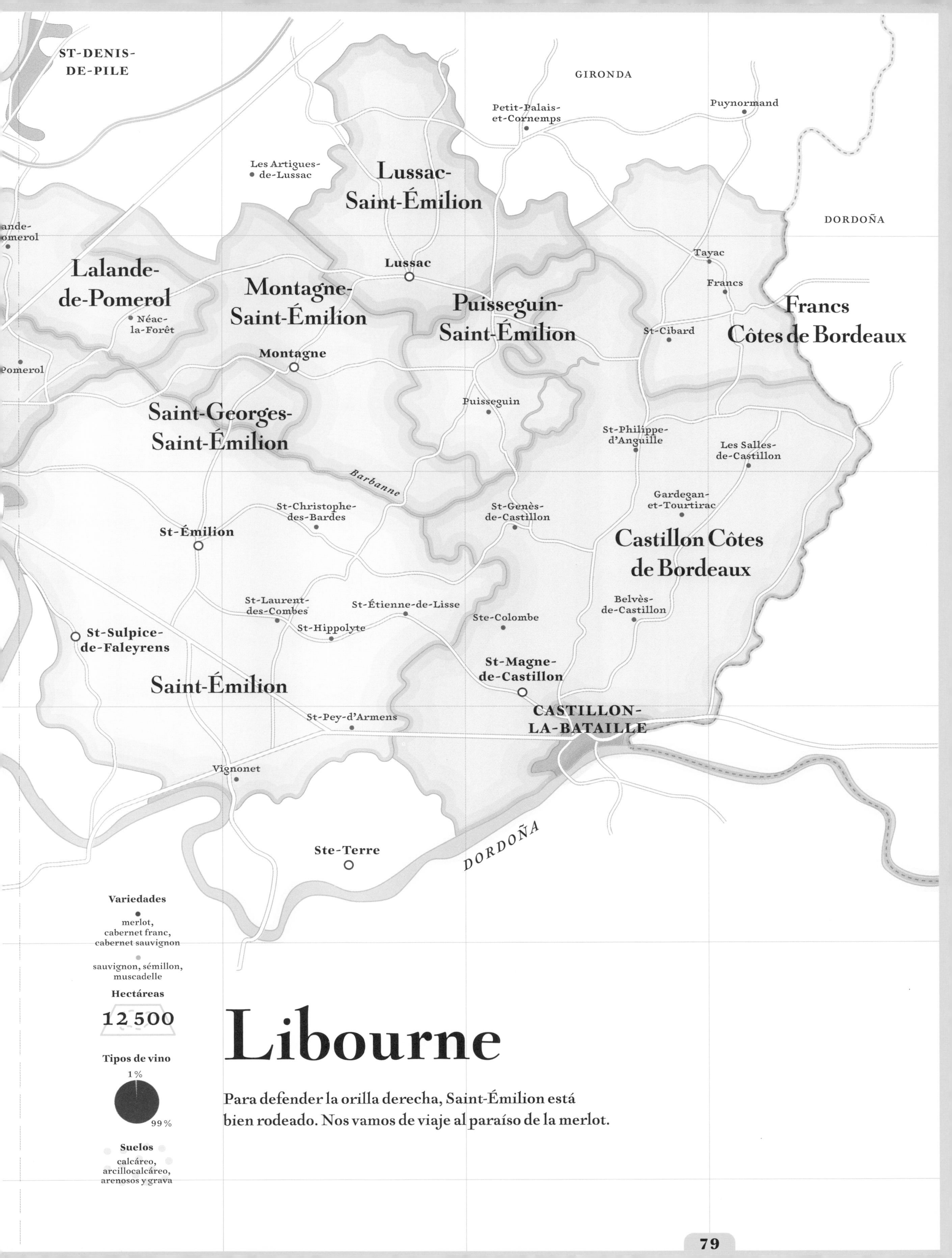

Libourne

Para defender la orilla derecha, Saint-Émilion está bien rodeado. Nos vamos de viaje al paraíso de la merlot.

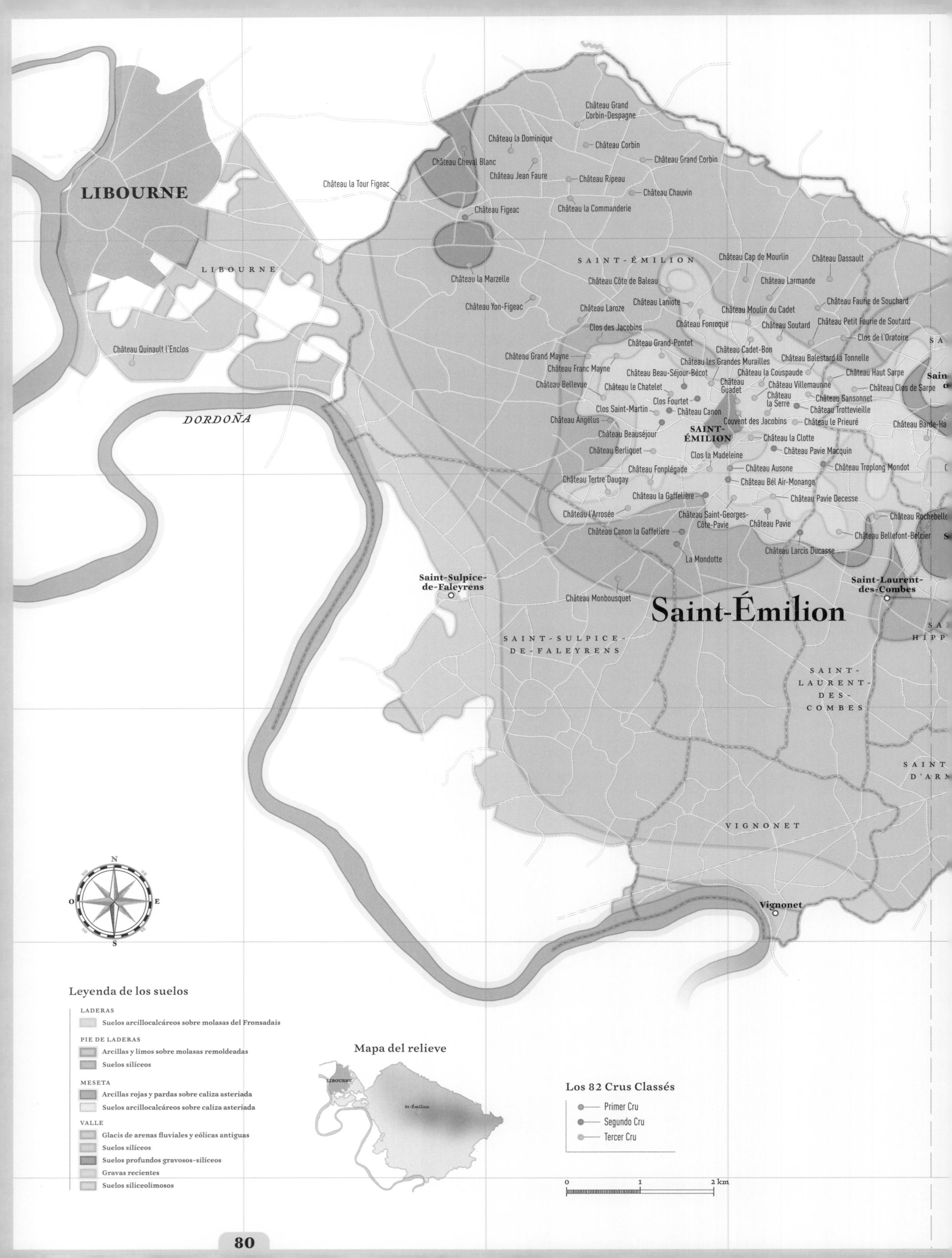
LIBOURNE
LIBOURNE
DORDOÑA
Château Quinault l'Enclos
Château la Tour Figeac
Château Grand Corbin-Despagne
Château la Dominique
Château Corbin
Château Grand Corbin
Château Cheval Blanc
Château Jean Faure
Château Ripeau
Château Chauvin
Château Figeac
Château la Commanderie
SAINT-ÉMILION
Château la Marzelle
Château Yon-Figeac
Château Cap de Mourlin
Château Dassault
Château Côte de Baleau
Château Larmande
Château Laniote
Château Faurie de Souchard
Château Laroze
Château Moulin du Cadet
Château Petit Faurie de Soutard
Clos des Jacobins
Château Fonroque
Château Soutard
Clos de l'Oratoire
Château Grand-Pontet
Château Cadet-Bon
Château Grand Mayne
Château les Grandes Murailles
Château Balestard la Tonnelle
Château Franc Mayne
Château Beau-Séjour-Bécot
Château la Couspaude
Château Haut Sarpe
Château Bellevue
Château le Chatelet
Château Guadet
Château Villemaurine
Château Clos de Sarpe
Château la Serre
Château Sansonnet
Clos Fourtet
Château Trottevieille
Clos Saint-Martin
Château Canon
Château Angélus
Couvent des Jacobins
Château le Prieuré
Château Barde-Haut
Château Beauséjour
SAINT-ÉMILION
Château la Clotte
Château Berliquet
Clos la Madeleine
Château Pavie Macquin
Château Fonplégade
Château Ausone
Château Troplong Mondot
Château Tertre Daugay
Château Bél Air-Monange
Château la Gaffelière
Château Pavie Decesse
Château l'Arrosée
Château Saint-Georges-Côte-Pavie
Château Pavie
Château Rochebelle
Château Canon la Gaffelière
Château Bellefont-Belcier
Château Larcis Ducasse
La Mondotte
Saint-Sulpice-de-Faleyrens
Saint-Laurent-des-Combes
Château Monbousquet
Saint-Émilion
SAINT-SULPICE-DE-FALEYRENS
SAINT-LAURENT-DES-COMBES
VIGNONET
Vignonet
N
E
S
O
Leyenda de los suelos
LADERAS
Suelos arcillocalcáreos sobre molasas del Fronsadais
PIE DE LADERAS
Arcillas y limos sobre molasas remoldeadas
Suelos silíceos
MESETA
Arcillas rojas y pardas sobre caliza asteriada
Suelos arcillocalcáreos sobre caliza asteriada
VALLE
Glacis de arenas fluviales y eólicas antiguas
Suelos silíceos
Suelos profundos gravosos-silíceos
Gravas recientes
Suelos siliceolimosos
Mapa del relieve
LIBOURNE
St-Émilion
Los 82 Crus Classés
Primer Cru
Segundo Cru
Tercer Cru
0
1
2 km

Barbanne
SAINT-CHRISTOPHE-DES-BARDES
Saint-Christophe-des-Bardes
Château Fombrauge
Château Fleur Cardinale
Château Laroque
Château Valandraud
Château de Ferrand
Château Destieux
Château de Pressac
Saint-Hippolyte
Saint-Étienne-de-Lisse
Château Peby Faugères
Château Faugères
SAINT-ÉTIENNE-DE-LISSE
SAINT-HIPPOLYTE
Saint-Pey-d'Armens
La Fleur Morange Mathilde

Saint-Émilion

Villa medieval impregnada de la historia de los vinos de Burdeos. Desde lo alto de su colina, el viñedo se extiende hasta donde alcanza la vista y solo rinde pleitesía a una reina: la merlot.

Variedades

merlot, cabernet franc, cabernet sauvignon

Hectáreas

5400

Tipo de vino

100%

Suelos

calcáreo, arcillocalcáreo, arenosos y grava

A diferencia de la orilla izquierda, que es muy llana, la denominación Saint-Émilion, apodada la «colina de los mil castillos», ocupa una meseta surcada por valles. Las fincas son más pequeñas que las del Médoc y la merlot ocupa la mayor parte del viñedo. En la región se distingue entre vinos de ladera y vinos de llanura. Los primeros suelen tener mucho cuerpo y ser robustos, mientras que los segundos están más marcados por su delicadeza y flexibilidad.

La merlot es una variedad de maduración temprana que no responde bien al calentamiento del planeta. Si hace calor durante el mes de agosto, esto se reflejará en los vinos con aromas confitados. Si se mantiene el equilibrio, los vinos de Saint-Émilion se distinguen por su redondez, opulencia y la delicadeza de los taninos gracias al dúo merlot - cabernet franc. Los vinos de la región necesitan de cinco a diez años de guarda para expresar su potencial.

Desde 1955, la denominación cuenta con una clasificación única, revisada cada diez años por un comité de cata del INAO*; la denominación Saint-Émilion es la única que cuestiona su clasificación de Grand Cru con tanta regularidad. Al igual que el Balón de Oro o los Óscars, formar parte de esta clasificación garantiza diez años de éxito para el negocio. En el deporte y el cine, los agentes son los que hacen y deshacen; en Saint-Émilion, son los enólogos consultores: expertos que acompañan a varias fincas a lo largo del año, desde la vendimia hasta el coupage final.

Saint-Émilion solo rinde pleitesía a una reina: la merlot

Los borgoñones tienen Beaune; los alsacianos, Colmar, y los bordeleses, Saint-Émilion. Pasear por las calles empedradas de este pueblo declarado Patrimonio de la Humanidad por la Unesco es como retroceder en el tiempo para disfrutar mejor de los vinos de Burdeos.

***INAO:** El Instituto Nacional de Origen y Calidad es una institución pública francesa dependiente del Ministerio de Agricultura.

¿A qué se debe el *Bordeaux Bashing*?

Durante mucho tiempo, los vinos de Burdeos han sido los más destacados, pero en los últimos quince años se han convertido en los rivales por batir. ¿De quién es la culpa? ¿La culpa de qué? He aquí las razones de estas fuertes críticas o «Bordeaux Bashing» en cinco puntos.

#1 El precio

Los Grands Crus de Burdeos se han convertido en cuarenta años en sinónimo de especulación. Los precios pueden variar de un año a otro en función de la añada y de la demanda. Es la única región francesa tan afectada por este fenómeno; aunque representa solo una pequeña parte de las fincas, es toda la región la que se ve marcada por la explosión de los precios. Sin embargo, los Grands Crus solo representan el 3 % de los viñedos de Gironda. ¡Hay que pensar en descubrir el 97 % restante!

#2 Estandarización

En la década de 1990, las puntuaciones otorgadas por el famoso crítico de vinos Robert Parker hacían que la reputación de un vino se disparara. Se achaca a algunos viticultores de Burdeos haber adaptado su elaboración para atraer el paladar de Robert Parker. Y resulta que le gustaban los vinos tintos muy (¿demasiado?) amaderados. Esta fiebre por la madera acabó por uniformizar una parte del viñedo. Sobre todo desde que, a principios de la década de los 2000, el público empezó a despegarse de las notas y a buscar más frescura y «bebibilidad» en los vinos. Robert Parker se jubiló en 2019 y la moda de los vinos tánicos hace tiempo que se fue de vacaciones.

#3 Nuevo Mundo

Durante décadas, Burdeos ha estado vendiendo vino a los cuatro confines del mundo: Estados Unidos, China, Australia, Brasil... Salvo que, recientemente, los amantes del vino se han dado cuenta de que hay algo más que Saint-Émilion y han descubierto el Languedoc, los vinos de la Rioja, Sudáfrica, así como grandes viñedos en sus respectivos países. En un momento en el que estos nuevos consumidores quieren beber localmente, los grandes comerciantes de vino luchan por mantener los mismos volúmenes de exportación.

#4 ¿Quién guarda vinos durante diez años?

La gran mayoría de los vinos de Burdeos son vinos de guarda, es decir, necesitan varios años de envejecimiento antes de consumirse. ¿Y cuál es el problema? Las nuevas generaciones de aficionados no tienen ni el tiempo ni el espacio para envejecer sus botellas durante cinco o diez años. Entre los jóvenes de veinticinco a treinta y cinco años, la mayoría de las botellas se abren el mismo día o al día siguiente de su compra.

#5 Calentamiento del planeta

Desde la ola de calor de 2003, Burdeos ha experimentado muchos veranos especialmente calurosos y áridos. Estos fenómenos provocan cosechas tempranas y aumentan el grado alcohólico de los vinos. La variedad merlot, que cubre el 50 % del viñedo bordelés, necesita noches relativamente frescas antes de la vendimia. Para adaptarse, la región debe probar variedades más tardías y mejor adaptadas al calentamiento del planeta, como la syrah, la mourvèdre y algunas variedades portuguesas. Queda por ver si las autoridades están dispuestas a modificar el pliego de condiciones de la AOC...

Tres tópicos para olvidar

A los burdeos les falta diversidad

#1 Sesenta AOC, seis variedades de uva, tres tipos de suelo y seis mil fincas en un solo departamento con una producción de tintos, blancos secos, rosados, espumosos y blancos licorosos.

Los burdeos son muy caros

#2 No le vamos a mentir: Burdeos está por encima de la media francesa en cuanto a precio. Pero existen muchas joyas entre diez y quince euros. Para encontrarlas, hay que salirse de los caminos trillados y explorar las AOC menos conocidas.

Los burdeos no son ecológicos

#3 La región de Burdeos prosigue su revolución ecológica con un aumento del 30 % en la tasa de conversión. No es la primera en Francia, pero tampoco está en la cola del pelotón.

BEAUJOLAIS

gamay o nada

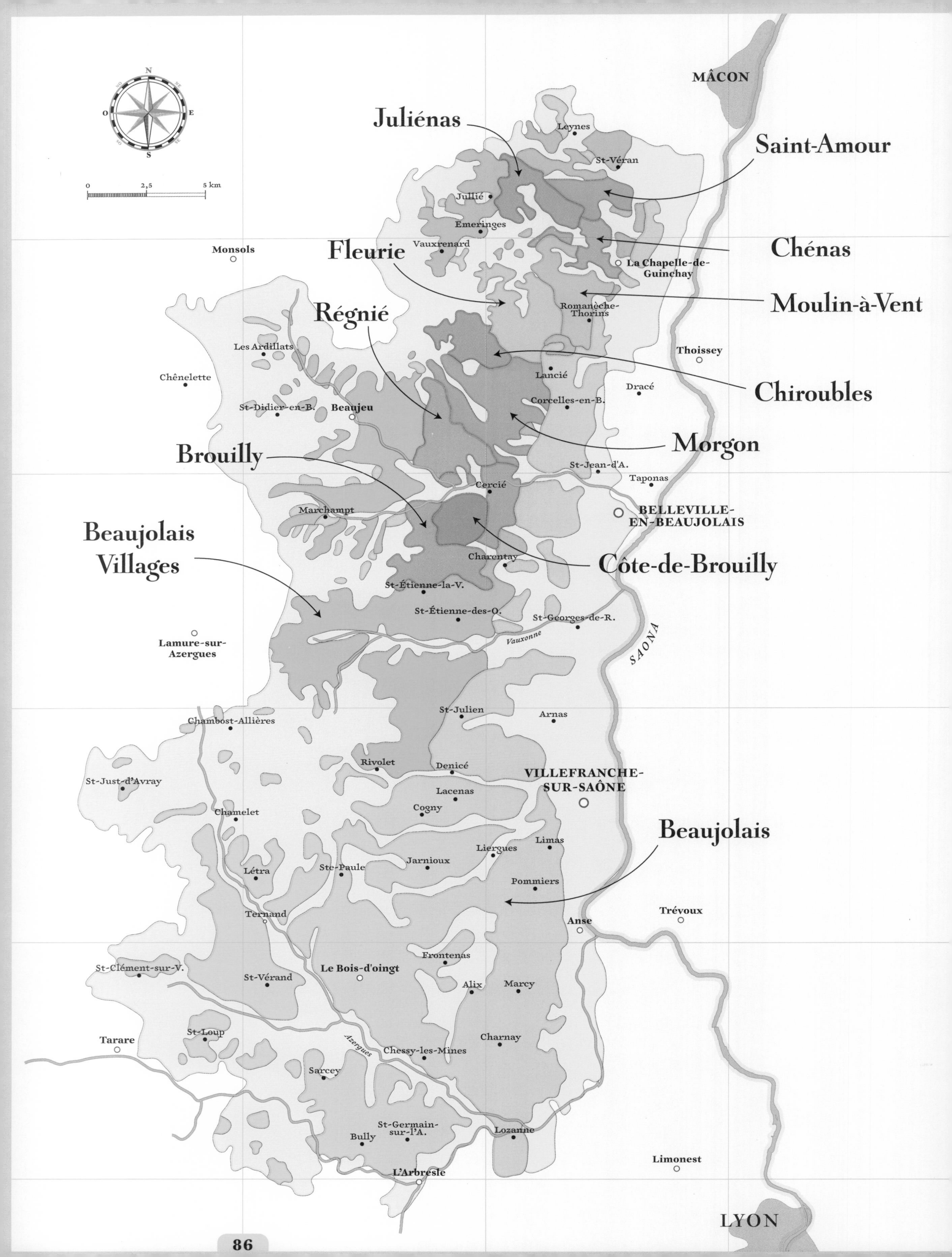
N
O
E
S
0
2,5
5 km
MÂCON
Juliénas
Saint-Amour
Leynes
St-Véran
Jullié
Emeringes
Vauxrenard
Chénas
Fleurie
Monsols
La Chapelle-de-Guinchay
Moulin-à-Vent
Romanèche-Thorins
Régnié
Thoissey
Les Ardillats
Chiroubles
Lancié
Chênelette
Dracé
St-Didier-en-B.
Beaujeu
Corcelles-en-B.
Morgon
Brouilly
St-Jean-d'A.
Taponas
Cercié
BELLEVILLE-EN-BEAUJOLAIS
Marchampt
Beaujolais Villages
Charentay
Côte-de-Brouilly
St-Étienne-la-V.
St-Étienne-des-O.
St-Georges-de-R.
Vauxonne
SAONA
Lamure-sur-Azergues
St-Julien
Arnas
Chambost-Allières
Rivolet
Denicé
VILLEFRANCHE-SUR-SAÔNE
St-Just-d'Avray
Lacenas
Cogny
Chamelet
Beaujolais
Limas
Liergues
Jarnioux
Létra
Ste-Paule
Pommiers
Ternand
Trévoux
Anse
Frontenas
St-Clément-sur-V.
Le Bois-d'oingt
St-Vérand
Alix
Marcy
St-Loup
Tarare
Charnay
Azergues
Chessy-les-Mines
Sarcey
St-Germain-sur-l'A.
Bully
Lozanne
Limonest
L'Arbresle
LYON

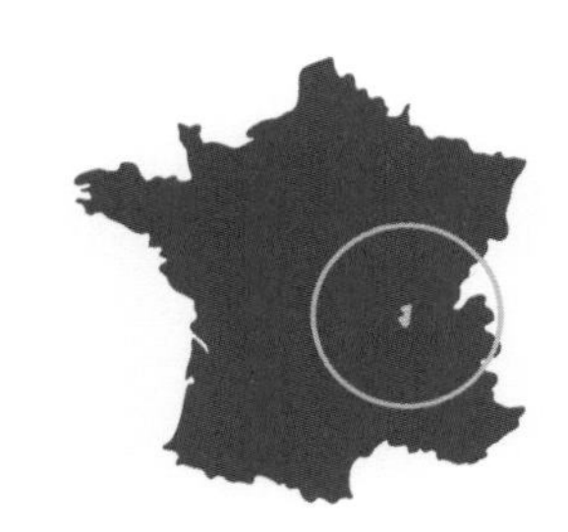

Beaujolais

Rodeado por Borgoña, el Ródano y el Loira, el Beaujolais se encuentra en la confluencia de grandes viñedos. Se distingue por exaltar una variedad de uva (casi) única: la gamay.

Variedades

gamay

chardonnay

Hectáreas

18 000

Tipos de vino

3 %

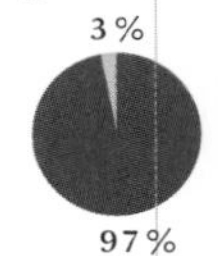

97 %

Suelos

granito, esquisto y volcánicos

Clima

continental templado

Los viñedos se extienden unos 40 kilómetros de norte a sur, trepando por las laderas al oeste del río. La gamay, expulsada de Borgoña, de donde es originaria, ha encontrado un nuevo hogar en los suelos graníticos del Beaujolais. No es muy de compartir: representa más del 95 % de las viñas de la región. Esta variedad con aromas intensos de frutas rojas da vinos con taninos especialmente finos.

Si hay un vino francés que merece ser redescubierto, ese es el beaujolais. Todo el mundo conoce el beaujolais nouveau, una fiesta nacida en los años cincuenta para celebrar los vinos primeur de la región (de los que se habla en la página 92), pero esta tradición ha causado mucho daño a la región. La sobreproducción y el uso intensivo de productos químicos han aguado la fiesta. El consumidor sigue confundiendo el beaujolais con el beaujolais nouveau. El precio de la tierra ha bajado, lo que ha permitido a muchos viticultores jóvenes instalarse con una idea en mente: respetar el suelo y restaurar la imagen de la gamay. Un mal necesario, ya que actualmente es uno de los viñedos más implicados en los vinos biodinámicos y naturales. Frente a la creencia popular, los diez crus de la región pueden producir vinos con cuerpo, complejos y muy apropiados para el envejecimiento.

La región es conocida por una técnica de vinificación: la maceración semicarbónica. Se introducen los racimos enteros en cubas y no se pisan. En el fondo de la cuba, los racimos se asientan y liberan el mosto, y puede comenzar la fermentación alcohólica y la liberación de dióxido de carbono. En la parte superior de la cuba, las uvas aún intactas se someten a una fermentación intrapelicular. Al cabo de unos diez días, se prensan todas las uvas y se completa la fermentación de forma tradicional. Esta técnica produce vinos más finos y afrutados.

Si hay un vino francés que merece ser redescubierto, ese es el beaujolais

En 2011 se creó una nueva denominación: la AOC Coteaux Bourguignons distingue los vinos tintos y rosados elaborados con pinot noir o gamay y los vinos blancos elaborados con chardonnay tanto en Borgoña como en Beaujolais. Junto con Seyssel en Savoie-Bugey, es la única AOC francesa compartida por dos viñedos diferentes.

Beaujolais

De Saint-Amour a Chiroubles

Juliénas

El más septentrional de los crus del Beaujolais se encuentra a 15 kilómetros al sudoeste de Mâcon. Situado en la ladera sur del monte Bessay (478 m), este viñedo posee los suelos más variados del Beaujolais, con predominio de esquisto y granito. Este terroir ofrece una gamay con cuerpo, típica del Juliénas.

580 ha

100%

Chénas

Las viñas del cru más pequeño de la región de Beaujolais se aferran a las laderas orientales del monte Rémont (510 m) y a sus pronunciadas pendientes. Los suelos graníticos, poco arcillosos, dan vinos generosos, con cuerpo y notas de peonía. Al este, en suelos más gravosos y arenosos, los vinos son más flexibles. Tenga cuidado de no parecer un turista: no pronuncie la «s» de Chénas.

240 ha

100%

Saint-Amour

Seguramente es el nombre más bonito de una denominación francesa; sin embargo, no es una oda al romanticismo, sino la huella del paso del legionario romano Amor. En las laderas orientales del Mont Bessay y de la colina de Église, las vides crecen en suelos eminentemente arenosos, que dan vinos estructurados. Al pie de las laderas, los suelos arcillosilíceos producen vinos más ligeros.

300 ha

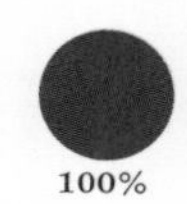

100%

Moulin-à-Vent

El cru más antiguo del Beaujolais, cuyo nombre procede del molino construido en 1550 y que aún se mantiene en pie en la colina de Romanèche-Thorins. El manganeso (un mineral muy oscuro), presente en los suelos, es el origen del carácter particular de los vinos de Moulin-à-Vent. De los diez crus de Beaujolais, este es el que más se acerca a los vinos de Borgoña. Con el tiempo pueden detectarse notas de iris, violeta, fresa, frambuesa y cereza, así como trufa, en estos vinos complejos y elegantes.

650 ha

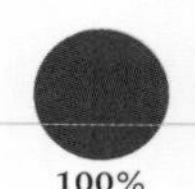

100%

Fleurie

860 ha

100%

La denominación no se extiende más allá de los límites del municipio del mismo nombre. El suelo es de arena, un sustrato granítico de tonos rosáceos. Se trata de uno de los crus más ligeros de la región de Beaujolais y lleva bien a gala su nombre: son vinos que evocan bellas notas florales así como un toque de melocotón o casis. Se distinguen por su carácter aterciopelado al cabo de unos años.

Chiroubles

350 ha

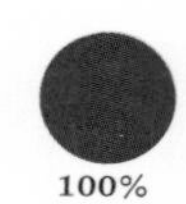

100%

El más elevado de los crus de Beaujolais se encuentra a una altitud media de 400 metros, en un circo granítico alrededor del municipio del mismo nombre. Las viñas se encuentran principalmente en las empinadas laderas del este y el sudeste. Los suelos arenosos y graníticos dan vinos suculentos, delicados y elegantes, con aromas de peonía, lirio de los valles, iris y violeta. Chiroubles se considera muy típico del Beaujolais.

Chiroubles

les Rontets
la Grange
les Roches
En Durbise
Verbomet
Aux Pojes
Croz Durbise
Aux Craz
le Fetre
St-Roch
le Vert
les Saignes
Lachat
les Pontheux
Reponge
Javernand
la Lanjagne
À l'Horme
Chataigner Durand
Rochefort
En Verdan
CHIROUBLES
le Bois
la Combe
Chatenay
la Croix de Ram
Tempere
la Gravelle
le Bois de Lie

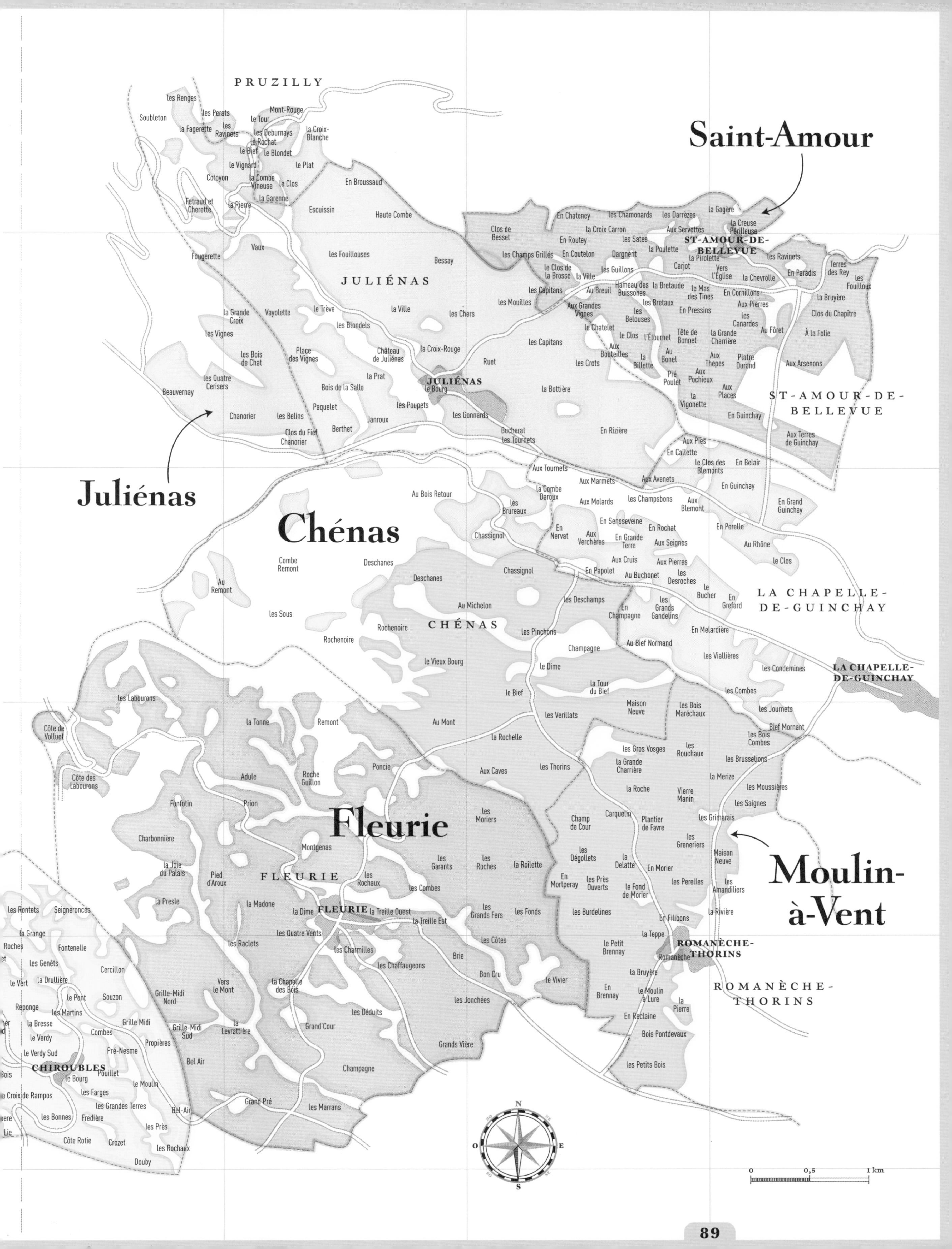
Saint-Amour
Juliénas
Chénas
Fleurie
Moulin-à-Vent
PRUZILLY
JULIÉNAS
ST-AMOUR-DE-BELLEVUE
CHÉNAS
LA CHAPELLE-DE-GUINCHAY
FLEURIE
ROMANÈCHE-THORINS
CHIROUBLES
les Renges
Soubleton
les Perats
Mont-Rouge
la Fagerette
les Ravinets
le Tour
les Deburnays
le Rochat
la Croix-Blanche
le Bief
le Blondet
le Vignard
le Plat
Cotoyon
la Combe Vineuse
le Clos
En Broussaud
Fetraud et Cherette
la Pierre
la Garenne
Escuissin
Haute Combe
Fougerette
Vaux
les Fouillouses
Bessay
la Grande Croix
Vayolette
le Trève
la Ville
les Chers
les Blondels
les Vignes
les Bois de Chat
Place des Vignes
Château de Juliénas
la Croix-Rouge
Ruet
les Quatre Cerisers
le Prat
Beauvernay
Bois de la Salle
le Bourg
Paquelet
les Poupets
Chanorier
les Belins
Janroux
les Gonnards
Clos du Fief Chanorier
Berthet
Bucherat les Tournets
En Chateney
les Chamonards
les Darrèzes
la Gagère
la Creuse Périlleuse
Clos de Besset
la Croix Carron
Aux Servettes
En Routey
les Sates
la Poulette
les Champs Grillés
En Coutelon
Dargnent
la Pirolette
les Ravinets
Carjot
Vers l'Église
Terres des Rey
les Fouilloux
le Clos de la Brosse
la Ville
les Guillons
la Chevrolle
En Paradis
Hameau des Buissonas
la Bretaude
le Mas des Tines
En Cornillons
la Bruyère
les Mouilles
les Capitans
Au Breuil
les Bretaux
Aux Pierres
Aux Grandes Vignes
les Belouses
En Pressins
Clos du Chapître
le Chatelet
les Canardes
Au Fôret
À la Folie
les Clos
l'Étournet
Tête de Bonnet
la Grande Charrière
Aux Bouteilles
la Billette
Au Bonet
Aux Thepes
Platre Durand
Aux Arsenons
les Crots
Pré Poulet
Aux Pochieux
la Bottière
Aux Places
la Vignette
En Guinchay
En Rizière
Aux Terres de Guinchay
Aux Pies
En Callette
le Clos des Blemonts
En Belair
Aux Tournets
Aux Marmets
Aux Avenets
la Combe Daroux
En Guinchay
Au Bois Retour
les Bureaux
Aux Molards
les Champsbons
Aux Blemont
En Grand Guinchay
En Sensseveine
En Nervat
Aux Verchères
En Grande Terre
En Rochat
Aux Seignes
En Perelle
Au Rhône
Chassignol
Aux Cruis
Aux Pierres
le Clos
Combe Remont
Deschanes
Chassignol
En Papolet
Au Buchonet
les Desroches
le Bucher
En Grefard
Au Remont
les Deschamps
En Champagne
les Grands Gandelins
Au Michelon
les Sous
Rochenoire
les Pinchons
En Melardière
Rochenoire
Champagne
Au Bief Normand
le Vieux Bourg
le Dime
les Viallières
les Condemines
la Tour du Bief
le Bief
les Labourons
Maison Neuve
les Bois Maréchaux
les Combes
les Verillats
les Journets
Côte de Volluet
la Tonne
Remont
Au Mont
Bief Mornant
la Rochelle
les Bois Combes
les Gros Vosges
les Rouchaux
les Brusselions
la Grande Charrière
Côte des Labourons
Adule
Roche Guillon
Poncie
Aux Caves
les Thorins
la Merize
la Roche
Vierre Manin
les Moussières
Fonfotin
Prion
les Moriers
les Saignes
Carquelin
Champ de Cour
Plantier de Favre
les Grimarais
Charbonnière
les Greneriers
Montgenas
les Garants
les Roches
la Roilette
les Dégollets
la Delatte
Maison Neuve
la Joie du Palais
Pied d'Aroux
les Rochaux
En Mortperay
les Près Ouverts
En Morier
les Perelles
les Combes
le Fond de Morier
les Amandiliers
la Presle
la Madone
la Dime
la Treille Ouest
les Grands Fers
les Fonds
les Burdelines
En Filibons
la Rivière
les Rontets
Seigneronces
la Treille Est
la Grange
les Quatre Vents
la Teppe
Roches
Fontenelle
les Raclets
les Charmilles
les Côtes
le Petit Brennay
Romanèche
les Genêts
Cercillon
les Chaffaugeons
Brie
le Vert
la Drullière
la Chapelle des Bois
Bon Cru
le Vivier
la Bruyère
Vers le Mont
le Pont
Souzon
Grille-Midi Nord
En Brennay
le Moulin à Lure
la Pierre
Reponge
les Martins
les Jonchées
la Bresse
Grille Midi
les Déduits
En Reclaine
le Verdy
Combes
Grille-Midi Sud
la Levrattière
Grand'Cour
Propières
Grands Vière
Bois Pontdevaux
le Verdy Sud
Pré-Nesme
Pouillet
Bel Air
le Bourg
le Moulin
Champagne
les Petits Bois
les Farges
la Croix de Rampos
les Grandes Terres
Grand Pré
les Marrans
Bel-Air
les Bonnes
Fredière
les Près
Côte Rotie
Crozet
les Rochaux
Doubly
N
NE
E
SE
S
SO
O
NO
0
0,5
1 km

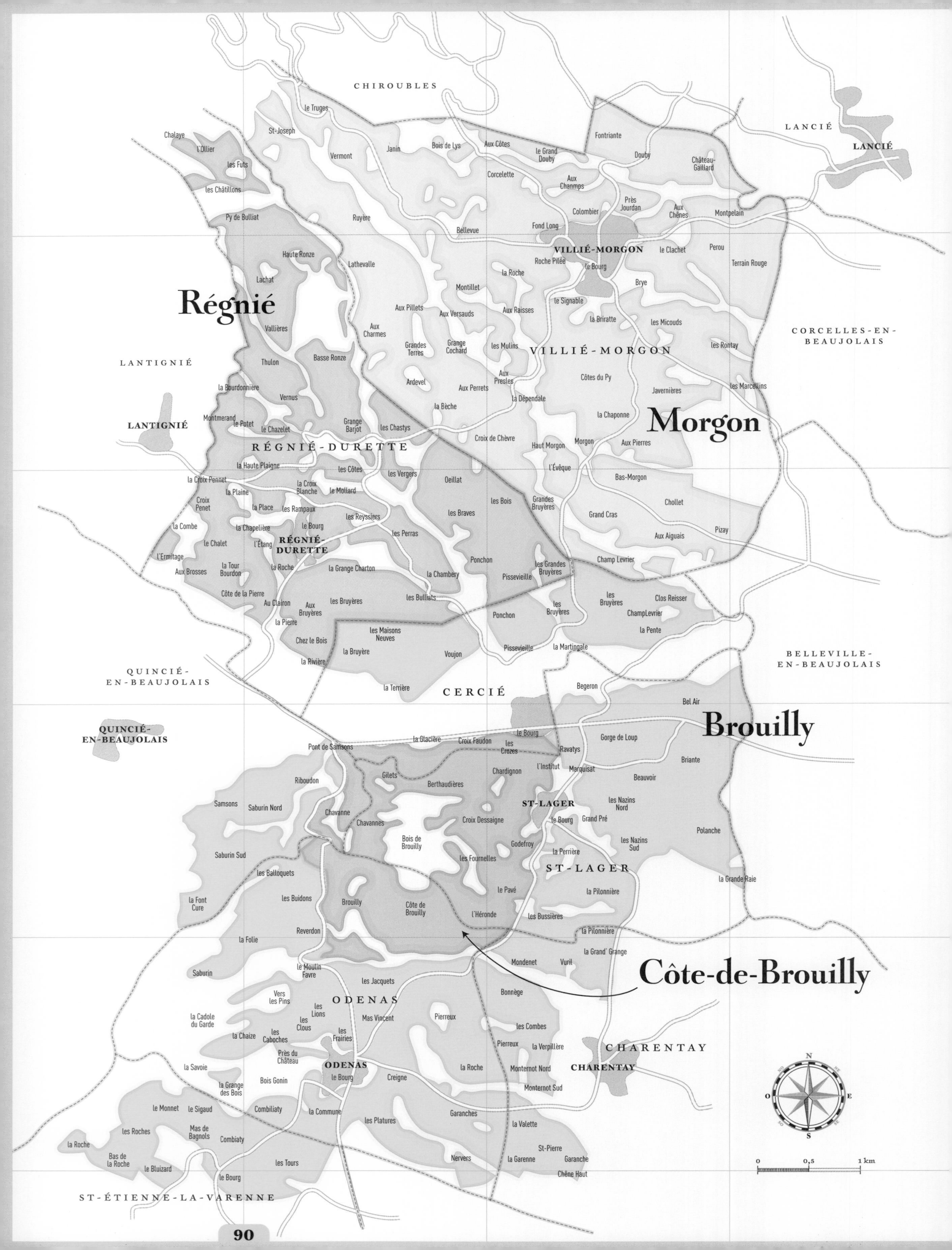

Régnié
Morgon
Brouilly
Côte-de-Brouilly
CHIROUBLES
LANCIÉ
LANCIÉ
CORCELLES-EN-BEAUJOLAIS
LANTIGNIÉ
LANTIGNIÉ
VILLIÉ-MORGON
VILLIÉ-MORGON
RÉGNIÉ-DURETTE
RÉGNIÉ-DURETTE
QUINCIÉ-EN-BEAUJOLAIS
QUINCIÉ-EN-BEAUJOLAIS
BELLEVILLE-EN-BEAUJOLAIS
CERCIÉ
ST-LAGER
ST-LAGER
ODENAS
ODENAS
CHARENTAY
CHARENTAY
ST-ÉTIENNE-LA-VARENNE
le Truges
St-Joseph
Chalaye
l'Ollier
les Futs
les Châtillons
Py de Bulliat
Haute Ronze
Lachat
Vallières
Thulon
Basse Ronze
la Bourdonnière
Vernus
Montmerand
le Potet
le Chazelet
Grange Barjot
les Chastys
la Haute Plaigne
les Côtes
les Vergers
la Croix Pennet
la Plaine
la Croix Blanche
le Mollard
Croix Penet
la Place
les Rampaux
les Reyssiers
la Combe
la Chapelière
le Bourg
les Perras
le Chalet
l'Étang
l'Ermitage
la Roche
Aux Brosses
la Tour Bourdon
la Grange Charton
Côte de la Pierre
Au Clairon
Aux Bruyères
les Bruyères
les Bulliats
la Pierre
Chez le Bois
les Maisons Neuves
la Rivière
la Bruyère
Voujon
la Terrière
Vermont
Janin
Bois de Lys
Aux Côtes
le Grand Douby
Fontriante
Douby
Château-Gaillard
Corcelette
Aux Chanmps
Colombier
Près Jourdan
Aux Chênes
Montpelain
Ruyère
Bellevue
Fond Long
le Clachet
Perou
Lathevalle
Roche Pilée
le Bourg
Terrain Rouge
la Roche
Brye
Montillet
le Signable
Aux Pillets
Aux Versauds
Aux Raisses
la Briratte
les Micouds
Aux Charmes
Grandes Terres
Grange Cochard
les Mulins
les Rontay
Aux Presles
Côtes du Py
Ardevel
Aux Perrets
Javernières
les Marcellins
la Dépendale
la Bèche
la Chaponne
Croix de Chèvre
Haut Morgon
Morgon
Aux Pierres
l'Évêque
Oeillat
Bas-Morgon
les Bois
Grandes Bruyères
Chollet
les Braves
Grand Cras
Aux Aiguais
Pizay
Ponchon
Champ Levrier
la Chambery
Pissevieille
les Grandes Bruyères
les Bruyères
les Bruyères
Clos Reisser
Ponchon
ChampLevrier
la Pente
Pissevieille
la Martingale
Begeron
Bel Air
le Bourg
la Glacière
Croix Faudon
les Crozes
Ravatys
Gorge de Loup
Pont de Samsons
Chardignon
l'Institut
Marquisat
Briante
Gilets
Berthaudières
Beauvoir
Riboudon
Samsons
Saburin Nord
les Nazins Nord
Chavanne
Chavannes
Croix Dessaigne
le Bourg
Grand Pré
Bois de Brouilly
Godefroy
les Nazins Sud
Polanche
Saburin Sud
la Perrière
les Fournelles
les Balloquets
la Grande Raie
le Pavé
la Pilonnière
la Font Cure
les Buidons
Brouilly
Côte de Brouilly
l'Héronde
les Bussières
Reverdon
la Pilonnière
la Folie
la Grand' Grange
Mondenet
Vuril
le Moulin Favre
Saburin
les Jacquets
Bonnège
Vers les Pins
les Lions
la Cadole du Garde
les Clous
Mas Vincent
Pierreux
la Chaize
les Caboches
les Frairies
les Combes
Pierreux
la Verpillère
Près du Château
la Savoie
le Bourg
la Roche
Monternot Nord
la Grange des Bois
Bois Gonin
Creigne
Monternot Sud
le Monnet
le Sigaud
Combiliaty
la Commune
Garanches
les Roches
Mas de Bagnols
les Platures
la Valette
Combiaty
la Roche
Bas de la Roche
le Bluizard
les Tours
Nervers
St-Pierre
la Garenne
Garanche
Chêne Haut
le Bourg
N
E
S
O
0
0,5
1 km

Beaujolais

De Morgon a Brouilly

Morgon

En el municipio de Villié-Morgon, la vid ha estado presente desde hace más de mil años. Aquí se elaboran los mejores beaujolais de guarda, sobre todo si proceden de suelos de esquisto. Las mejores añadas pueden esperar diez o quince años antes de ser catadas. Ricos, potentes y con cuerpo, se distinguen por sus aromas de frambuesa, cereza o melocotón.

1100 ha

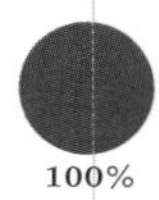

100%

Régnié

En los dos municipios de Régnié-Durette y Lantignié, esta denominación de 400 hectáreas está situada a una altitud de entre 250 y 450 metros sobre un suelo predominantemente granítico. Produce vinos suaves con aromas de grosella, mora, capis y frambuesa. El Régnié fue el último de los diez crus de Beaujolais en ser reconocido en 1988.

400 ha

100%

Brouilly

El mayor cru del Beaujolais, con 1250 hectáreas, se extiende sobre seis municipios en el centro de la región vinícola. Es también el más meridional de los diez crus; se encuentra a 40 kilómetros al norte de Lyon. La denominación se extiende alrededor de la montaña de Brouilly (485 m), cuyas laderas están reservadas a la denominación Côte-de-Brouilly. Los suelos graníticos le aportan una madurez precoz que permite disfrutarlo desde la primavera siguiente a la vendimia. No cabe duda de que es uno de los crus más delicados del Beaujolais.

1250 ha

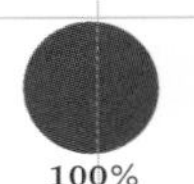

100%

Côte-de-Brouilly

En las laderas del Mont Brouilly, sus viñedos se extienden sobre suelos de granito y de una roca de origen volcánico llamada popularmente «piedra azul». Los vinos de las parcelas dominadas por el granito son más suaves, mientras que los de las parcelas dominadas por el volcán son más firmes y gozan de una hermosa mineralidad. Si visita la región, vale la pena hacer una excursión hasta la cima de la montaña para disfrutar de una hermosa vista de las colinas del Beaujolais.

320 ha

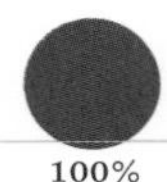

100%

Beaujolais Nouveau

El beaujolais nouveau es un vino joven que se denomina *vin primeur*. Son uvas cosechadas el mismo año que dan un vino que puede consumirse dos meses más tarde. El tercer jueves de noviembre es la fecha oficial del beaujolais nouveau. En 1951, los productores locales obtuvieron el derecho de vender su vino antes de la fecha legal del 15 de diciembre. La apuesta es sencilla: vender mucho y barato. ¡Y menudo éxito! ¿Quién no ha oído hablar de esta fiesta del vino? Se celebra a lo largo y ancho del planeta y ha hecho del beaujolais una de las regiones vitícolas más famosas del mundo. Si bien es un gran éxito en términos de comunicación y un éxito comercial a corto plazo (el beaujolais nouveau representa el 30 % de la producción regional), la moneda tiene, como suele decirse, dos caras. Los demás vinos de Beaujolais, limitados por esta imagen de vino joven y muy barato, arrastran una fama de vinos de mala calidad. Los de mayor calidad tienen dificultades para hacerse un hueco y venderse «al precio justo» porque, en la mente del consumidor, el beaujolais es bueno a finales de año, pero no durante el resto de la temporada. A finales de los noventa, principios de los 2000, el beaujolais estaba en crisis: las vides de la denominación Beaujolais Village habían perdido el 80 % de su valor y la región había perdido 7000 hectáreas de viñedo. Hoy, con la llegada de jóvenes viticultores innovadores, combinada con el trabajo de los veteranos para restaurar la imagen de los diez crus de la región, el beaujolais va viento en popa. Es una región que atrae a nuevos consumidores, pero a la denominación regional Beaujolais aún le queda camino por recorrer. No es raro ver a los productores promocionar Morgon, Fleurie o Régnié omitiendo la mención «Beaujolais»... Si bien el beaujolais nouveau es un magnífico momento de confraternización (incluso se pueden descubrir añadas estupendas), no hay que confundir beaujolais y beaujolais nouveau.

VARIEDADES DEL BEAUJOLAIS

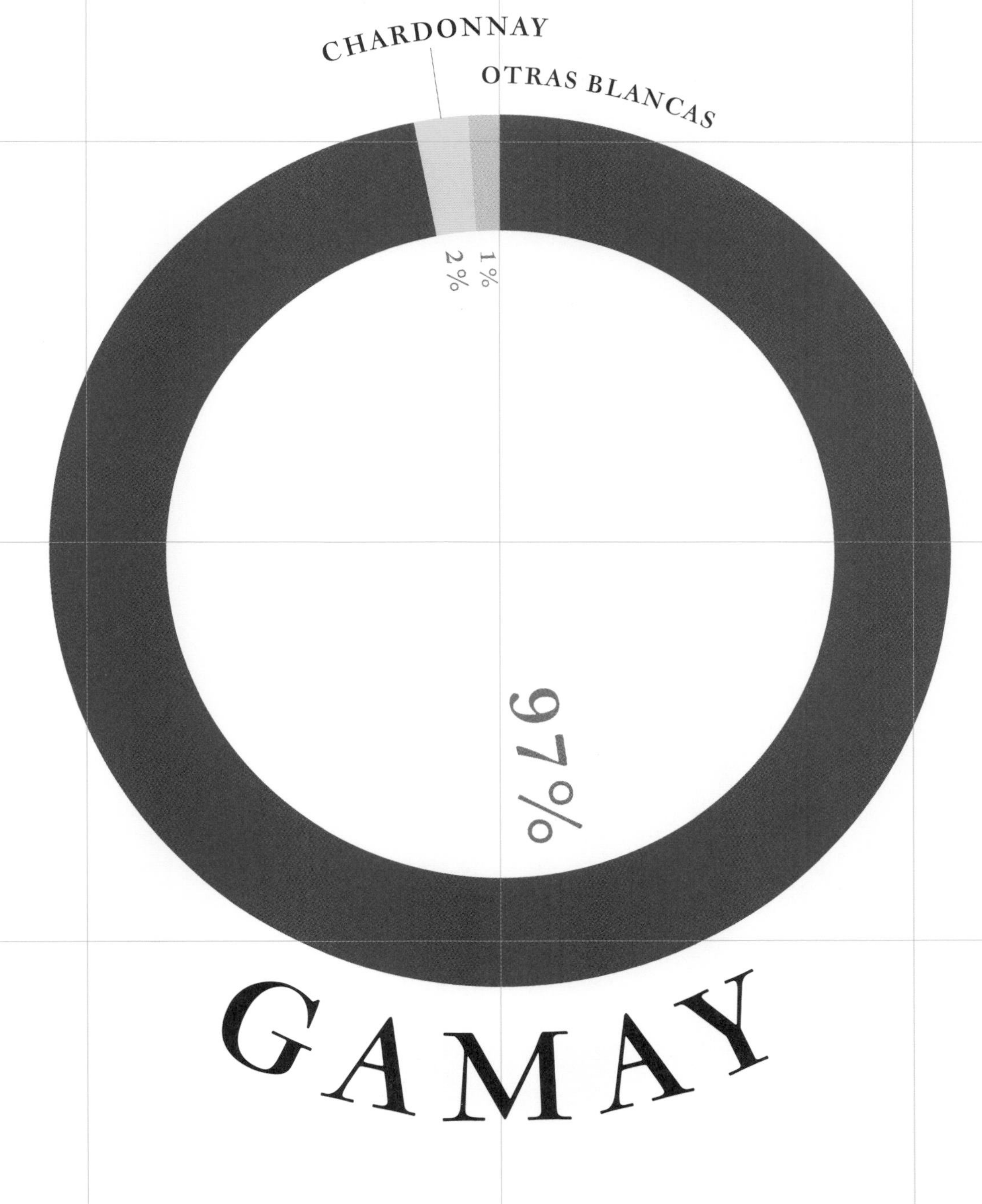

GAMAY

No hay otra región vitícola que tenga tanta lealtad a una sola variedad. No cabe duda, cuando se cata una botella de Beaujolais es gamay (salvo los poquísimos blancos).

El 97 % del viñedo está ocupado por esta fascinante variedad cuya historia se remonta a Borgoña. Se dice que tiene su origen en la aldea de Gamay, en la localidad de Saint-Aubin, en la Côte de Beaune. Los orígenes borgoñones de la gamay están confirmados por investigaciones realizadas en 1999, conjuntamente por el ENSAM (la Escuela Nacional Superior de Artes y Oficios de Montpellier), el INRA (Instituto Nacional de Investigación Agronómica) y la Universidad de California en Davis, que demuestran que es el resultado de un cruce entre pinot noir y gouais blanc, al igual que sus primas pinot.

En la Edad Media se plantó abundantemente en los alrededores de Beaune, hasta el punto de que empezó a competir con la pinot noir. El duque Philippe le Hardi pidió que se arrancara hasta Mâcon la «planta vil y desleal» que era a sus ojos la gamay.

Proscrita de su tierra natal, fijó su residencia en los suelos graníticos de las colinas entre Mâcon y Lyon. Se adapta perfectamente a estos suelos y hoy hace las delicias de los productores del beaujolais.

La gamay suele producir vinos refrescantes y golosos con aromas de cereza, fresa y arándano. Algunos tienen un carácter especiado pero poco tánico. Los hay que se beben jóvenes, mientras que otros están hechos para envejecer y tienen un hueco en las mejores mesas. Hay gamay para todos los gustos.

CHAMPAGNE

el vino de las burbujas doradas

Vesle

Massif de Saint-Thierry

Fismes

Montagne de Reims

REIMS

Vallée de l'Ardre

Valle del Marne

Ville-en-Tardenois

Châtillon-sur-Marne

Vesle

MARNE

Dormans

CHÂTEAU-THIERRY

ÉPERNAY

Condé-en-Brie

Charly-sur-Marne

CHÂLONS-EN-CHAMPAGNE

Marne

Vitry-le-François

Côte des Blancs

Grand Morin

Vitry-le-François

Sézanne

SEINE-ET-MARNE

Côte de Sézanne

Villenauxe-la-Grande

Aube

Lago de Der-Chantecoq

SENA

AUBE

SENA

Lago de Auzon-Temple

Montgueux

TROYES

Lago de d'Orient

BAR-SUR-AUBE

Côte des Bar

Aunque el champán es con diferencia el vino más producido en la región de Champaña, sigue existiendo una producción testimonial de vinos tranquilos. Además del vino rosado Rosé des Riceys, la AOC Coteaux Champenois abarca toda la zona de denominación de Champaña y se refiere a los vinos tintos, rosados y blancos elaborados con pinot noir y chardonnay.

BAR-SUR-SEINE

Essoyes

Aube

Les Riceys

Mussy-sur-Seine

Rosé des Riceys

0 10 20 km

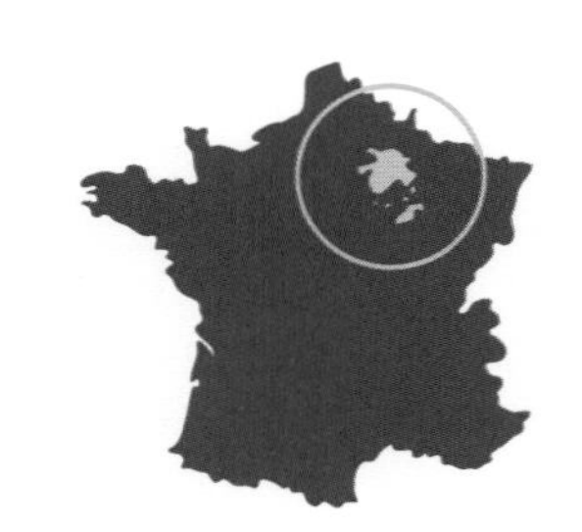

Champaña

A lo largo y ancho del planeta, el vino más espumoso de Francia se ha convertido en el invitado de honor de los grandes actos. Cada minuto se descorchan en el mundo 578 botellas de champán.

Variedades

pinot noir, meunier

chardonnay

Hectáreas

34 500

Tipos de vino

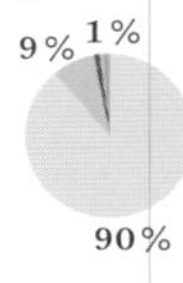

Suelos

tiza, arcillas, arenas, margas

Clima

continental y oceánico

A pesar de estar lejos de la costa, la región recibe la influencia de las corrientes de aire oceánicas que aportan lluvia sin ningún obstáculo montañoso. La caliza, que integra el subsuelo de la región de Champaña, destaca por su doble ventaja de absorber el exceso de agua y retener el calor. Gracias a sus fríos otoños, que favorecen una maduración lenta de las uvas, la región reúne todas las condiciones necesarias para obtener la acidez precisa para elaborar grandes vinos espumosos.

Existen dos estilos: el champán de las grandes casas y el champán del viticultor. El primero lo producen grandes fincas con el objetivo de trasladar el gusto de la casa. El segundo lo producen viticultores que se afanan en lograr expresar el terroir. La particularidad del champán reside en su coupage. El viticultor puede seleccionar diferentes añadas para la elaboración de una botella. Hablamos de champán *millésimé* cuando todas las uvas proceden de la misma cosecha.

La región cuenta con 319 municipios productores de uva y cada municipio es un cru. Las etiquetas «Premier Cru» y «Grand Cru» distinguen los mejores terroirs. Las uvas de estos viñedos son las más codiciadas y, por tanto, se venden más caras.

El término «champán» se ha utilizado durante mucho tiempo como nombre genérico en otras partes del mundo para describir un vino espumoso. Hoy en día, los viticultores deben utilizar el término «método champenoise» si las uvas no se vendimian ni se vinifican en la región.

Es costumbre servir el champán en una copa flauta, pero una copa de vino tradicional es más adecuada para concentrar y apreciar los aromas. Muy a menudo relegado al aperitivo, es un aliado privilegiado en los maridajes: sírvalo para acompañar pescados, aves asadas o ciertos quesos. ¡Éxito seguro!

La particularidad del champán reside en su coupage

Flores blancas, pera, manzana, melocotón

Champán
de menos de 5 años

Brioche, higo, regaliz, miel

Champán
de 5 a 9 años

Pan tostado, sotobosque, pan de jengibre, cacao

Champán
de más de 9 años

Si un champán le parece cerrado, ¡no dude en decantarlo! La idea puede resultar sorprendente, pero funciona. Asegúrese de verter el contenido suavemente en un decantador que pueda cerrar y colocar en una nevera o una cubitera. Las burbujas y la nariz serán más suaves.

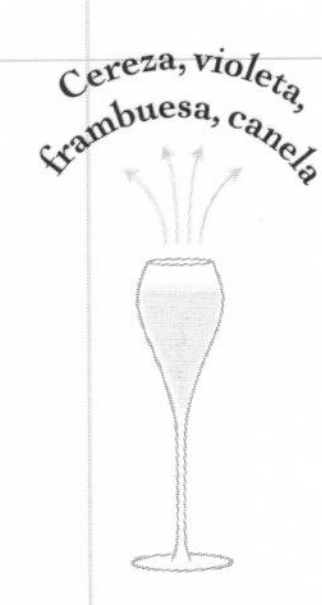

PINOT NOIR

Esta mítica variedad de uva, generalmente asociada a Borgoña, es la más presente en Champaña. Es ideal para los suelos fríos y calcáreos de la región y se encuentra sobre todo en la Montaña de Reims y en la Côte des Bar. Su piel fina la hace poco tánica y fácil de prensar. Es la variedad que aporta cuerpo y potencia a la mezcla. A pesar de lo que pueda pensarse, la mayoría de los champanes se elaboran con uvas tintas. Pero como se vinifican sin la piel, responsable del color, los mostos son blancos.

El origen de las burbujas del champán

Tras las etapas «clásicas» de la elaboración del vino, tiene lugar una segunda fermentación en botella. En el momento de la transformación, cuando la levadura convierte el azúcar en alcohol (fermentación), crea dióxido de carbono, que queda atrapado en la botella y se disuelve en el vino; se calcula que el dióxido de carbono llenaría el equivalente a seis botellas de champán si se le dejara expandirse libremente. Cuando se abre la botella, se rompe este delicado equilibrio y el gas trata de recuperar su volumen «normal» yendo hacia donde puede estirarse después de haber estado encorsetado en el líquido: hacia la superficie.

Antiguamente, antes de que se utilizaran botellas reforzadas, no era extraño verlas explotar. Cabe señalar que la presión en una botella de champán es el triple que en un neumático de coche.

DE CHAMPAÑA

OTRAS

CHARDONNAY

>1%

30%

31%

MEUNIER

OTRAS VARIEDADES

De forma casi testimonial, en los viñedos de Champaña encontramos pinot blanc, arbane, pinot gris y petit meslier.

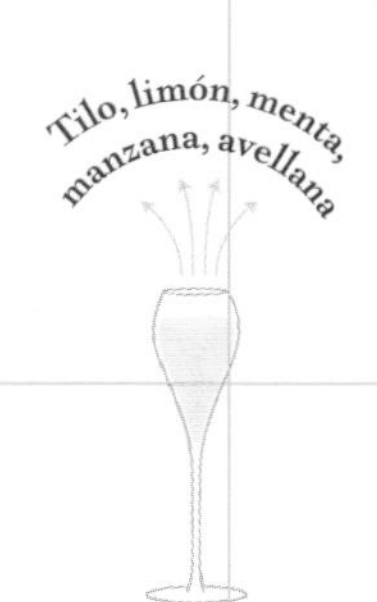

CHARDONNAY

Chardonnay y pinot noir son inseparables. En Borgoña se oponen, pero en Champaña se emparejan para dar lugar a los espumosos más exquisitos del mundo. Gracias a su estructura ácida, es la variedad ideal para mejorar el potencial de envejecimiento de un champán. Se encuentra presente en todas las regiones y predomina en la Côte des Blancs.

MEUNIER

Esta robusta variedad está especialmente adaptada a los suelos más arcillosos, como los del valle del Marne. Como brota más tarde que otras variedades, puede resistir mejor las recurrentes heladas primaverales que amenazan las yemas. Por ello, los viticultores la plantan en las parcelas de mayor riesgo. ¿Su punto débil? Se le puede reprochar que no envejece tan bien como su eterna rival, la pinot noir. Produce vinos flexibles y afrutados y aporta redondez al coupage.

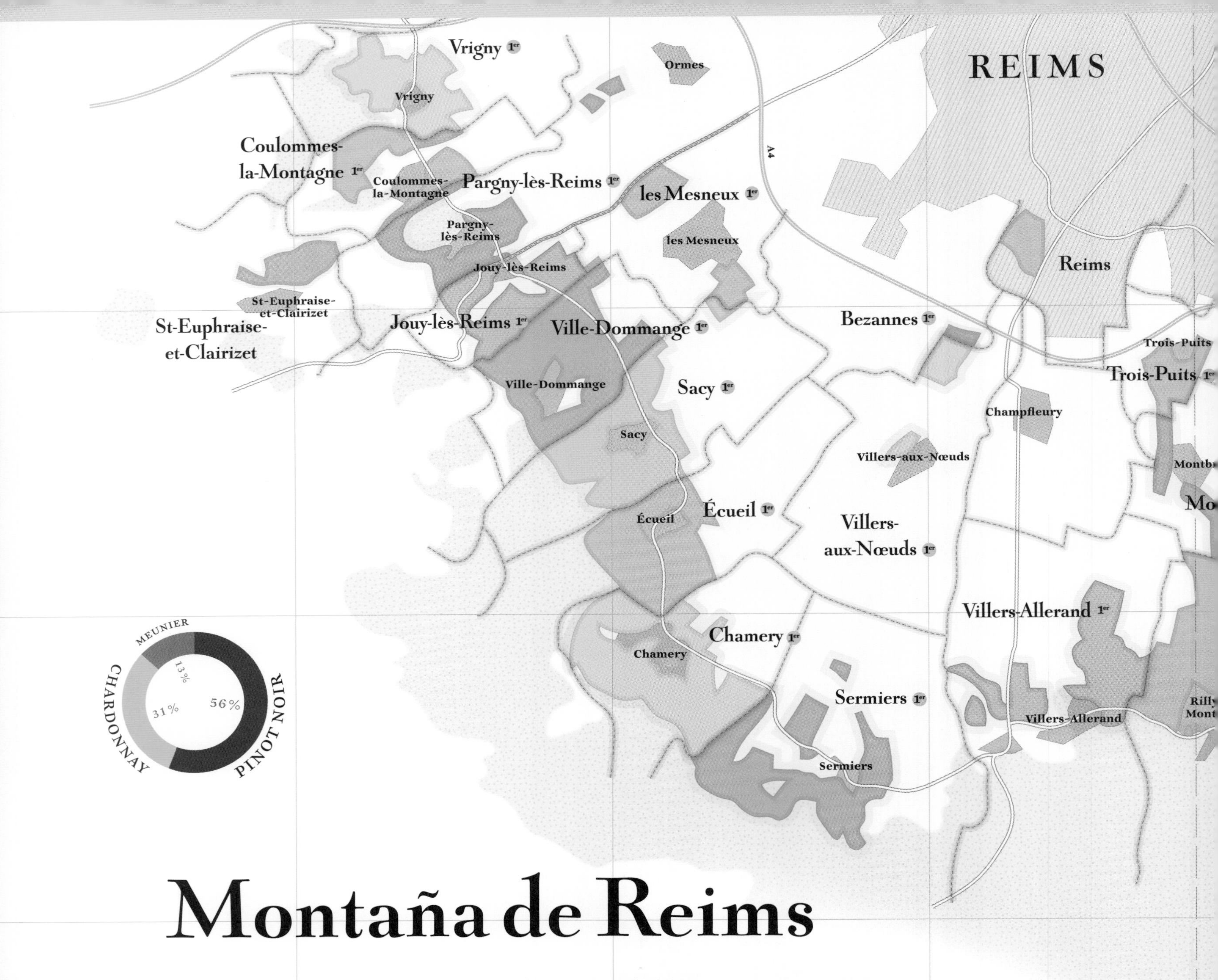

Montaña de Reims

En las laderas de esta meseta boscosa, a las puertas de Reims, se hallan algunos de los terroirs más prestigiosos de Champaña.

Variedades

pinot noir, meunier

chardonnay

Hectáreas

4200

Tipo de vino

100 %

Suelos

arcillocalcáreos y calcáreo

Al sur de la capital de Champaña se eleva la Montaña de Reims, que culmina a 286 metros. La originalidad de este viñedo reside en su exposición: las laderas en las que están plantadas las vides están orientadas en su mayoría hacia el norte. Este microclima particular brinda una maduración óptima de las uvas. El aire frío de la tarde desciende a la llanura y el aire caliente que se ha formado durante el día sobre la Montaña de Reims desciende sobre las viñas. El bosque que cubre los alrededores actúa como regulador térmico.

La Montaña de Reims es el reino de la pinot noir; ocupa el 60 % de la denominación. Ofrece potencia, cuerpo y vinosidad al champán y encaja como un guante con los suelos calcáreos de la región. Se prefiere plantar chardonnay (más precoz y, por tanto, más sensible a las heladas primaverales) en las laderas situadas al este del macizo, bien protegidas de los vientos del oeste, sobre todo en Trépail y Villers-Marmery.

La Montaña de Reims es la región con mayor número de municipios clasificados como Grand Cru de Champagne, con 10 de 17: Ambonnay, Beaumont-sur-Vesle, Bouzy, Louvois, Mailly-Champagne, Puisieulx, Sillery, Verzenay, Verzy y Tours-sur-Marne.

0
1
2 km
N
E
S
O
Reims
Château-Thierry
Épernay
Bar-sur-Seine
Cormontreuil 1er
Taissy 1er
Montbré
Montbré 1er
A4
SILLERY
Puisieulx
Puisieulx Gc
Sillery Gc
PRUNAY
Beaumont-sur-Vesle Gc
Beaumont-sur-Vesle
Wez
Tuisy
Rilly-la-Montagne 1er
Rilly-la-Montagne
Ludes 1er
Ludes
Chigny-lès-Roses
Chigny-lès-Roses 1er
Mailly-Champagne Gc
Mailly-Champagne
Verzenay Gc
VERZENAY
Verzy Gc
VERZY
Courmelois
Villers-Marmery 1er
Villers-Marmery
les Petites-Loges
BOSQUE DE LA MONTAÑA
DE REIMS
Trépail 1er
Trépail
Billy-le-Grand 1er
Billy-le-Grand
Louvois Gc
Louvois
Vaudemanges
Vaudemanges 1er
Tauxières
Tauxières-Mutry 1er
Bouzy Gc
Bouzy
Ambonnay Gc
Ambonnay
Tours-sur-Marne Gc

Chouilly Gc
CHOUILLY
OIRY
les Partelaines
les Puitrons
Sorangeon
Croix Marie
les Échamées
la Carelle
les Pisseloup
la Pelle à Four
Champ Marine
les Chaudes Fosses
Cuis 1er
Oiry Gc
les Caurés
les Pretrosses
les Grandes Terres
les Partas
Mont-Aigu
la Justice
les Fétés
la Guette
les Caurés
le Fond du Bateau
CUIS
les Nogers
la Cave
BOIS DE SARAN
le Bateau
les Basses Vignes
le Marais
les Buissons
Rochelot
les Bourgs
les Maizerets
Croix Navet
les Treilles
les Martelots
les Moyens
les Gros Monts
les Briquettes
les Bourons
les Buzins
les Bionnes
CRAMANS
les Marottes
les Folies
les Grandes Plantes
le Luts
les Baures
les Bergeries
Cramant Gc
les Rouallés
les Gros Yeux
les Garennes
les Marvillanes
les Chantraines
les Harbaudes
les Roches
les Avats
GRAUVE
les Rouillons
Henriette
la Quéronne
AVIZE
le Fond du Moulin
le Haut Némery
les Essarts
les Gouttes d'Or
Avize Gc
les Chapelots
les Monts Chenevaux
les Noyerots
les Champs du Bouc
BOIS DE GRAUVES
la Justice
les Pierre Vaudon
la Tournière
Grauves 1er
les Longues Raies
Oger Gc
la Croix Guillaume
Bruly
St-Michel
les Russelots
la Garenne
OGER
le Coin Gris
les Grignons
les Gloriettes
le Moulin
Charron
les Chenêts
FORÊT D'OGER
Vosimieux
les Belles Voies
LE MESNIL-SUR-OGER
FORÊT DU MESNIL
Châtillon
la Toilerie
Moulin à Vent
les Hautes Mottes
le Mont-Blanc
les Mossettes
Le Mesnil-sur-Oger Gc
Vaucherot
les Coulmets
les Longues Raies
Allerant
la Fin d'Oger
Hautes Voies
les Jeamprins
le Mont Gravet
les Boulangères
Migraine
Villeneuve-Renneville-Chevigny 1er
les Gaumes
les Mazaux
les Jéricho
les Monts Ferrés
le Mont de Vroye
les Herbevois
Granval
les Bas Monts Ferrés
FORÊT DE VERTUS
les Noires Vaches
les Barilliers
les Colsonnes
VILLENEUVE-RENNEVILLE-CHEVIGNY
les Proles
les Faucherets
le Mont Vergon
les Noisats
Belval
les Terrates
les Corvées
VOIPREUX
Vertus 1er
VERTUS
les Batons
Voipreux 1er
les Monts Soupés
les Floraney
les Faltoises
les Chédins
les Lionnais
les Pas de Cheval
la Croix St-Ladre
les Blaumes
les Arches
la Puce
les Mâtines
les Grillettes
N
E
S
O
le Moulin à Vent
Croix des Vignes
les Rochiens
BERGÈRES-LÈS-VERTUS
les Grandes Vignes
les Guichauds
Bergères-lès-Vertus 1er
0
1
2 km
la Potence
le Bas de la Fontaine
Mont Aimé

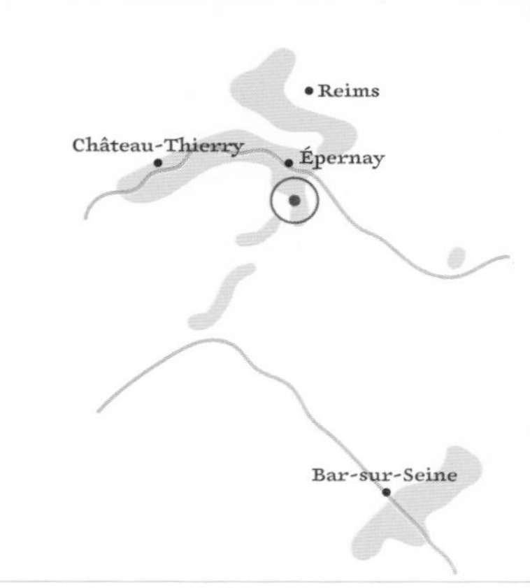

Côte des Blancs

Cramant, Avize, Oger…, nombres que forjan la reputación de la Côte des Blancs y que ensalzan de forma unánime la chardonnay.

Variedades

pinot noir

chardonnay

Hectáreas

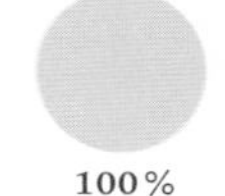

Tipo de vino

100 %

Suelos

arcillocalcáreos, arcillosilíceos y calcáreos

En Épernay, la otra capital de Champaña, terminan los viñedos del valle del Marne y dan paso a la Côte des Blancs, que se extiende de norte a sur desde Chouilly hasta Bergères-lès-Vertus. Es, con la Montaña de Reims, la otra joya del viñedo de Champaña, uno de los terroirs de mayor calidad, con seis Grands Crus y seis Premiers Crus reconocidos.

Este viñedo es tierra de uvas blancas; reina la chardonnay, que cubre el 97 % de las viñas. Estas uvas se encuentran lógicamente en la composición del champán «blanc de blancs», término solo autorizado para un champán elaborado con un 100 % de uvas blancas, generalmente chardonnay. Estas uvas también se utilizan para elaborar el champán tradicional, en el que se mezclan con pinot noirs de la Montaña de Reims o del Valle del Marne. En Vertus, la pinot noir está ganando terreno a la chardonnay.

La Côte des Blancs es sinónimo de delicadeza, frescura, finura y elegancia. Estas características son especialmente apreciadas por las grandes casas de Champaña para sus coupages. La chardonnay es una variedad de uva que refleja muy bien el terroir en el que crece. Podemos observar que las viñas de Cramant, en el norte, dan un champán más potente que las de Oger, más incisivas. Avize, en el centro, se caracteriza más por su finura.

Aquí reina la chardonnay

Cuando se vinifica en monocru, la chardonnay de los Grands Crus de la Côte des Blancs es de muy alta calidad. Aquí, cuanto más pronunciada es la pendiente, más cerca está la piedra caliza de las viñas. Esto confiere a los vinos una mayor mineralidad.

La chardonnay de la Côte des Blancs ofrece notas de avellana (a veces tostada), mantequilla fresca, cítricos, limón, membrillo, mirabel y un toque salado.

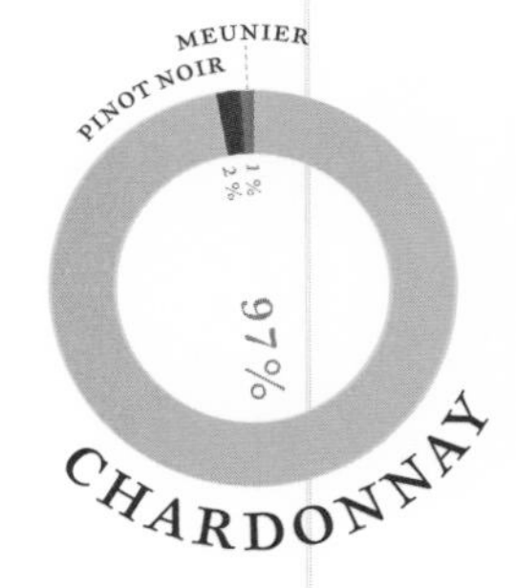

Si existe el champán «Blanc de Blancs», también existe el «Blanc de Noirs», elaborado exclusivamente con las variedades de uva tinta pinot noir y meunier, utilizadas solas o en coupage.

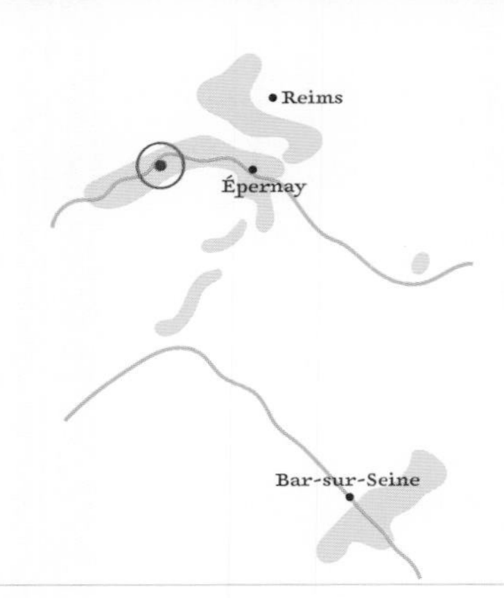

Valle del Marne

Variedades

meunier, pinot noir

chardonnay

Hectáreas

8000

Tipo de vino

100 %

Suelos

marga, arcilla y arenas

A tan solo 100 kilómetros de París, la región ofrece un paisaje de laderas onduladas donde las vides crecen a ambos lados. En Hautvillers, a pocos kilómetros al norte de Épernay, es donde se dice que Dom Pérignon descubrió el arte de la elaboración del champán. Estos vinos, con mucho cuerpo, con un bouquet delicado, son menos frescos que los de la Montaña de Reims y aportan más cuerpo a los coupages.

Es la única región de la Champaña en la que predomina la variedad meunier. Si a menudo se la considera como la menos noble de las tres variedades de Champaña, por su carácter más rústico, hoy despierta un renovado interés. Muchos viticultores le otorgan un lugar preferente y llegan incluso a utilizarla como monovarietal y en parcelas. Hay que decir que esta variedad tiene una gran capacidad de adaptación al clima local y madura más tarde. Si uno sabe esperarla, se verá recompensado con vinos afrutados y flexibles, con estructura y redondez.

Tras la Montaña de Reims y la Côte des Bar, el Valle del Marne es el tercer y último viñedo que distingue los municipios como Premier Cru y Grand Cru. Hay un Grand Cru, el de Aÿ, y ocho Premiers Crus: Avenay-Val-d'Or, Bisseuil, Champillon, Cumières, Dizy, Hautvillers, Mareuil-sur-Aÿ y Mutigny, todos concentrados alrededor de Épernay.

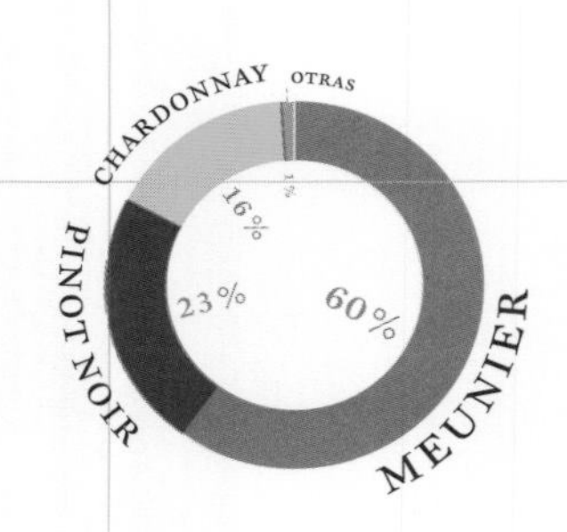

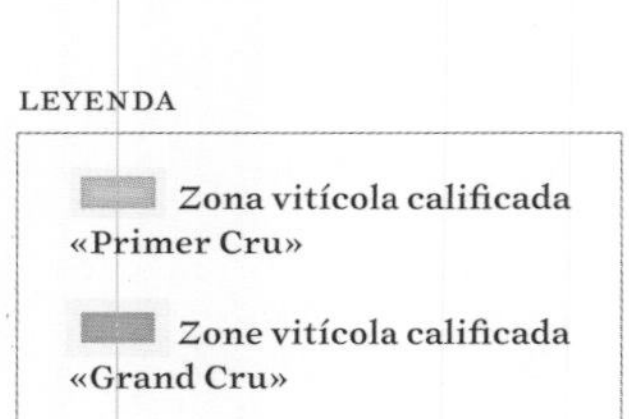

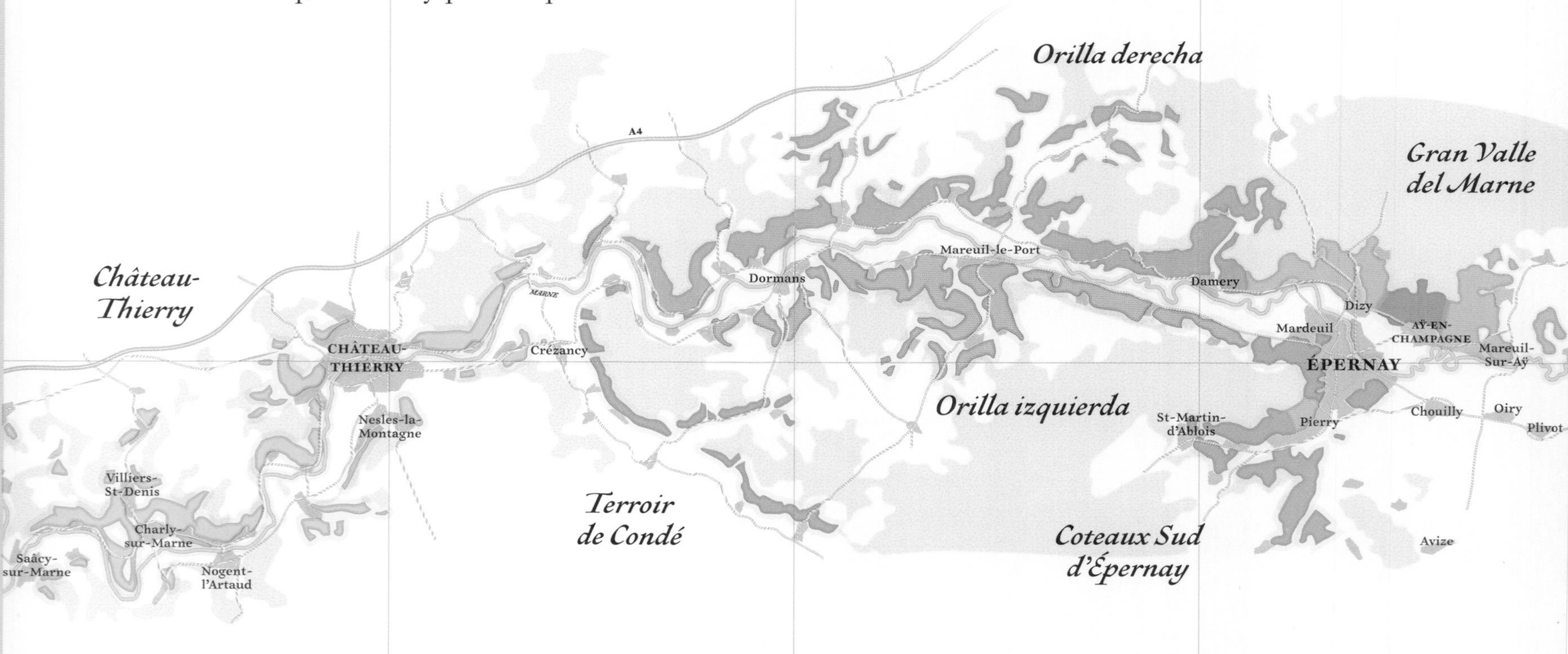

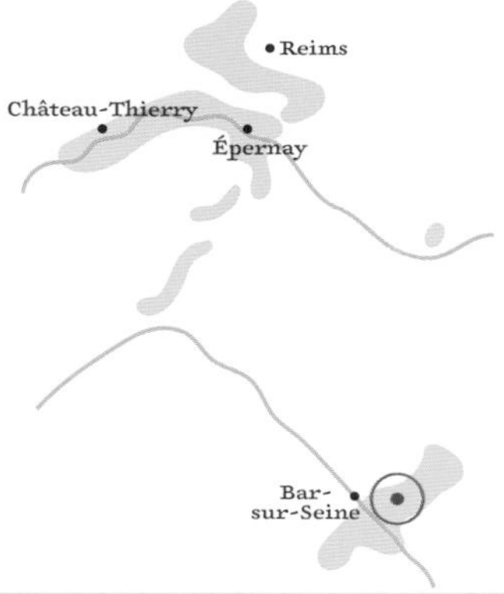

Côte des Bar

Variedades

pinot noir, meunier

chardonnay

Hectáreas

8000

Tipos de vino

2 %

98 %

Suelos

marga, caliza, arcilla

El nombre de la denominación procede de la palabra celta *bar*, que significa «cumbre». El viñedo de la Côte des Bar, situado en la parte más meridional de la región vinícola de Champaña, está formado por laderas jurásicas asentadas sobre caliza kimmeridgiana. Aquí, los verdes valles y los pequeños relieves escarpados excavados por los distintos torrentes constituyen un verdadero mosaico con múltiples orientaciones. Los paisajes están jalonados por una alternancia de bosques, laderas y cultivos. Este terroir produce, sobre todo, pinot noir ligeras, buscadas por las grandes casas para realzar la frescura de sus vinos.
En el municipio de Riceys existe una denominación de champán de vino tranquilo, el «Rosé des Riceys», elaborado con pinot noir en una superficie de 800 hectáreas.

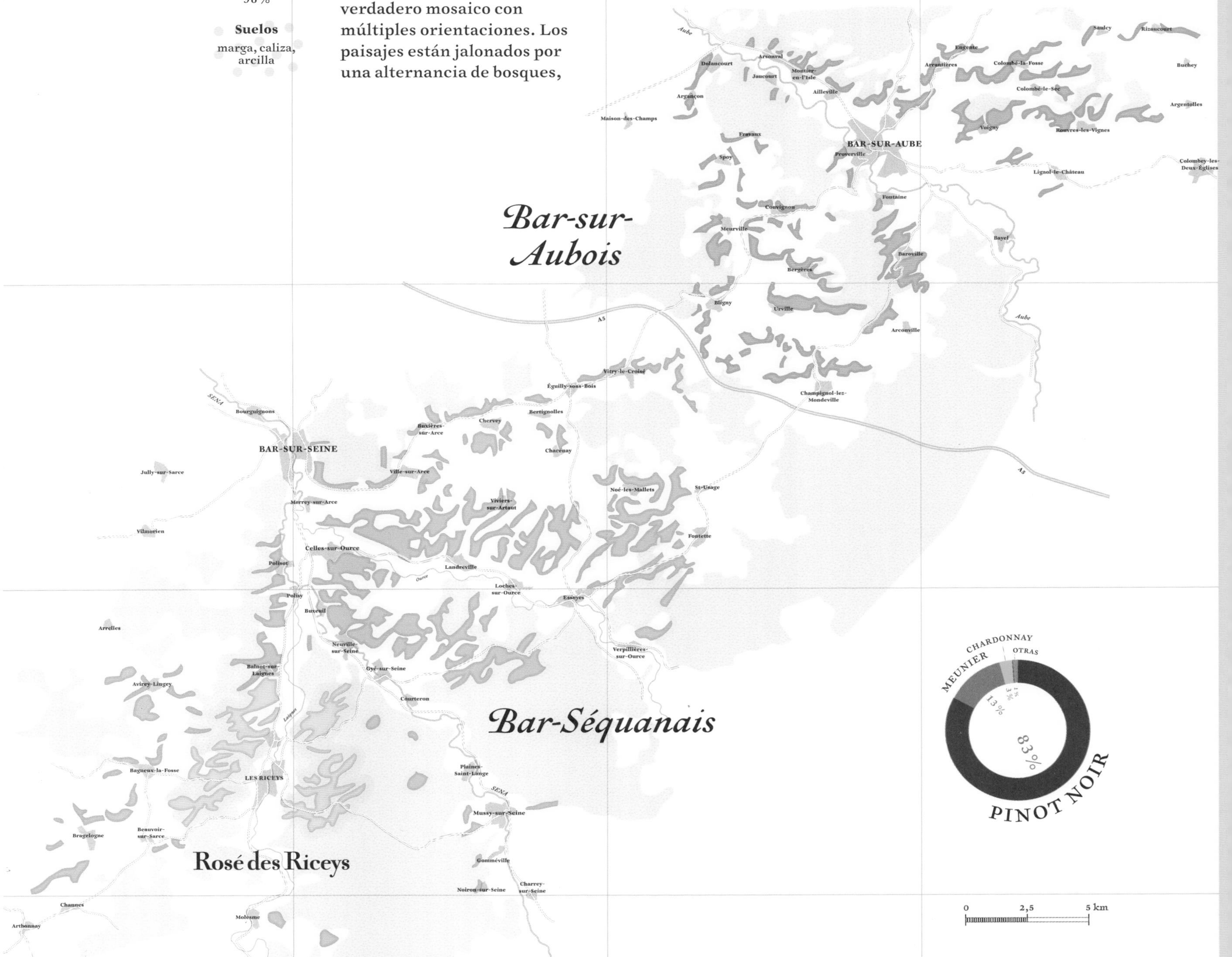

Reims
Château-Thierry
Épernay
Bar-sur-Seine

Bar-sur-Aubois

Bar-Séquanais

Rosé des Riceys

BAR-SUR-AUBE
BAR-SUR-SEINE
LES RICEYS

CHARDONNAY
OTRAS
MEUNIER
13 %
83 %
PINOT NOIR

0 2,5 5 km

PROVENZA

la vie en rose

Grignan
Nyons
Vaison-la-Romaine
Orange
Carpentras
VAUCLUSE
AVIÑÓN
Gordes
Apt
Forcalquier
Coteaux de Pierrevert
Durance
Les Baux-de-Provence
St-Rémy-de-Provence
Coteaux d'Aix-en-Provence
ARLÉS
Salon-de-Provence
RÓDANO
BOCAS DEL RÓDANO
AIX-EN-PROVENCE
Palette
MARSELLA
Aubagne
la Ciotat
Cassis
Bandol
TOULON
Hyères
Barcelonnette
ITALIA
Allos
Auron
ALPES DE ALTA PROVENZA
Digne-les-Bains
MERCANTOUR
ALPES MARÍTIMOS
Moustiers-Ste-Marie
Castellane
Bellet
Menton
MÓNACO
NIZA
Coteaux Varois-en-Provence
VAR
Côtes de Provence
Draguignan
ANTIBES
CANNES
Fréjus
St-Raphaël
Brignoles
Notre-Dame-des-Anges
St-Tropez
Isla de Levant
Islas de Hyères
N
O
E
S
MAR MEDITERRÁNEO

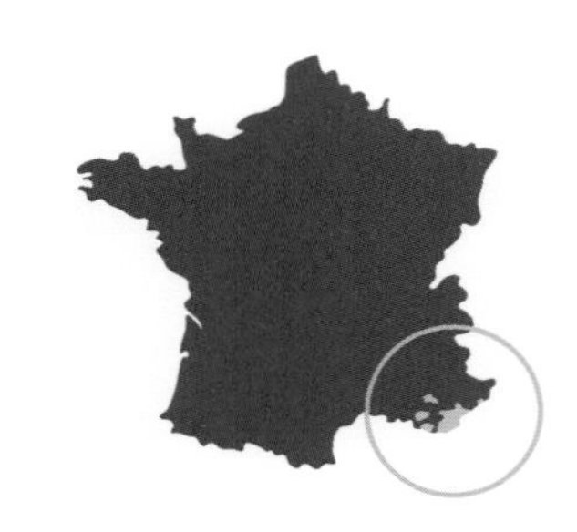

Provenza

En una tierra seca donde domina el sol, los viticultores de Provenza se esfuerzan por revelar todos los matices de este magnífico terroir mediante vinos singulares. La Provenza es tierra de rosado, por supuesto, pero hay más.

Variedades

- garnacha, syrah, cinsault…
- rolle, marsanne, garnacha blanca…

Hectáreas

30 000

Tipos de vino

9 % 5 %

86 %

Suelos

caliza, esquisto, granito, filita, gres, marga y arena aluvial

Clima

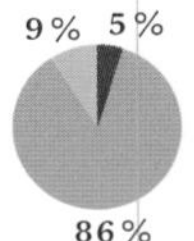

mediterráneo

Con sus 2600 años de historia, el viñedo provenzal puede presumir de ser el más antiguo de Francia, desde que los focenses plantaron allí las primeras vides al mismo tiempo que fundaban Marsella. Si más tarde la vid remontó el Ródano para instalarse en los cuatro puntos cardinales de Francia, nunca ha abandonado las suaves colinas de Provenza, cuya belleza no tiene parangón. El viñedo, gravemente afectado por la crisis de la filoxera de la década de 1880, renació gracias a la cooperación de los viticultores, un largo proceso que condujo a la concesión sucesiva de tres denominaciones a partir de la década de los setenta: Côtes de Provence, Coteaux d'Aix-en-Provence y Coteaux Varois-en-Provence; estas tres denominaciones representan el 95 % de los vinos de origen protegido de Provenza (la denominación Bauxde-Provence se separó de Coteaux d'Aix-en-Provence en 1995). Reconocidas desde los años cuarenta por sus excepcionales terroirs, cuatro denominaciones municipales conforman el prestigio de la región: Cassis, Bandol, Palette y Bellet.

El viñedo se extiende desde Arlés, se vuelve más denso en el triángulo de Salon-de-Provence-Toulon-Draguignan y luego se extiende hasta Niza. Con más de 200 kilómetros de longitud, cuenta con diversos paisajes y terroirs marcados por parajes naturales excepcionales: los macizos de los Alpilles, la Sainte-Baume, los Maures o incluso las gargantas del Estérel y del Verdon; nombres que huelen a pino y a garriga, y de fondo una banda sonora de cigarras. El viñedo, como se puede imaginar, tiene una gran ventaja en términos de enoturismo.

Vino de Provenza y vino rosado, he aquí una asociación tan generalizada como cierta: el 86 % de los vinos de Provenza son rosados, el 36 % del vino rosado de Francia es provenzal, el 8 % del vino rosado del mundo es provenzal. El rosado es todo un estilo de vida que concuerda con un clima cálido y seco y que respeta la antigua tradición del coupage.

Donde el coupage es tradición

La Provenza cuenta con una amplia gama de variedades de uva tinta y blanca que se utilizan para mezclar vinos tintos, rosados y blancos. El rosado Côtes de Provence, por ejemplo, autoriza el uso de trece variedades de uva tinta y blanca, encabezadas por la garnacha, la syrah y la cinsault. Viaje al país del rosado…

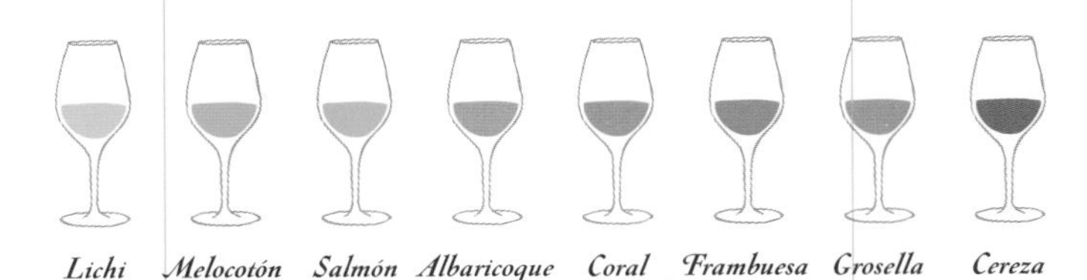

LOS MATICES DE LOS ROSADOS DE PROVENZA

Los rosados de Provenza ocupan un lugar tan destacado que el CIVP (Consejo Interprofesional del Vino de Provenza) está poniendo en marcha el Observatorio Mundial del Rosado, un instituto encargado de analizar la producción y el consumo de rosado en todo el mundo.

VARIEDADES

SYRAH

Es una variedad tánica que confiere a los vinos tintos un buen potencial de envejecimiento y un color muy intenso, casi negro. La syrah está siempre presente, o casi siempre, en las mezclas de rosados, en los que acentúa los aromas frutales y a los que aporta un bonito color frambuesa.

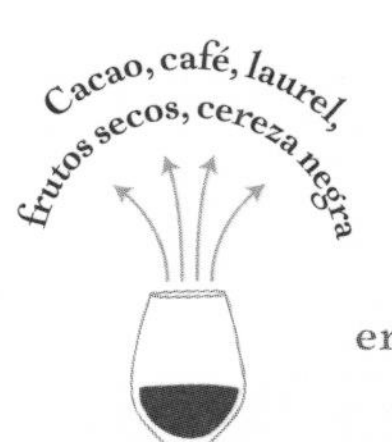

GARNACHA

Es una variedad imprescindible en los viñedos del sur de Francia; su buena adaptación al clima cálido está ligada a su origen español. Es resistente a los fuertes vientos como el mistral y puede utilizarse con vinos jóvenes y más maduros, a los que aporta amplitud. Se utiliza mucho en la elaboración de rosados de Provenza.

CINSAULT

La cinsault es muy apreciada en los vinos tintos y rosados por su frescura y delicadeza; ayuda a matizar la potencia de ciertas variedades de uva tinta. Originaria de Provenza, donde sus sabrosas bayas eran muy apreciadas, antaño se utilizaba como uva de mesa.

Pimiento verde, casis,
tabaco, regaliz

CABERNET SAUVIGNON

A diferencia de la cinsault, la cabernet sauvignon se plantó en Provenza para aportar estructura y cuerpo a los vinos tintos del país. Mezclada con syrah, ofrece grandes vinos de guarda que hacen que los taninos, bastante presentes, se redondeen de forma armoniosa. También se utiliza para elaborar ciertos rosados.

CARIÑENA

Al contrario que la syrah, que tiende a progresar en el viñedo provenzal, la cariñena es un poco más discreta. Aunque ya no es una de las variedades más plantadas aquí como hace dos siglos, se sigue apreciando su gran adaptabilidad a los suelos pobres de la Provenza. Si se controla su rendimiento, puede ser una baza eficaz en el coupage de tintos y rosados.

MOURVÈDRE

Es una variedad caprichosa y de maduración tardía que ha encontrado su suelo favorito en el destacado terroir de Bandol, donde constituye una parte mayoritaria de los coupages. La garnacha y la syrah son buenas aliadas. La mourvèdre se parece a la cabernet sauvignon, posee unos taninos espléndidos y ofrece una magnífica estructura a los tintos.

Flores blancas, cítricos,
pimienta blanca

TIBOUREN

Genuinamente provenzal, es una de las variedades fundamentales de las Côtes de Provence, tanto en rosado como en tinto. Aunque solo se utilice de forma ocasional, se aprecia la gran delicadeza que aporta a los rosados.

GARNACHA 38%

SYRAH 17%

DE PROVENZA

OTRAS BLANCAS
GARNACHA BLANCA
CLAIRETTE
MARSANNE
SAUVIGNON
UGNI BLANC
ROLLE
OTRAS TINTAS
COUNOISE
TIBOUREN
MOURVÈDRE
CARIÑENA
CABERNET SAUVIGNON
CINSAULT

1% 1% 1% 1% 1% 2% 3% 2% 2% 3% 5% 7% 7% 9%

OTRAS VARIEDADES DE UVA BLANCA

Sémillon, bourboulenc...

CLAIRETTE

La clairette es famosa en Provenza por el espléndido dúo que forma con la marsanne en el terroir de Cassis. Aporta una gran frescura a los vinos. También aparece en el coupage de los rosados.

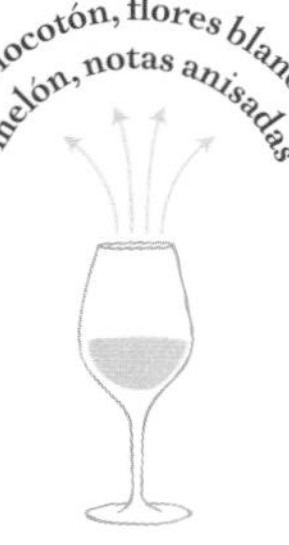

GARNACHA BLANCA

Al igual que la garnacha tinta de la que procede, esta variedad se adapta a la perfección a los terroirs de Provenza. Sus bayas jugosas y afrutadas confieren a los vinos una gran singularidad.

MARSANNE

Esta variedad del Ródano, muy utilizada en la denominación de Cassis y en sus suelos cálidos y pedregosos, ha abandonado a la roussanne, con la que suele mezclarse, para asociarse con la clairette y la ugni blanc.

SAUVIGNON BLANC

La sauvignon agradece los suelos calcáreos de la Provenza. Aporta delicadeza y un amplio bouquet aromático a los vinos blancos.

ROLLE (VERMENTINO)

Esta variedad de uva italiana siempre ha sido muy popular entre los viticultores provenzales. Produce magníficos vinos blancos monovarietales y aporta un bello color pálido y cristalino a los rosados. Está muy presente en la denominación de Bellet y gana terreno cada año en la Provenza.

UGNI BLANC

Famosa por su alto rendimiento, aporta a los vinos poco aroma, pero con un agradable punto nervioso y ácido. El blanco de Provenza es siempre fruto de un coupage en el que la ugni blanc ocupa un lugar destacado.

COUNOISE

Esta variedad de origen español es apreciada en los coupages de rosados, a los que aporta una agradable acidez, fruta y flexibilidad.

OTRAS VARIEDADES DE UVA TINTA

Folle Noire, braquet, barbaroux, calitor, caladoc.

Coteaux d'Aix-en-Provence

La cabernet sauvignon tiene mayor peso en estas tierras que en el resto de la Provenza. Los tintos tienen mucho cuerpo y taninos marcados. A los viticultores les gusta combinar largos periodos de encubado* (alrededor de un mes) con periodos más breves, lo que dota a los vinos de una buena horquilla de consumo; serán buenos jóvenes y también agradecerán el envejecimiento. Los blancos garantizan complejidad y una rica paleta aromática gracias a la combinación de bourboulenc, rolle, clairette, garnacha blanca, ugni blanc, sauvignon y sémillon. Los rosados dominan la producción y responden a la imagen de los rosados de Provenza: elegantes y equilibrados.

3900 ha

6% 12%

82%

*Encubado: Primera fase de la elaboración del vino tinto, durante la cual el mosto y las partes sólidas de las uvas tintas maceran en la cuba para iniciar la fermentación.

Coteaux Varois-en-Provence

Alrededor del macizo de Sainte-Baume y Brignoles, las laderas del Varois se alzan a 400 metros de altitud, donde se benefician de un clima ligeramente más suave que el de las denominaciones vecinas. Las variedades tradicionales de la Provenza prosperan en suelos calcáreos. Los coupages son similares a los de la denominación Bandol, con hegemonía de la mourvèdre acompañada de la garnacha y la cinsault.

2630 ha

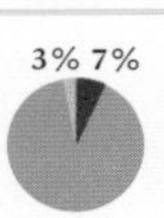

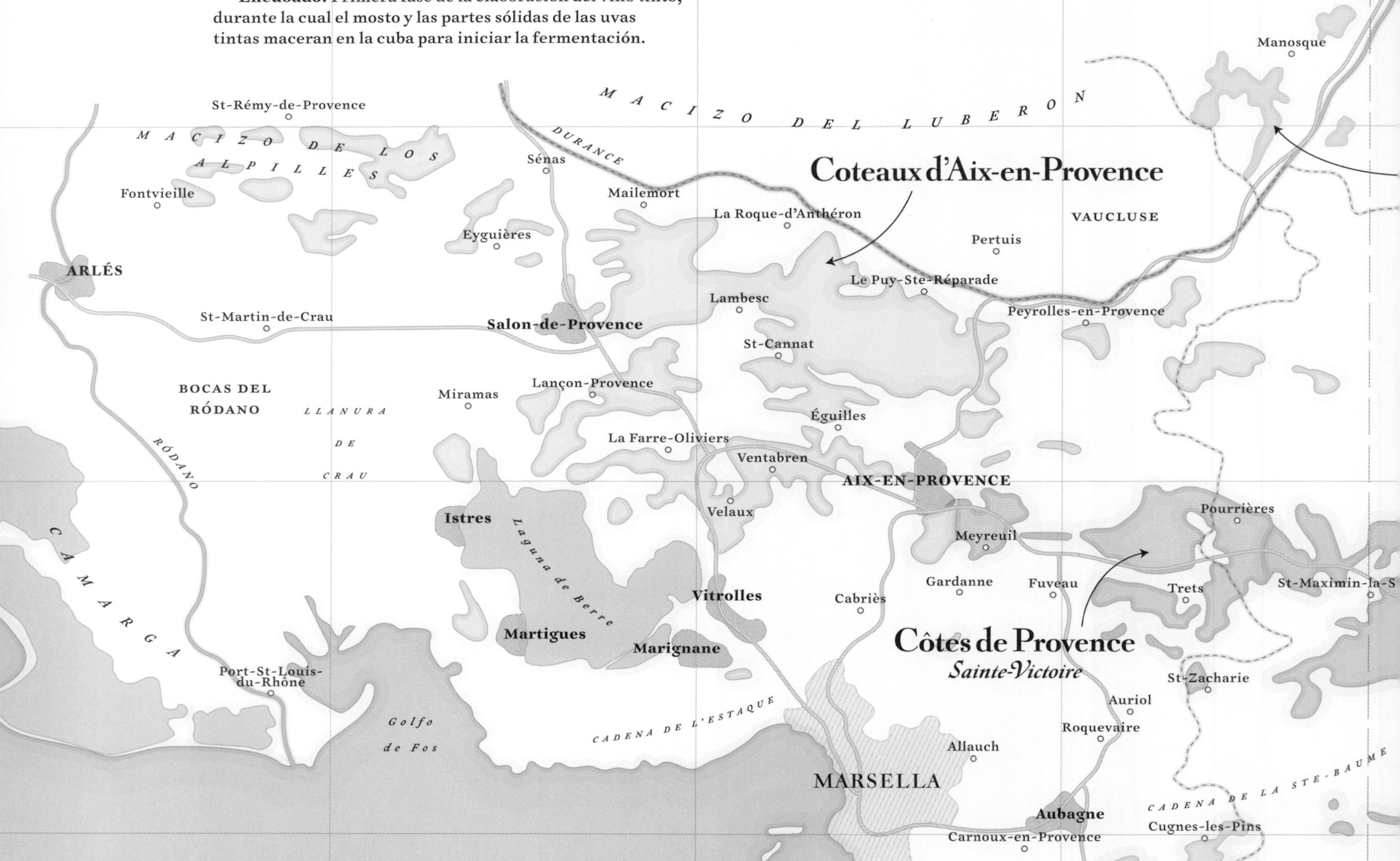

Denominaciones regionales

Coteaux de Pierrevert

Entre Ródano y Provenza, la zona de denominación se aleja del corazón del viñedo provenzal para ascender a cotas mayores de la Alta Provenza, en laderas de 400 metros de altitud entre Manosque y Forcalquier.

450 ha

10%
30%
60%

Las variedades se asemejan a las de las grandes denominaciones provenzales, pero la uva tinta domina la producción. Es un vino tánico y bien estructurado que merece varios años de envejecimiento.

Côtes de Provence

Peso pesado de la región, la denominación produce cerca de dos tercios de los vinos provenzales y se extiende por ochenta y tres municipios del corazón de Provenza, entre Marsella y Fréjus. Cinco indicaciones geográficas refuerzan la denominación: La Londe, Sainte-Victoire, Pierrefeu, Fréjus y Notre-Dame-des-Anges, la más reciente; estas últimas gozan de microclimas y terroirs muy específicos.

Los vinos, en su mayoría rosados, se elaboran con una mezcla de trece variedades de uva tinta y blanca, entre las que destacan la syrah, la garnacha, la mourvèdre, cinsault y la tibouren. Los rosados se visten con una variedad de tonos delicados que van de la grosella al melón pasando por el salmón.

20 000 ha

3% 7%
90%

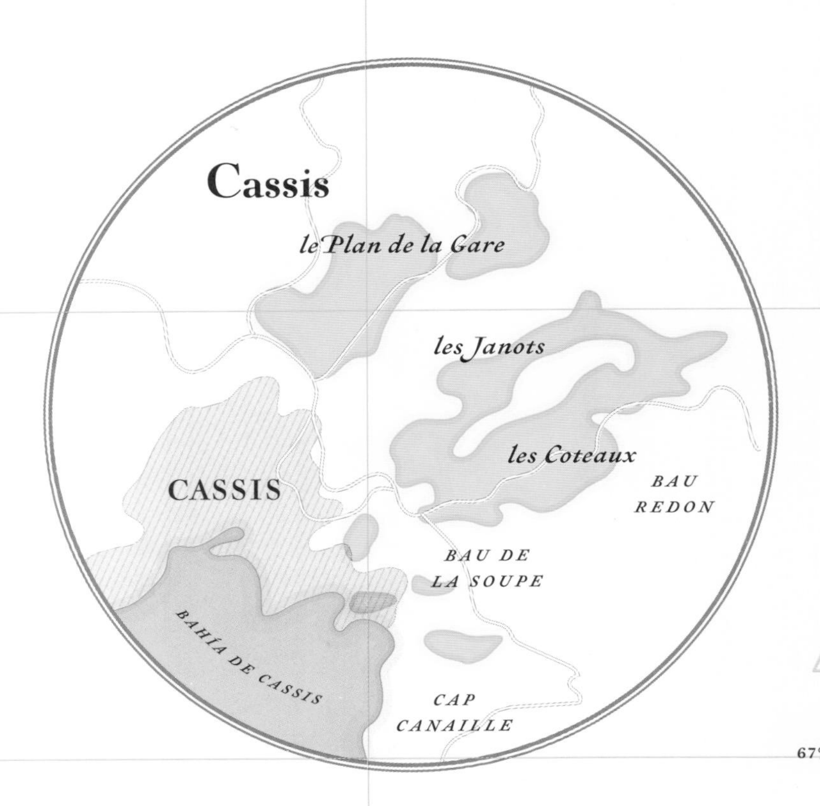

Cassis

Gran tierra de blancos en una región de rosados, los vinos de Cassis son vinos con prestigio: fue una de las primeras denominaciones vitícolas de Francia en ser distinguida por el INAO (Instituto Nacional de Origen y Calidad) en 1936. Su composición no se parece a ninguna otra, con un sorprendente dúo marsanne-clairette: la primera aporta delicadeza, elegancia y persistencia en boca; la segunda, redondez y untuosidad. La marsanne y la clairette se acompañan con un matiz de ugni blanc, bourboulenc, sauvignon blanc y pascale blanc. Estos blancos se reconocen por su brillante color entre amarillo verdoso y pajizo. ¿En boca? Una gran persistencia y un punto ligeramente meloso. La mezcla de garnacha, cinsault y mourvèdre sigue siendo habitual para los tintos y rosados. El viñedo está maravillosamente instalado en terrazas en las laderas del Cap Canaille, que se eleva a 400 metros frente al mar… Un marco excepcional y precioso.

210 ha

3% 30% 67%

Denominaciones municipales

Bandol

Bandol es el lugar predilecto para la mourvèdre, una variedad tardía y difícil que extrae de este terroir mediterráneo cuanto necesita para desarrollarse al máximo. Los potentes vientos, la brisa marina, el sol permanente y los suelos calcáreos favorecen una maduración lenta y completa de las uvas. La tanicidad de la mourvèdre combinada con una maduración de dieciocho meses en barricas o toneles confiere al tinto de Bandol una gran capacidad de envejecimiento de hasta quince años e incluso más. Aunque se utiliza en el coupage en una proporción mínima del 50 % para los tintos y del 25 % para los rosados, la mourvèdre suele combinarse con garnacha y cinsault. Los blancos, elaborados principalmente con bourboulenc, ugni blanc y clairette, son alegres, frescos y muy aromáticos.

1600 ha

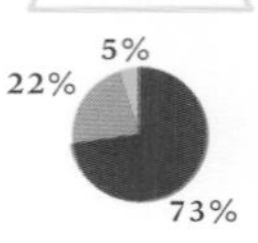

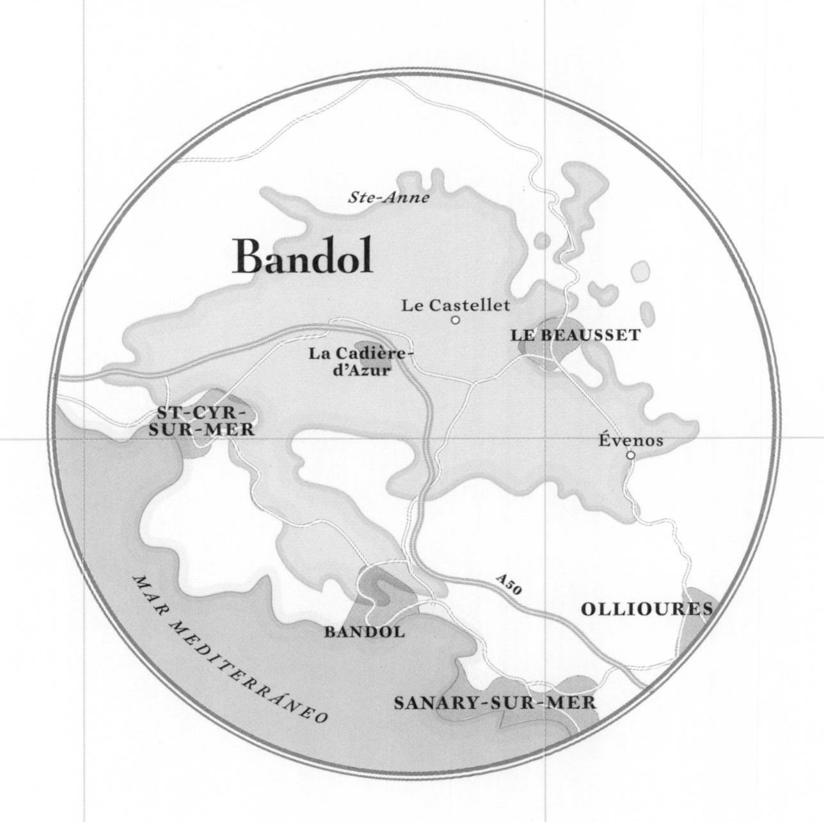

Palette

La denominación, reconocida desde 1948, abarca unas 50 hectáreas en torno a Aix-en-Provence. Las vides crecen en las faldas de las pendientes rocosas, donde el microclima es muy favorable. Los tintos son grandes vinos de guarda y están dominados por la garnacha; los rosados se distinguen por sus marcados aromas florales; los blancos, en los que predomina la clairette, son de gran delicadeza.

46 ha

30%
15%
55%

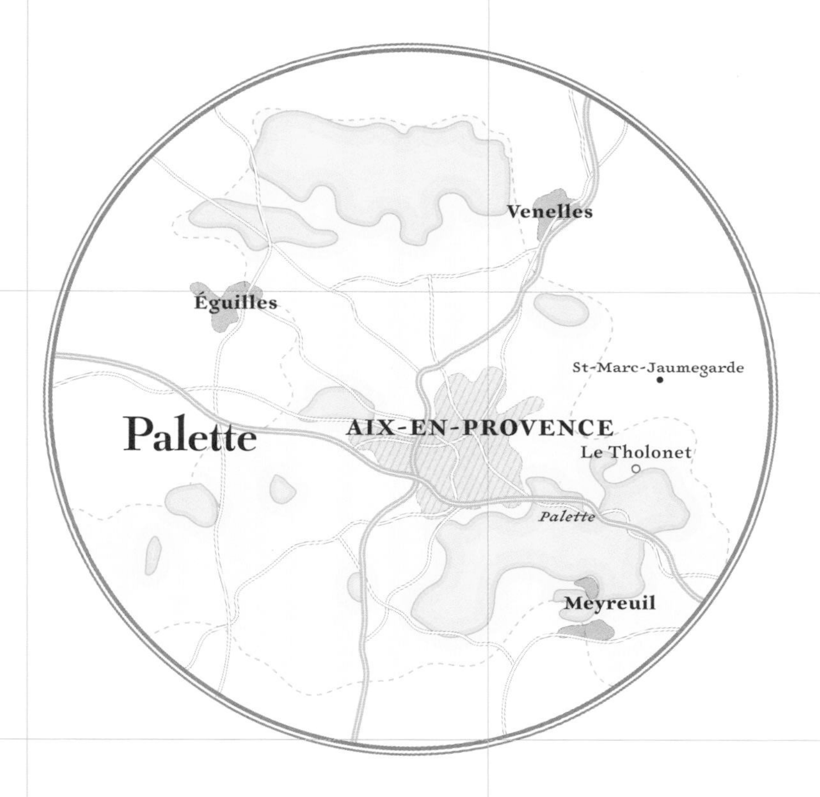

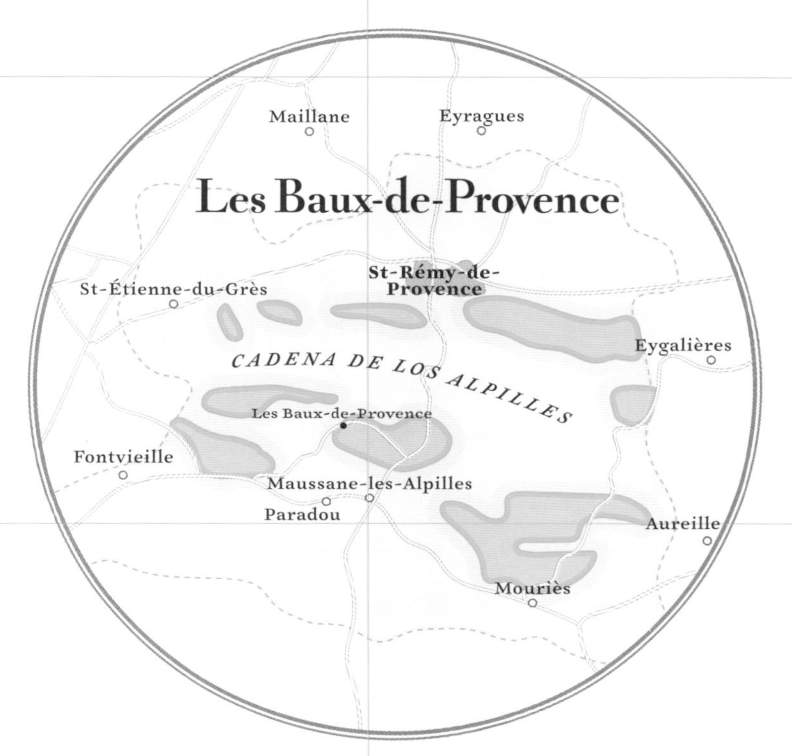

Les Baux-de-Provence

Situada a ambos lados de la cordillera de los Alpilles, se trata de una barrera montañosa que domina el paisaje, en donde la vid compite con los olivos y ofrece al visitante unas hermosas vistas de la Provenza. La denominación produce únicamente tintos y rosados. Los primeros son carnosos y contundentes y los segundos resultan especialmente afrutados. Ambos vinos pueden esperar unos años en bodega.

250 ha

25%
75%

Bellet

Conocido por unos pocos, marca el final del viñedo de Provenza antes de la frontera con Italia. Está situado en unas magníficas terrazas con vistas a la Baie des Anges a 200 metros de altitud, justo dentro de la ciudad de Niza. El rosado se elabora con la uva local braquet, como monovarietal o con garnacha y cinsault. El tinto es un coupage similar, con la adición de folle noire. Los blancos son un coupage de rolle (o vermentino) con un toque de chardonnay y clairette. Todos los vinos son dignos de guarda, alrededor de un año para los blancos y los rosados.

50 ha

35%
42%
23%

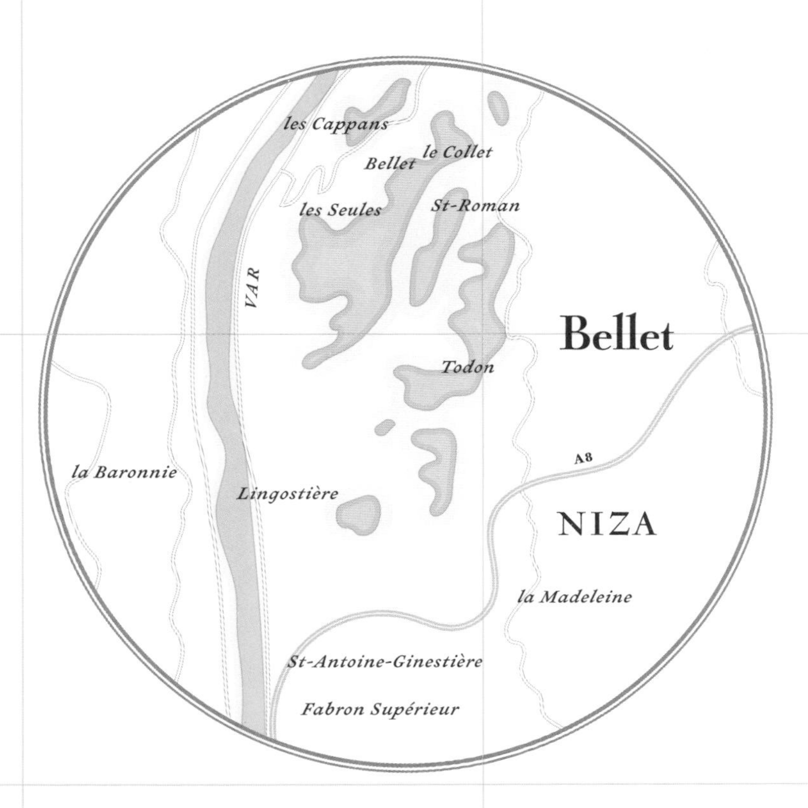

LORENA

la pulgarcita

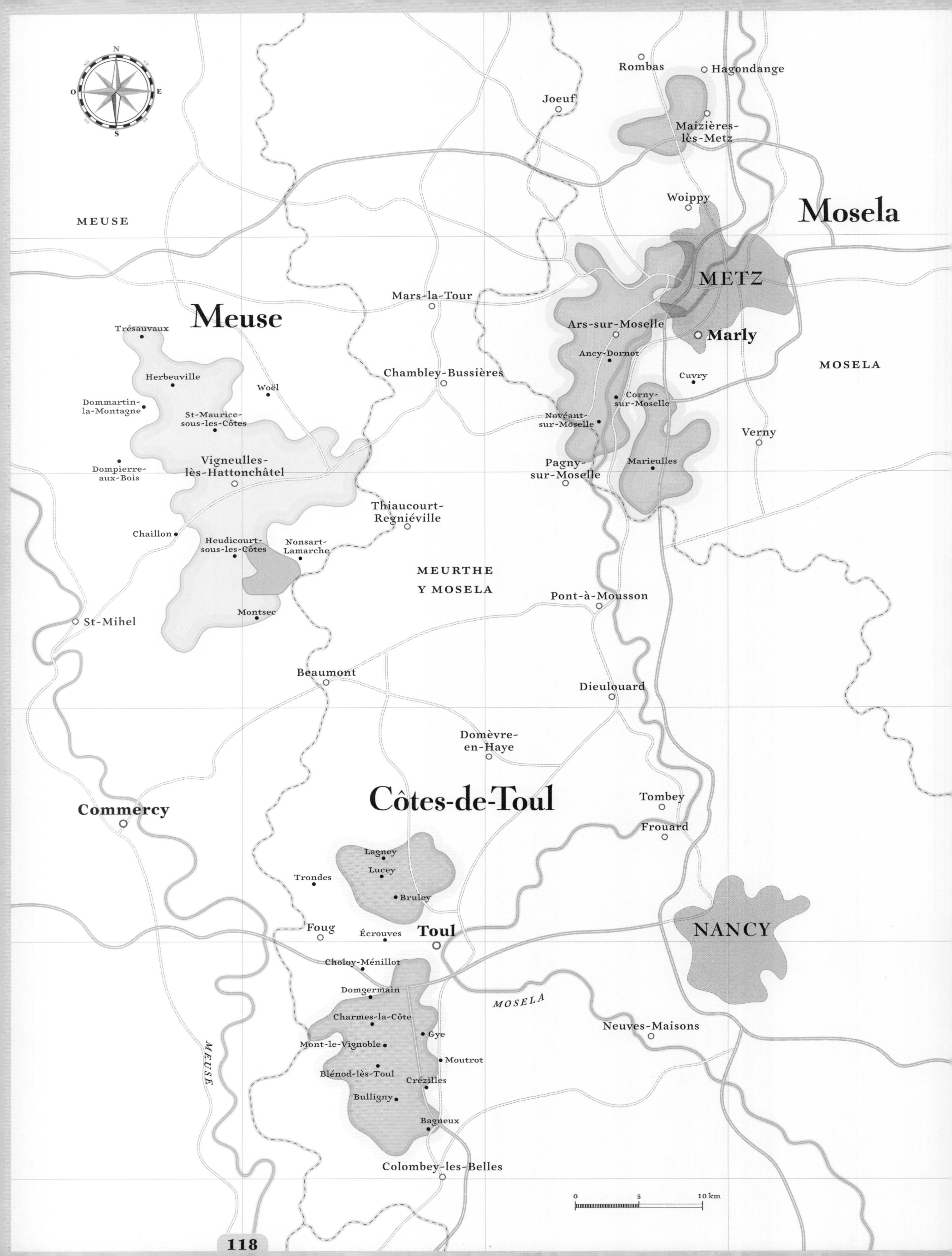

Mosela
METZ
Marly
MOSELA
MEUSE
Meuse
Rombas
Hagondange
Joeuf
Maizières-
lès-Metz
Woippy
Mars-la-Tour
Ars-sur-Moselle
Ancy-Dornot
Chambley-Bussières
Cuvry
Corny-
sur-Moselle
Novéant-
sur-Moselle
Verny
Pagny-
sur-Moselle
Marieulles
Trésauvaux
Herbeuville
Woël
Dommartin-
la-Montagne
St-Maurice-
sous-les-Côtes
Vigneulles-
lès-Hattonchâtel
Dompierre-
aux-Bois
Thiaucourt-
Regniéville
Chaillon
Heudicourt-
sous-les-Côtes
Nonsart-
Lamarche
MEURTHE
Y MOSELA
Pont-à-Mousson
Montsec
St-Mihel
Beaumont
Dieulouard
Domèvre-
en-Haye
Côtes-de-Toul
Commercy
Tombey
Frouard
Lagney
Lucey
Trondes
Bruley
NANCY
Foug
Écrouves
Toul
Choloy-Ménillot
Domgermain
MOSELA
Charmes-la-Côte
Neuves-Maisons
Gye
Mont-le-Vignoble
Moutrot
MEUSE
Blénod-lès-Toul
Crézilles
Bulligny
Bagneux
Colombey-les-Belles
0
5
10 km

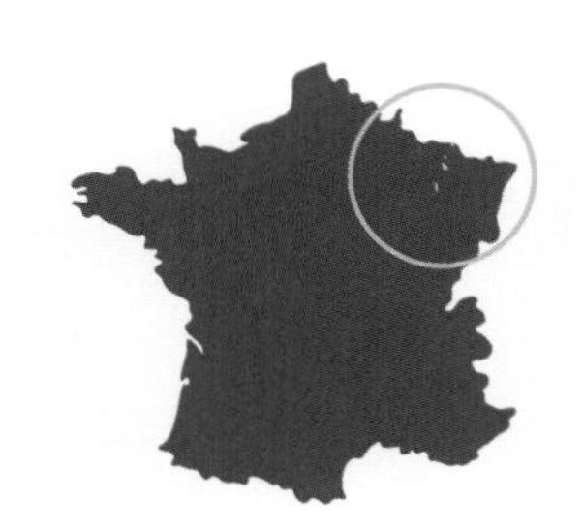

Lorena

A pesar de su reducida superficie y discreto perfil, los viñedos de Lorena defienden sus colores con originalidad.

Variedades

pinot noir, meunier, gamay

chardonnay, pinot blanc, aligoté, auxerrois, aubin, müller-thurgau

Hectáreas

280

Tipos de vino

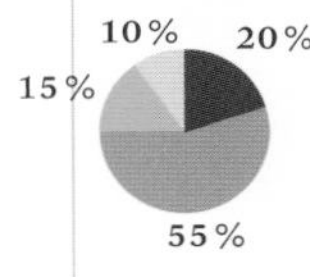

Suelo

arcillocalcáreo

Clima

oceánico templado y semicontinental

Es la región vitivinícola más pequeña de Francia. Los vinos de Lorena proceden de tres departamentos: Vosgos, Mosela y Meurthe y Mosela. El viñedo de Lorena, que actualmente está bajo la sombra de su vecino alsaciano, surgió de la mano de los romanos en el siglo III. Si bien, al igual que en todas partes, la crisis de la filoxera frenó su expansión, también se vio gravemente afectado por las dos guerras mundiales del siglo XX.

Desde la década de los ochenta se ha producido una dinámica positiva en la región, cuyo principal exponente fue el reconocimiento de la denominación Côtes de Toul en 1998, seguido del de la denominación Moselle en 2010.

La principal originalidad del viñedo de Lorena reside en su producción de vino gris, una variante del vino rosado. Las uvas pinot noir y gamay se prensan y se dejan macerar durante solo unas horas con su piel tinta, de modo que el color del mosto se vuelve gris.

Côtes-de-Toul

Al oeste de la ciudad de Toul encontramos la denominación principal de Lorena, cuyo desarrollo se remonta a los duques de Lorena y a los obispos de Toul. Los vinos grises, elaborados con gamay y pinot noir, tienen un color asalmonado y son secos y ligeros. Los blancos son 100 % auxerrois, una variedad local, y tienen mucho cuerpo y una nariz cítrica, mientras que los tintos, elaborados con un 100 % de pinot noir, son sutiles y flexibles.

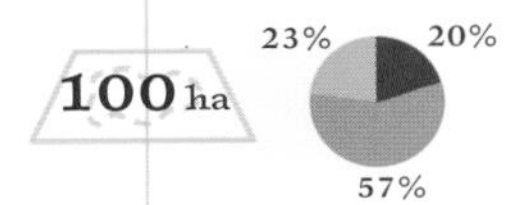

Moselle

Esta denominación abarca tres territorios: el principal se encuentra alrededor de Metz, al oeste de la ciudad, y las otras dos zonas que completan la denominación se localizan, una, en la frontera luxemburguesa y, otra, en el lado opuesto de la frontera entre Mosela y Meurthe y Mosela. Los blancos utilizan las siguientes variedades: auxerrois, müller-thurgau y pinot gris, que pueden ir acompañadas de gewurztraminer, pinot blanc o riesling. Los monovarietales son ligeros, mientras que los vinos de coupage son más complejos. Para los vinos grises se utiliza pinot noir y gamay, mientras que los tintos son 100 % pinot noir.

75 ha

61 % 32 % 7 %

BORGOÑA

el arte de los monovarietales

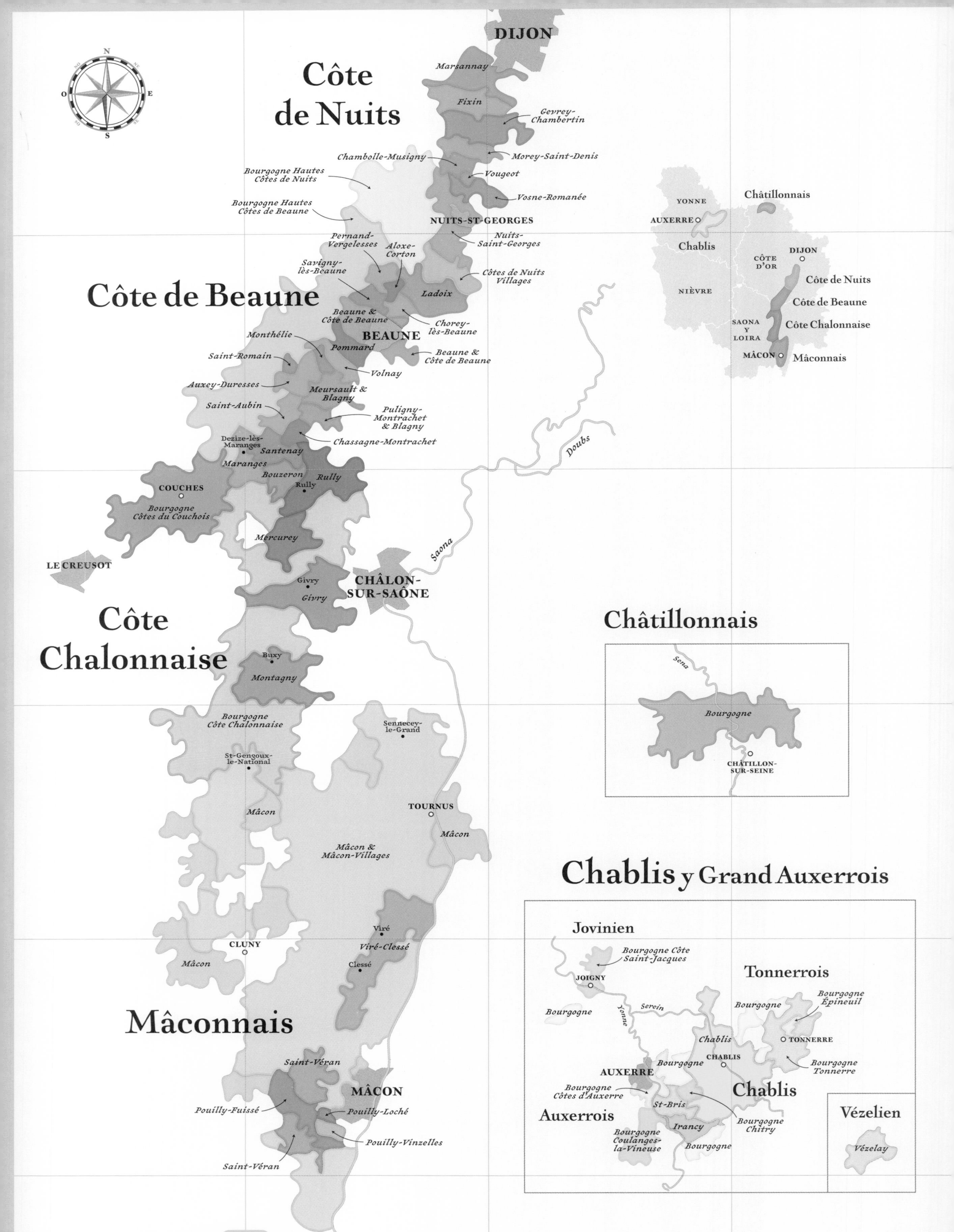

N
E
S
O
DIJON
Côte de Nuits
Marsannay
Fixin
Gevrey-Chambertin
Chambolle-Musigny
Morey-Saint-Denis
Vougeot
Vosne-Romanée
Bourgogne Hautes Côtes de Nuits
Bourgogne Hautes Côtes de Beaune
NUITS-ST-GEORGES
Nuits-Saint-Georges
Pernand-Vergelesses
Aloxe-Corton
Savigny-lès-Beaune
Côtes de Nuits Villages
Ladoix
Côte de Beaune
Beaune & Côte de Beaune
Chorey-lès-Beaune
BEAUNE
Monthélie
Pommard
Beaune & Côte de Beaune
Saint-Romain
Volnay
Auxey-Duresses
Meursault & Blagny
Saint-Aubin
Puligny-Montrachet & Blagny
Chassagne-Montrachet
Dezize-lès-Maranges
Santenay
Maranges
Bouzeron
Rully
Rully
COUCHES
Bourgogne Côtes du Couchois
Mercurey
LE CREUSOT
Givry
Givry
CHÂLON-SUR-SAÔNE
Saona
Doubs
Côte Chalonnaise
Buxy
Montagny
Bourgogne Côte Chalonnaise
Sennecey-le-Grand
St-Gengoux-le-National
Mâcon
TOURNUS
Mâcon
Mâcon & Mâcon-Villages
Viré
Viré-Clessé
Clessé
CLUNY
Mâcon
Mâconnais
Saint-Véran
MÂCON
Pouilly-Fuissé
Pouilly-Loché
Pouilly-Vinzelles
Saint-Véran
YONNE
Châtillonnais
AUXERRE
Chablis
DIJON
CÔTE D'OR
Côte de Nuits
NIÈVRE
Côte de Beaune
SAONA Y LOIRA
Côte Chalonnaise
MÂCON
Mâconnais
Châtillonnais
Sena
Bourgogne
CHÂTILLON-SUR-SEINE
Chablis y Grand Auxerrois
Jovinien
Bourgogne Côte Saint-Jacques
Tonnerrois
JOIGNY
Bourgogne Épineuil
Bourgogne
Serein
Bourgogne
Yonne
Chablis
TONNERRE
AUXERRE
Bourgogne
CHABLIS
Bourgogne Tonnerre
Bourgogne Côtes d'Auxerre
Chablis
Vézelien
St-Bris
Auxerrois
Bourgogne Chitry
Irancy
Bourgogne Coulanges-la-Vineuse
Bourgogne
Vézelay

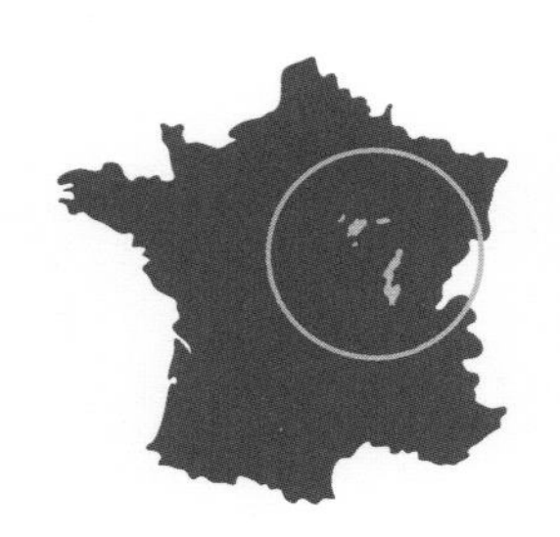

Borgoña

De todas las regiones francesas, Borgoña es la que cuenta con el mayor número de denominaciones y lieux-dits. Tan exclusivos como variados, sus vinos se encuentran entre los más codiciados del mundo.

Variedades

pinot noir, gamay

chardonnay, aligoté

Hectáreas

30052

Tipos de vino

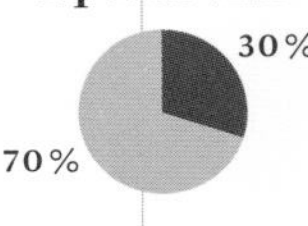

Suelos

ideal para pinot noir: caliza bien drenada; ideal para chardonnay: margacalizo con más arcilla

Clima

semicontinental templado

Climats clasificados Premier Cru

562

Climats clasificados Grand Cru

33

La historia de los vinos de Borgoña está estrechamente ligada a la de los monasterios. En la Edad Media, los monjes de Cîteaux esculpieron el paisaje con los famosos clos que hoy conocemos. En 1874, Francia se vio azotada por una oleada de filoxera: un insecto devastador que arrasó tres cuartas partes de los viñedos. Borgoña no se salvó, pero emergió reforzada de esa hecatombe vinícola. Los viticultores decidieron replantar solo los mejores terroirs y centrarse en vinos monovarietales: la región dio un giro hacia la excelencia.

El viñedo se caracteriza por una sucesión de pequeñas parcelas en grandes terroirs. Las viñas siguen una red de fallas geológicas, fuentes de una increíble riqueza subterránea. Los borgoñones comprendieron rápidamente la importancia de delimitar, nombrar y clasificar los terroirs de la región con las denominaciones «Premier Cru» y «Grand Cru». Para ir más allá, identificaron microterroirs dentro de los crus, a los que se denominan «climats»; Borgoña tiene 1463. El vino producido en esta parcela adopta el nombre de la denominación así como el del climat del que procede.

Todos los vinos de Borgoña son monovarietales, es decir, se elaboran con una misma variedad: chardonnay para los blancos y pinot noir para los tintos. Ambas se plantan en todo el mundo, pero en Borgoña reflejan toda su elegancia. La gamay y la aligoté representan menos del 10 % del viñedo.

Pequeñas parcelas en grandes terroirs

La región fascina al amante del vino, pero el precio es a menudo un freno para llenar la bodega. Los crus situados entre Beaune y Dijon han sido víctimas de la especulación en los últimos quince años y ahora figuran entre los vinos más caros del mundo. Pero no se preocupe, muchos viticultores intentan mantener precios razonables; le toca a usted descubrirlos.

Breve diccionario borgoñón

FINAGE: En la Edad Media, este término designaba el territorio de una parroquia. En la actualidad, se aplica a la denominación municipal. Por ejemplo: *le finage de Pommard.*

CLOS: Murete de piedra que delimita y protege una parcela de tierra. El Clos Vougeot o el Clos de Tart son algunos de los más famosos.

CLIMATS: Parcela meticulosamente estudiada y delimitada por su terroir. Hay 1463 climats catalogados como patrimonio mundial de la Unesco.

AOC Grands Crus (1%)
AOC Premiers Crus (10%)
AOC municipales (36%)
AOC regionales (53%)

PRODUCCIÓN DE VINO EN BORGOÑA POR DENOMINACIÓN

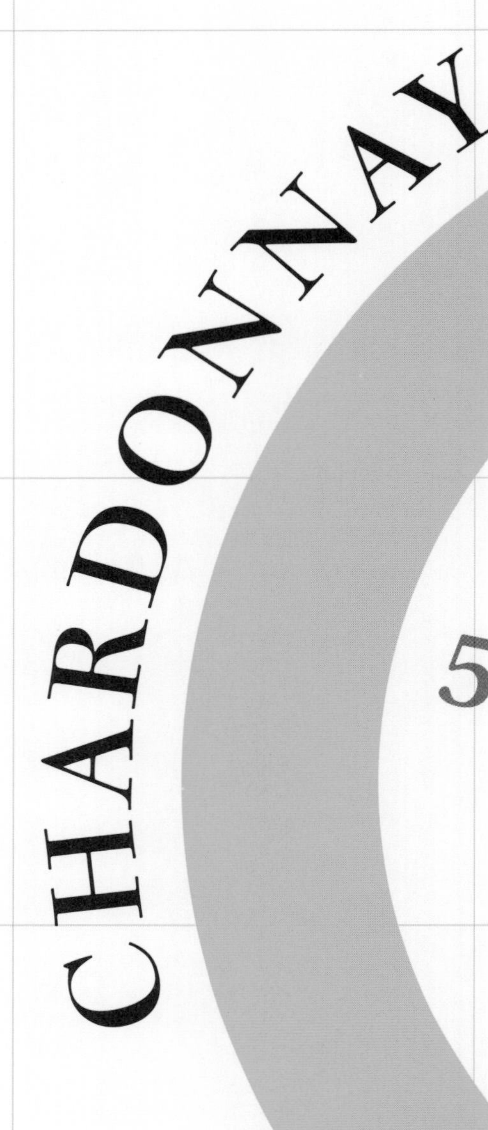

CHARDONNAY

La chardonnay es descendiente de la pinot noir y de otra antigua variedad: la gouais blanc. Es originaria de Borgoña, pero, a diferencia de la pinot noir, tiene una gran capacidad de adaptación, lo que explica su presencia en todo el mundo. Se trata de una variedad precoz, pues los primeros brotes aparecen pronto, lo que la hace sensible a las heladas primaverales. En los suelos margosos y calcáreos de Borgoña es donde mejor se expresa. Es un fiel reflejo del terroir y resulta ideal para expresar la inmensa variedad y complejidad de cada rincón de Borgoña. Cuatro lugares en los viñedos de Borgoña para degustar cuatro magníficas expresiones de la chardonnay son las colinas de Montrachet, Meursault, Chablis y Pouilly-Fuissé.

ALIGOTÉ

Esta variedad autóctona, ampliamente suplantada por su ilustre pariente la chardonnay, sigue siendo la segunda variedad de uva blanca más importante de la región. Tras haber sido un tanto descuidada, los viticultores de la región reconocen que forma parte del patrimonio local que debe preservarse. Con un rendimiento controlado, puede hacer maravillas, como demuestra el hecho de que en su día se utilizara en Corton-Charlemagne y enMontrachet antes de la crisis de la filoxera. Actualmente existe un Morey-Saint-Denis Premier Cru elaborado con el 100 % de aligoté.

DE BORGOÑA

OTRAS · GAMAY

1% · 2%

40%

PINOT NOIR

OTRAS VARIEDADES

En Auxerrois encontramos la césar, tradicional en la denominación Irancy, y la sauvignon blanc y gris, la gran originalidad de Saint-Bris. De forma muy anecdótica, en Borgoña están la pinot beurot, la sacy y la melon.

GAMAY

La gamay, acusada de empañar la reputación de la región, fue desterrada del ducado de Borgoña en el siglo XIV. Hoy en día, es sobre todo en el Mâconnais, en sus suelos graníticos y silíceos, donde ofrece lo mejor de sí misma en Borgoña y donde da vinos elegantísimos, carnosos y potentes en su juventud, que se suavizan para volverse más sedosos con el tiempo.

PINOT NOIR

Dueña y señora de Borgoña, es sin duda una de las variedades de uva más codiciadas; todo el mundo quiere hacer pinot. Pero también es una de las más caprichosas: son pocos los terroirs capaces de sublimarla de verdad. Entre los cincuenta vinos más caros del mundo, veinticuatro son pinot noir... de Borgoña. Y es en la Côte de Nuits donde ofrece su mejor cara. La pinot noir prefiere la frescura y las cosechas pequeñas. Si en su juventud se muestra afrutada, es una extraordinaria viajera en el tiempo: las mejores botellas pueden guardarse veinte años antes de abrirlas.

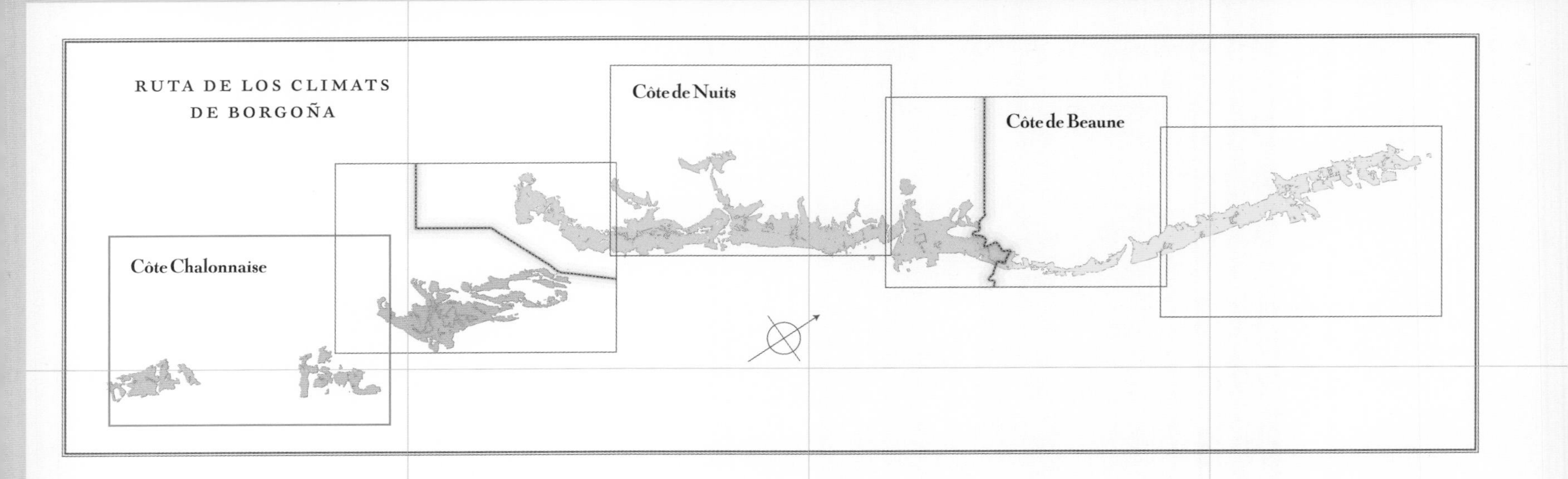

Côte Chalonnaise

Variedades

pinot noir

chardonnay, aligoté

Hectáreas

2100

Tipos de vino

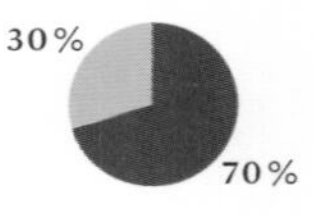

Climats clasificados Premier Cru

142

Esta zona, eslabón entre el norte y el sur de Borgoña, destaca por su variedad de vinos y paisajes.

Camino del sur, el paisaje cambia: las viñas ya no siguen una ladera escarpada, sino que se extienden por varias colinas salpicadas de campos y bosques. Givry y Mercurey son tierras de pinot noir, mientras que los viñedos de Rully y Montagny están dominados por la chardonnay.

La región, menos afamada que la Côte de Nuits y la Côte de Beaune, ofrece precios más razonables, tanto para los consumidores como para los jóvenes viticultores que pretendan emprender su actividad.

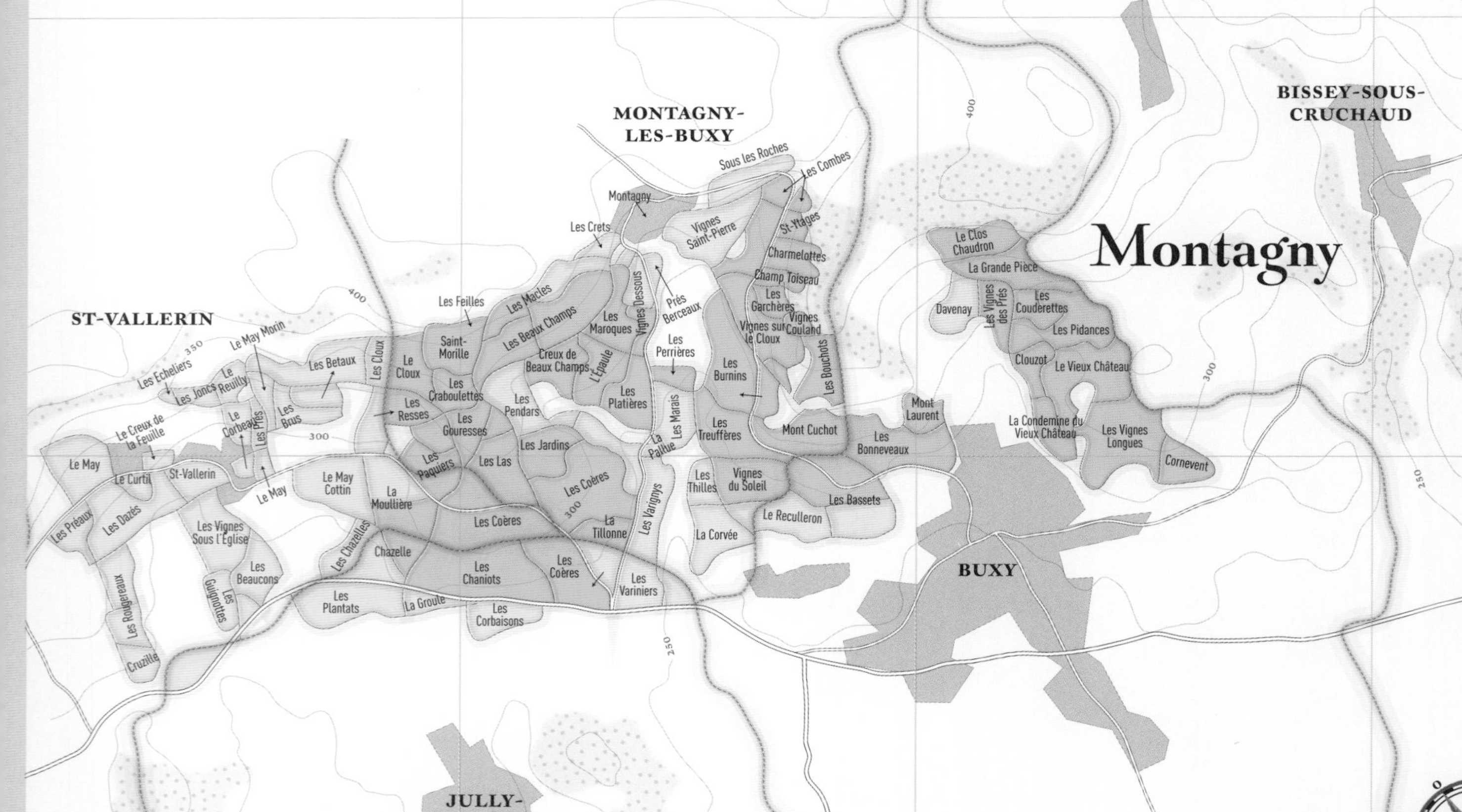

Montagny

CLIMATS PREMIER CRU 49

La denominación acoge los Premiers Crus más meridionales de la Côte Chalonnaise. Los suelos de marga ofrecen chardonnays de gran tensión y mineralidad que recuerdan a sus vecinos de Pouilly-Fuissé.

308 ha

100%

Givry

CLIMATS PREMIER CRU 38

Las parcelas orientadas al sur dan vinos soleados y elegantes, con una agradable estructura tánica. Es el viñedo tinto más meridional de Borgoña y, por tanto, el primero en vendimiarse. El climat les Grognots, situado a 410 metros de altitud, es uno de los más altos de Borgoña.

300 ha

20%

80%

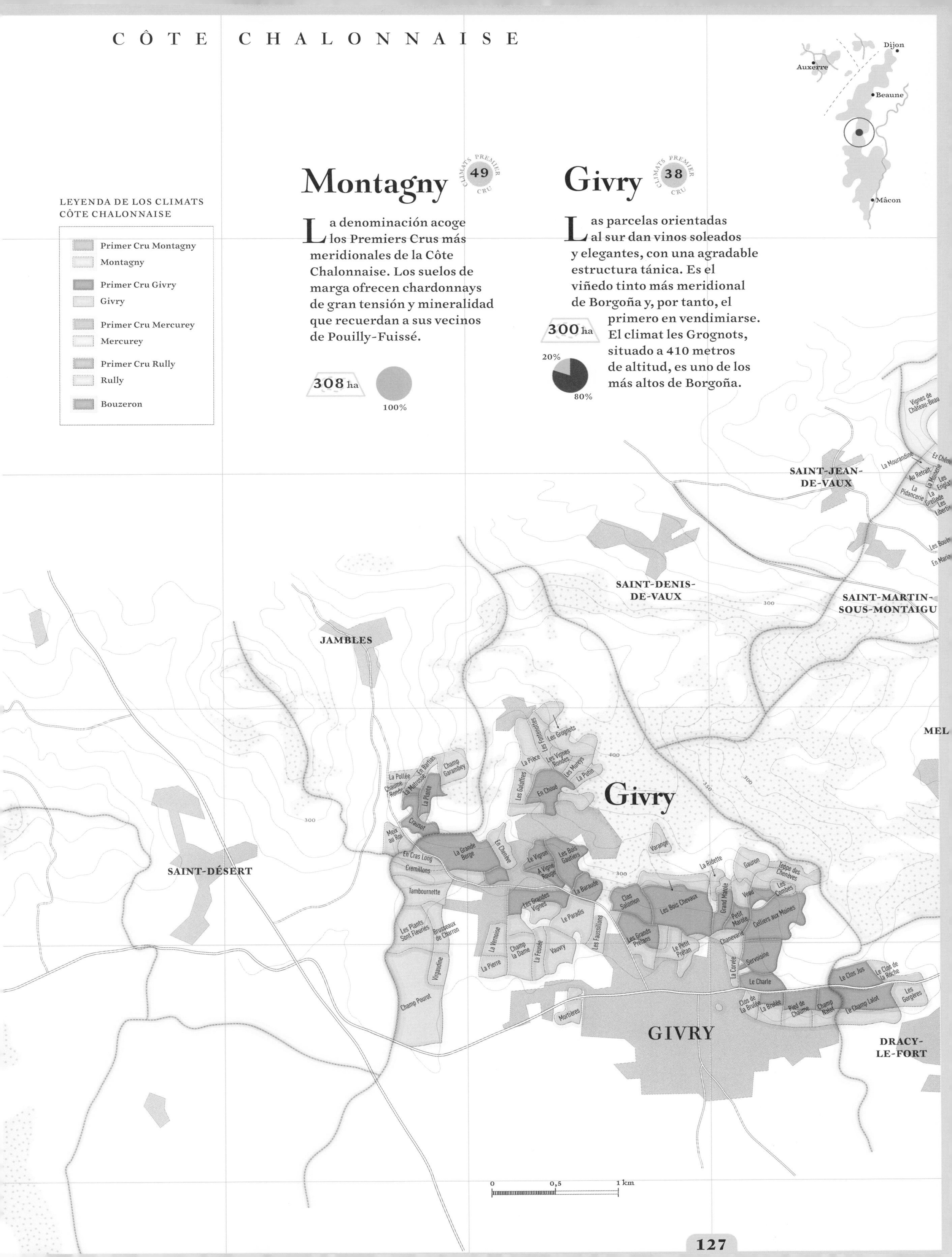

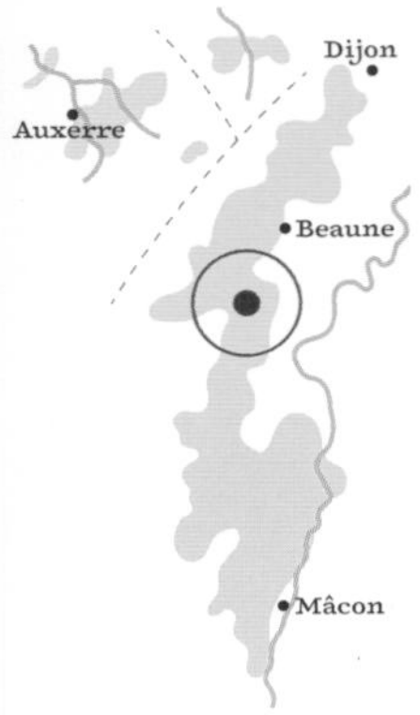

Mercurey

CLIMATS PREMIER CRU 32

Con sus treinta y dos climats clasificados Premier Cru, es la denominación más conocida de la Côte Chalonnaise. Se extiende por dos municipios: Mercurey y St-Martin-sous-Montaigu. Estos vinos, considerados durante mucho tiempo demasiado rústicos, se están tomando la revancha gracias a su elegancia y a su potencial de envejecimiento.

690 ha

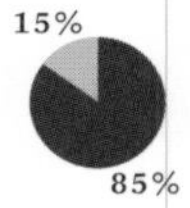

15%

85%

Santenay

CLIMATS PREMIER CRU 12

Nos encontramos en pleno sur de la Côte de Beaune, a las puertas de la Côte Chalonnaise. En torno a este balneario, antiguo Santenay-les-Bains, la pinot noir es reina y soberana. Se dice de estos vinos que tienen «el alma del volnay y el cuerpo del pommard».

La diversidad de los suelos, debida a su composición arcillocalcárea con muchas fallas, hace que sus vinos se expresen de otras tantas maneras.

337 ha

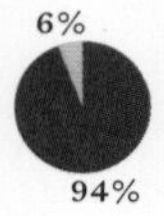

6%

94%

Rully

CLIMATS PREMIER CRU 23

Los suelos calizos tienen algunos puntos en común con los de Meursault, lo que explica el predominio de los blancos. La denominación se distingue por una variación de arcilla en los suelos: su ausencia hace que los vinos sean más tensos, mientras que su presencia hace que los vinos sean más grasos. Rully es uno de los principales productores de Crémant de Bourgogne.

347 ha

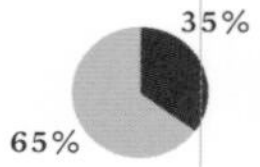

35%

65%

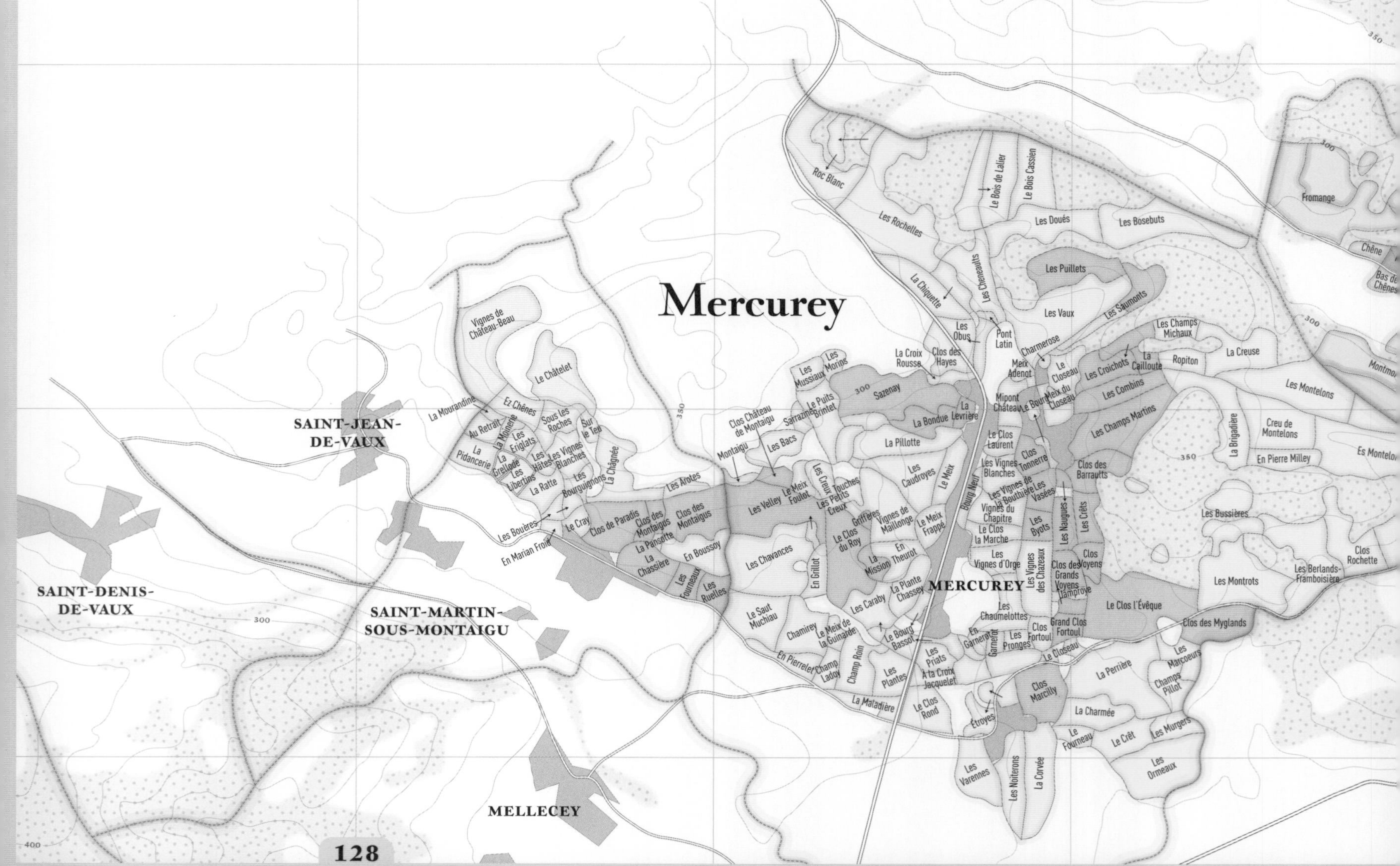

Mercurey

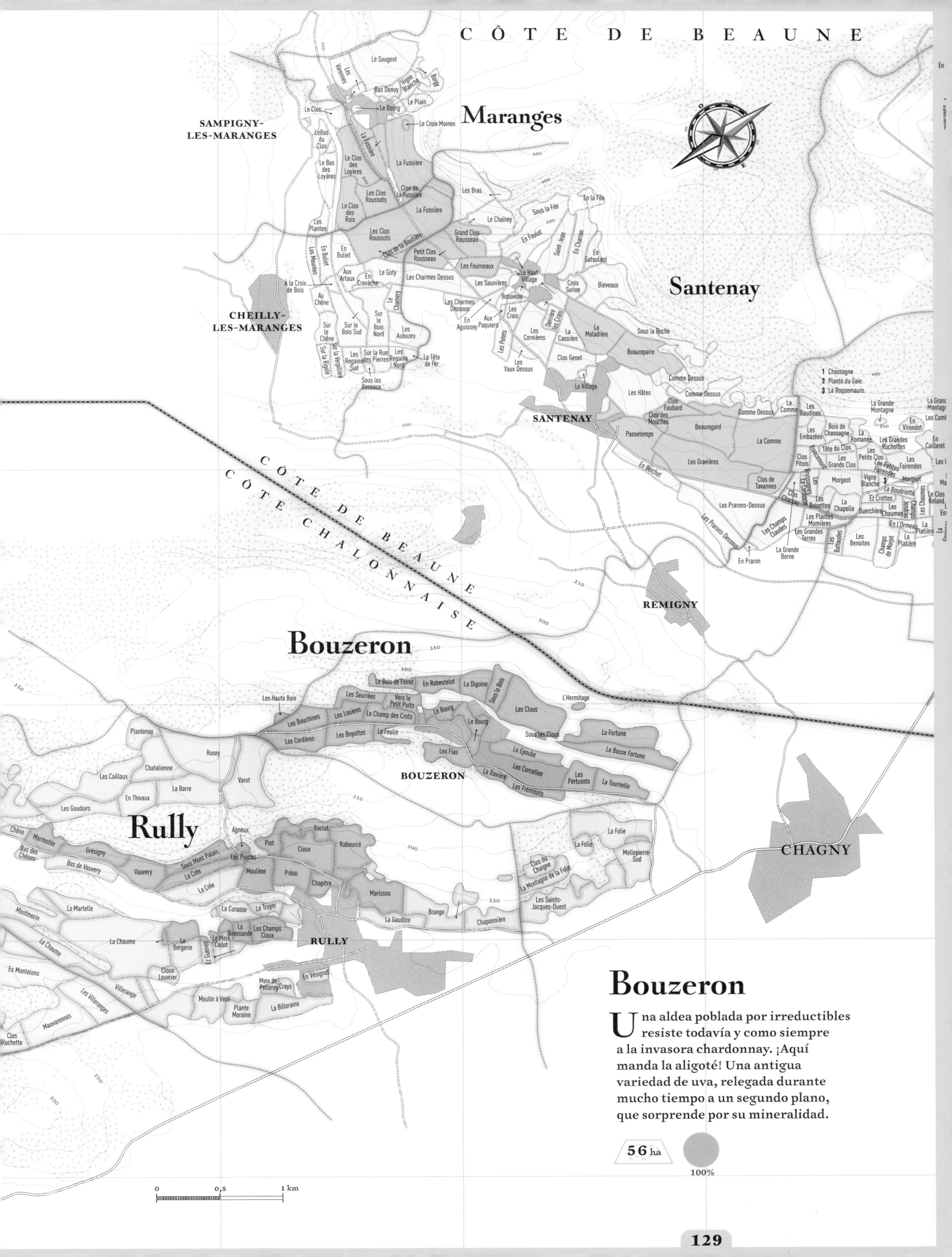

Bouzeron

Una aldea poblada por irreductibles resiste todavía y como siempre a la invasora chardonnay. ¡Aquí manda la aligoté! Una antigua variedad de uva, relegada durante mucho tiempo a un segundo plano, que sorprende por su mineralidad.

56 ha

100%

Côte de Beaune

Variedades

pinot noir

chardonnay

Hectáreas

5900

Tipos de vino

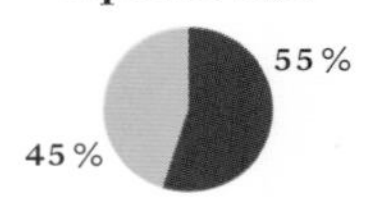

Climats clasificados Premier Cru

325

Climats clasificados Grand Cru

38

En la prolongación meridional de la Côte de Nuits, entre Ladoix-Serrigny y las laderas de Maragnes, la Côte de Beaune se extiende a lo largo de 20 kilómetros, divididos en cientos de pequeñas parcelas de climats. Duplica en extensión a su vecina y las uvas se vendimian a menudo unos días antes debido al clima ligeramente más suave. Produce vinos tintos y blancos de gran reputación. Alrededor de Beaune, la capital del vino de Borgoña, hay un elenco de municipios que enamorarán a cualquier amante del vino: Aloxe-Corton, Pommard, Meursault, Puligny-Montrachet…

Chassagne-Montrachet

308 ha

30%

70%

Chassagne-Montrachet comparte con Puligny las laderas del Montrachet. Aquí, dada la complejidad de los terroirs, coexisten parcelas de chardonnay y pinot noir. Entre 220 y 325 metros sobre el nivel del mar, los suelos son calizos y pedregosos, margosos o más arenosos según los climats.

Saint-Romain

Saint-Aubin

Auxey-Duresses

Chassagne-Montrachet

Meursault

Puligny-Montrachet

1 Au Village
2 Le Meix sous le Château
3 Au Moulin Judas

Puligny-Montrachet

CLIMATS PREMIER CRU 17 · CLIMATS GRAND CRU 4

Aquí, el 95 % de los climats están clasificados Premier Cru; no existe un Puligny-Montrachet pequeño... En Chassagne se encuentra la expresión por excelencia de la chardonnay, procedente de viñedos situados de 230 a 320 metros de altitud. Los tintos, muy escasos, también son excelentes.

96 ha

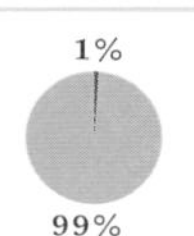

Meursault

A partir de aquí, todo lo que se produzca más al sur será sobre todo vino blanco. Se trata de la parte de la Côte de Beaune que produce los chardonnays más apreciados. Los monjes de Cîteaux trabajaban estas tierras desde el 1098. Las parcelas que producen los Premiers Crus se encuentran en las zonas más bajas de las laderas, sobre caliza de Chassagne o sobre marga del Jurásico Medio, y, en algunos lugares, en afloramientos de grava. Un gran vino es un vino blanco de guarda.

400 ha

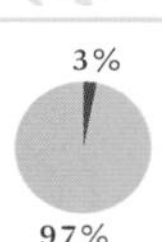

Pommard

Con evocar su nombre, se despertarán las papilas de más de uno. Antaño perteneció a los duques de Borgoña y a los monjes de la abadía de Cîteaux. Pommard, entre Beaune y Volnay, marca el punto en el que la Côte de Beaune se inclina levemente. Las parcelas son tan apreciadas que las 340 hectáreas de viñedo se reparten entre más de 340 viticultores. Lo mejor es dejar estos generosos vinos en la bodega durante una temporada para que puedan expresarse con plenitud.

340 ha

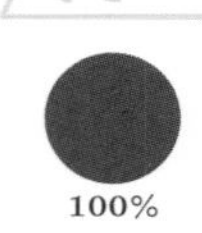

Volnay

CLIMATS PREMIER CRU 29

En este pueblecito de doscientas treinta almas acodado en la modesta montaña de Chaignot, los viñedos de Volnay ya existían gracias a los caballeros de la Orden de Malta y a los monjes de las abadías de St-Andoche d'Autun y de Maizières. Las viñas están situadas entre 230 y 280 metros sobre suelos en los que predomina la caliza, el esquisto o la marga. Los vinos son de gran delicadeza.

210 ha

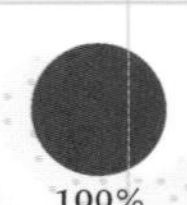

0 — 0,5 — 1 km

LEYENDA CÔTE DE BEAUNE

- AOC Grand Cru tinto
- AOC Primer Cru tinto
- AOC Municipal tinto
- AOC Grand Cru blanco
- AOC Primer Cru blanco
- AOC Municipal blanco
- AOC Grand Cru tinto y blanco
- AOC Primer Cru tinto y blanco

1 Monthélie
2 Le Village
3 Le Château Gaillard
4 Le Meix Garnier
5 Le Meix de Ressie
6 Le Meix Bataille
7 La Cas Rougeot

1 Village
2 Derrière St-Jean
3 En Moigelot

Monthélie

Beaune

Volnay

Pommard

BEAUNE

Pernand-Vergelesses

CLIMATS PREMIER CRU 8

Al oeste de Aloxe-Corton y Corton-Charlemagne, las viñas de Pernand-Vergelesses crecen a una altitud de 250 a 300 metros. Las parcelas más altas en suelos de marga están reservadas a la chardonnay, mientras que en la parte media de la ladera, donde los suelos son más calcáreos y pedregosos, se prefiere la pinot noir.

140 ha

45% 55%

Corton Corton-Charlemagne

CLIMATS GRAND CRU 25

CLIMATS GRAND CRU 8

La colina de Corton la comparten los municipios de Aloxe-Corton, Pernand-Vergelesses y Ladoix-Sérigny. La AOC Corton designa sobre todo vinos tintos, mientras que la AOC Corton Charlemagne se refiere únicamente a los vinos blancos. Corton era el vino favorito de Carlomagno y es el único Grand Cru de la Côte d'Or que se divide a su vez en varios climats.

92 + 57 ha

4% 96% 100%

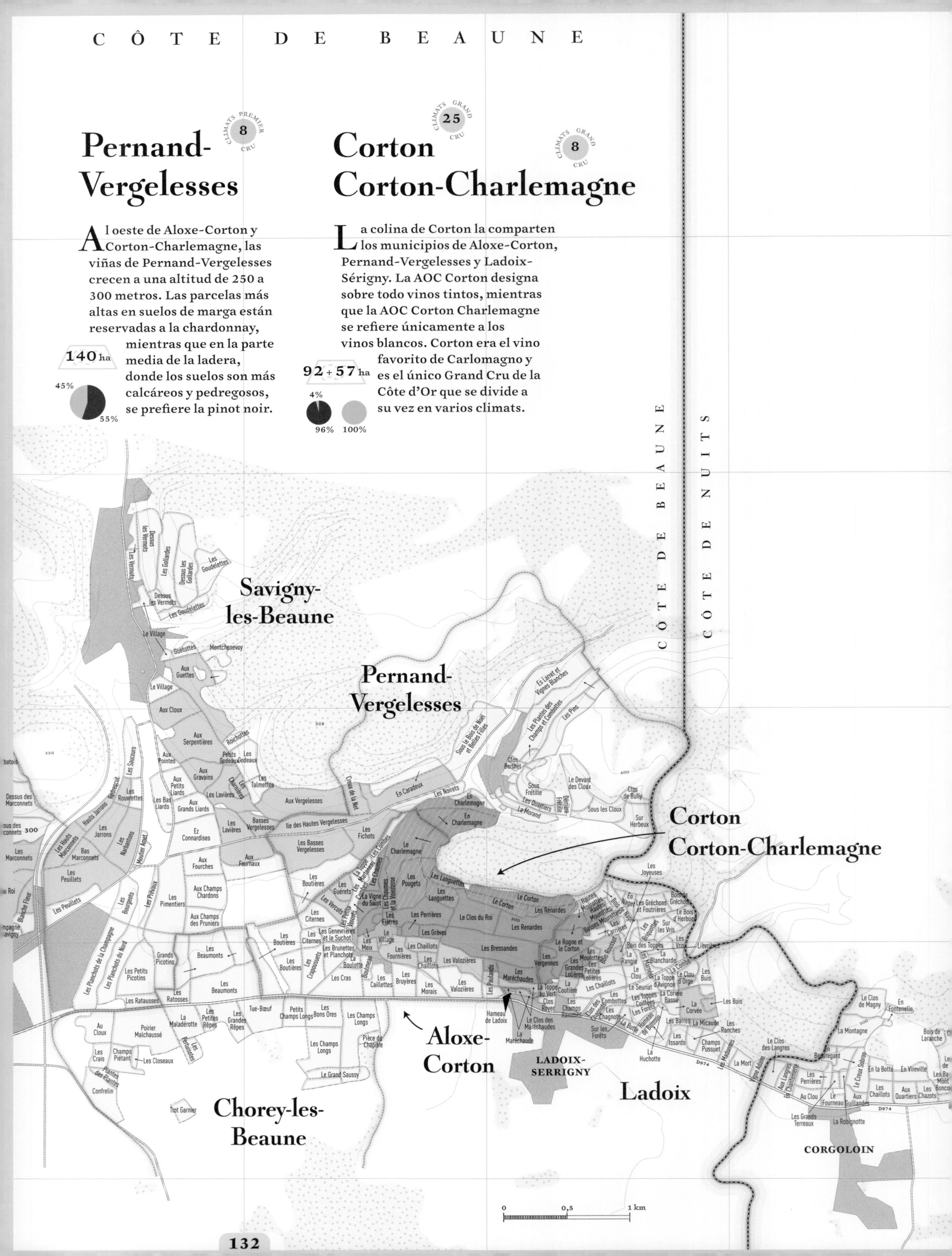

Dijon
Auxerre
Beaune
Mâcon

Côte de Nuits

Este paraíso de la pinot noir es tierra de grandes vinos tintos. Como si fueran obras de arte, las botellas son escasas y el mundo entero las codicia.

Variedades

pinot noir

chardonnay

Hectáreas

3100

Tipos de vino

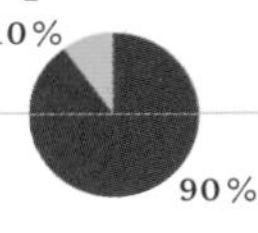

Climats clasificados Premier Cru

135

Climats clasificados Grand Cru

24

El viñedo comienza a las puertas de Dijon, pero es a la altura de Marsannay donde la ladera emerge paulatinamente. Su ligera pendiente permite una mejor exposición de las viñas, orientadas hacia el este para beneficiarse de los primeros rayos de sol. Conocida como «los Campos Elíseos de Borgoña», la Côte de Nuits es una estrecha franja de viñedos que se extiende a lo largo de 20 kilómetros de norte a sur. Es un viñedo estrecho que, de media, apenas tiene 300 metros de ancho. El terroir debe su particularidad a los valles secos, llamados combes, que cortan la zona de este a oeste. Estos valles se formaron por el depósito de aluviones terciarios, compuestos principalmente de grava, y también favorecen la insolación y los flujos de aire fresco.

Los Campos Elíseos de Borgoña

Nuits-Saint-Georges

CLIMATS PREMIER CRU 41

La localidad inspiró el nombre de la Côte de Nuits, pero la Côte de Nuits no le ha otorgado ningún Grand Cru. Sin embargo, la denominación no tiene motivos para avergonzarse de sus cuarenta y un climats clasificados como Premiers Crus. El pueblo divide el viñedo en dos partes: la septentrional, orientada al noreste, y la meridional, orientada al este. Los vinos tintos son generosos y ofrecen un buen equilibrio entre la fuerza de los Gevrey-Chambertin y la delicadeza de los Chambolle-Musigny. Los vinos blancos son poco frecuentes, pero notables, en los Premiers Crus Clos Arlot o Les Perrières.

310 ha

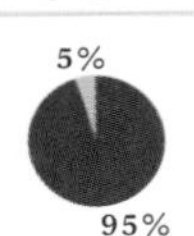

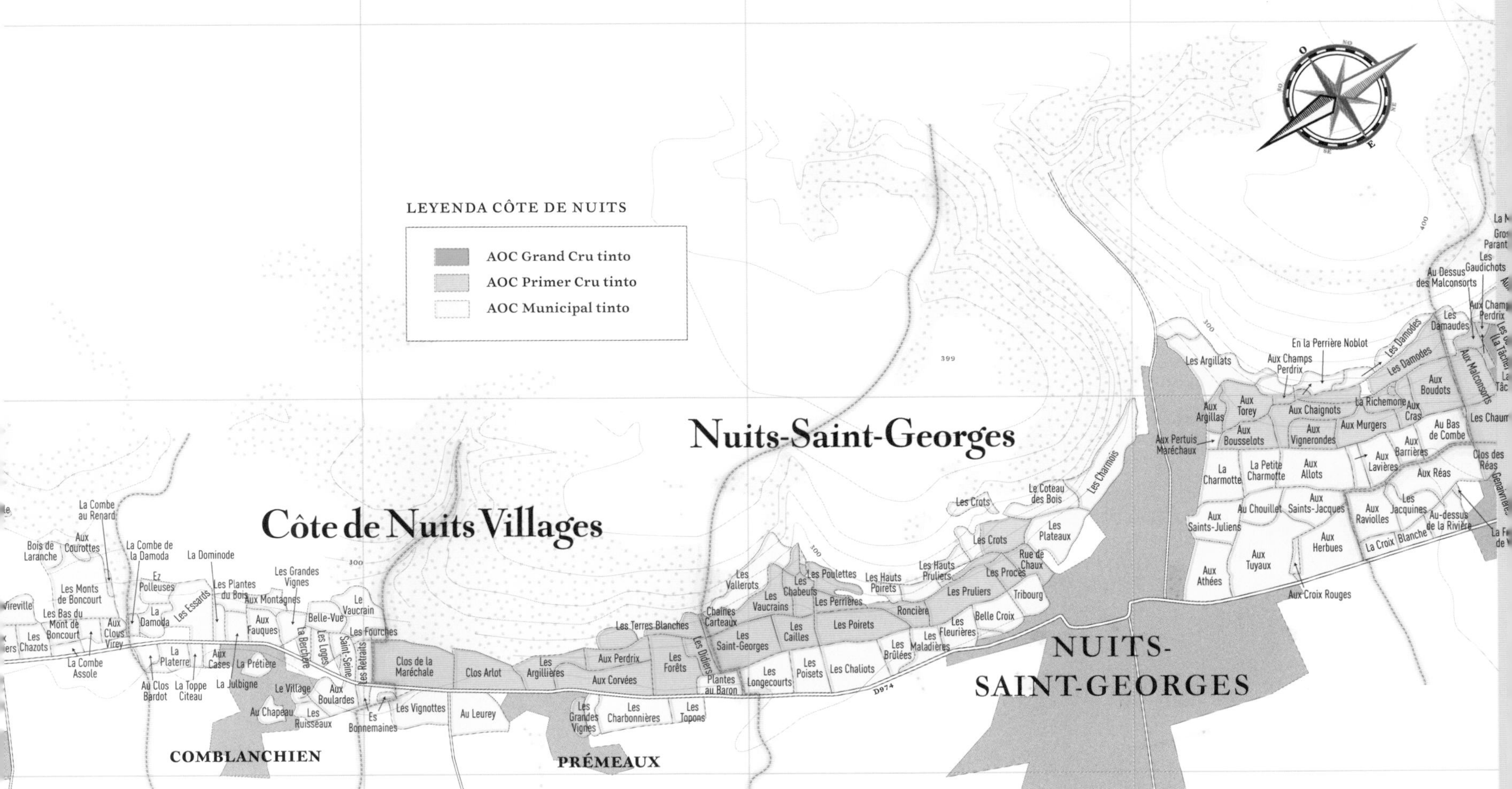

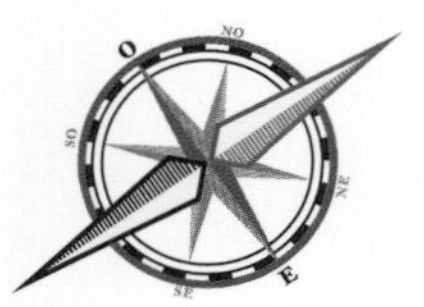

Chambolle-Musigny

Se suele decir que es el vino más «femenino» de la Côte de Nuits, pero parece que esta visión simplista ya no es válida. Por supuesto, los vinos son muy delicados y elegantes, pero no más que sus vecinos. El suelo es principalmente caliza con toques de marga, arena y limo rojo. Como suele ocurrir en la región, los Premiers Crus y Grands Crus se asientan sobre una caliza compleja con una significativa pendiente.

152 ha

100%

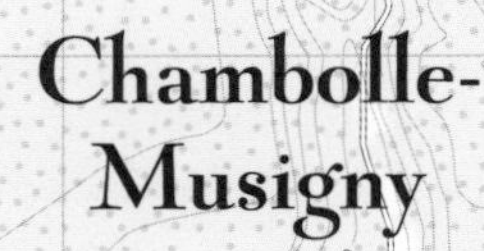

Gevrey-Chambertin

Morey-Saint-Denis

Vougeot

Echézeaux

Vosne-Romanée

Vosne-Romanée

Romanée-Conti, Richebourg, La Tâche… Las joyas de la Côte de Nuits. Los mejores pinot noir del mundo se producen en estas tierras. ¡Ay de quien se atreva a abrir una botella antes de diez años de reposo!

150 ha

100%

Vougeot

Famoso por su Château del Clos de Vougeot, la denominación más pequeña de la Côte de Nuits cuenta con seis climats, cinco de los cuales están clasificados como Premiers Crus y uno como Grand Cru. Sin embargo, no crea que su tamaño reducido facilita la lectura de los terroirs: es un auténtico milhojas de piedra caliza.

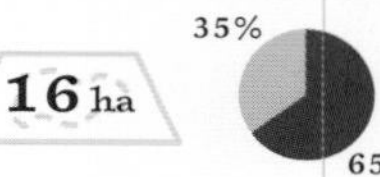

Morey-Saint-Denis

CLIMATS PREMIER CRU 20 · CLIMATS GRAND CRU 5

¿El gran incomprendido de la Côte de Nuits? La denominación ha estado durante mucho tiempo a la sombra de sus famosos vecinos Chambolle-Musigny y Gevrey-Chambertin. No obstante, Morey Saint-Denis alberga cinco Grands Crus. Los vinos son más carnosos en la parte alta de la ladera y más ligeros en la prolongación del barranco al este del municipio. El Clos de Tart es el mayor monopolio* de Borgoña.

130 ha

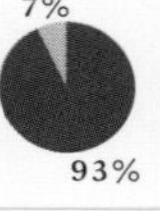

***Monopolio:** climat cultivado por una sola finca.

Gevrey-Chambertin

Vinos con carácter, aptos para un largo envejecimiento. Si observamos el mapa, veremos una particularidad: es el único viñedo de la Côte de Nuits cuyas denominaciones municipales se extienden al este de la ruta de los vinos (N74). Este fenómeno se debe a la Combe de Lavaux, que extendió el suelo aluvial hacia el este.

Fixin

Los Premiers Crus están en las parcelas más altas, a 300 metros de altitud. Vinos intensos merecedores de unos años para permitir que los taninos se suavicen. Junto con Marsannay, es seguramente la mejor relación calidad-precio de la Côte de Nuits. El Clos de la Perrière es el climat más prestigioso de la denominación.

Marsannay

Aunque es menos conocida que sus vecinas, esta denominación esconde terroirs fabulosos. Su microclima brinda veranos relativamente calurosos que producen vinos tintos con mucha clase. Es la única AOC de la Côte de Nuits que ofrece tinto, blanco y rosado. Otra originalidad: la pinot noir y la chardonnay van acompañadas de unos toques de gamay y pinot blanc.

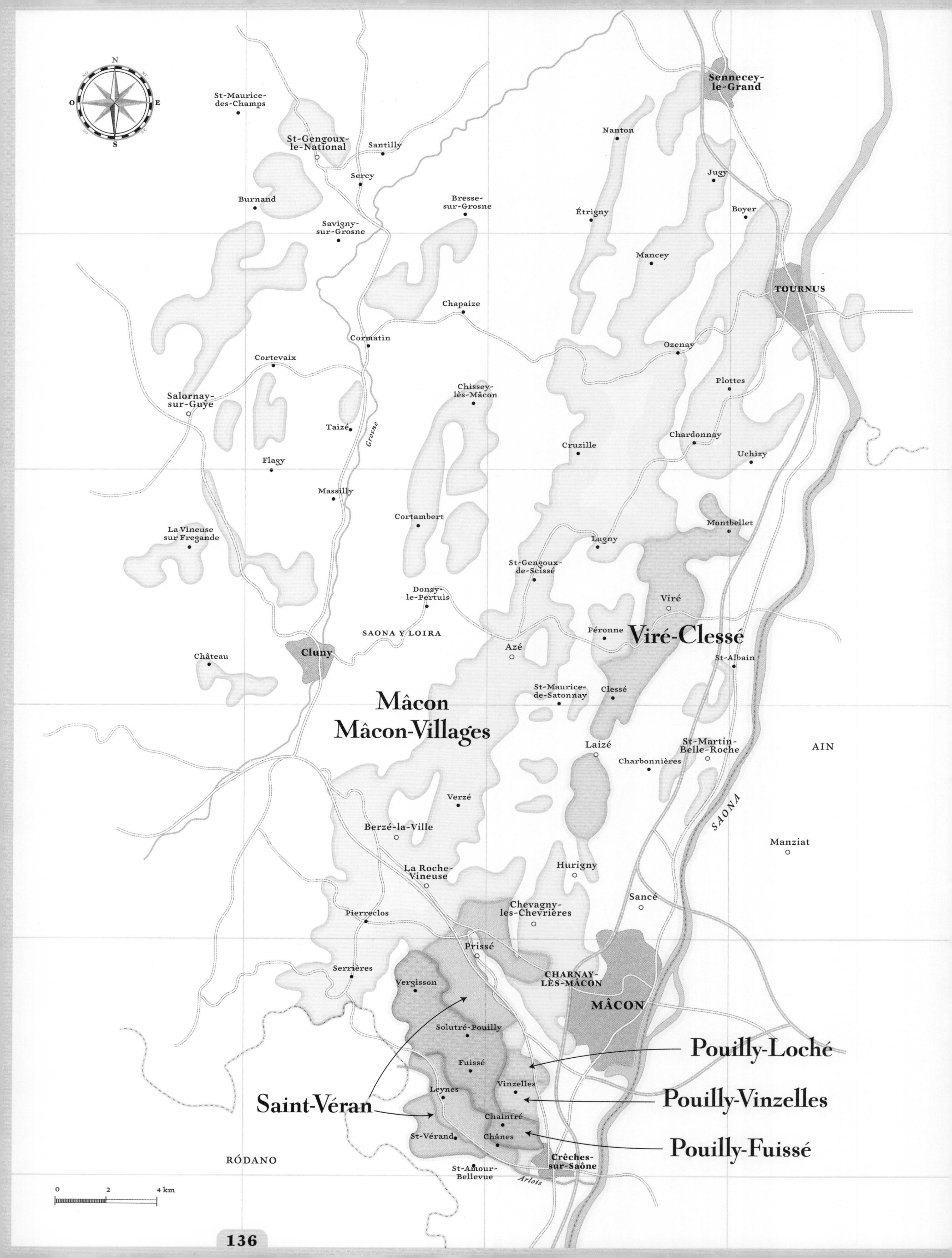
N
E
S
O
St-Maurice-des-Champs
St-Gengoux-le-National
Santilly
Sercy
Burnand
Savigny-sur-Grosne
Bresse-sur-Grosne
Sennecey-le-Grand
Nanton
Jugy
Étrigny
Boyer
Mancey
TOURNUS
Chapaize
Cormatin
Cortevaix
Ozenay
Plottes
Salornay-sur-Guye
Chissey-lès-Mâcon
Taizé
Grosne
Cruzille
Chardonnay
Uchizy
Flagy
Massilly
Cortambert
Montbellet
La Vineuse sur Fregande
Lugny
St-Gengoux-de-Scissé
Donzy-le-Pertuis
Viré
SAONA Y LOIRA
Péronne
Viré-Clessé
Azé
Château
Cluny
St-Albain
St-Maurice-de-Satonnay
Clessé
Mâcon
Mâcon-Villages
Laizé
St-Martin-Belle-Roche
AIN
Charbonnières
Verzé
SAONA
Berzé-la-Ville
Manziat
La Roche-Vineuse
Hurigny
Sancé
Chevagny-les-Chevrières
Pierreclos
Prissé
Serrières
Vergisson
CHARNAY-LÈS-MÂCON
MÂCON
Solutré-Pouilly
Pouilly-Loché
Fuissé
Vinzelles
Saint-Véran
Leynes
Pouilly-Vinzelles
Chaintré
St-Vérand
Chânes
Pouilly-Fuissé
RÓDANO
Crêches-sur-Saône
St-Amour-Bellevue
Arlois
0
2
4 km

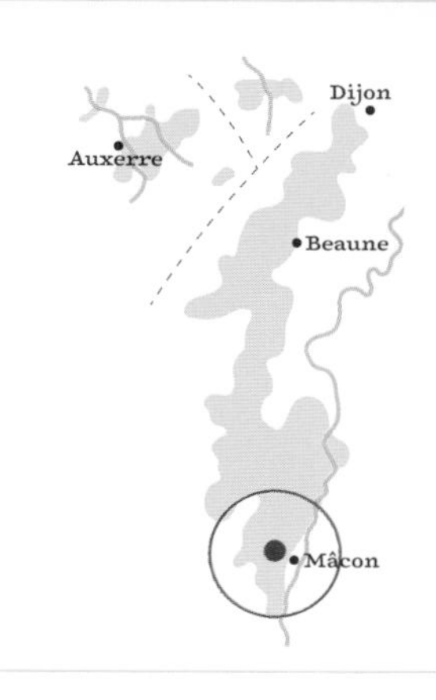

Mâconnais

Ha llegado la hora de reconocer la región por lo que es. El Mâconnais es una gran tierra de chardonnay y pronto se clasificarán veintidós climats como Premier Cru.

Variedades

● pinot noir, gamay

● chardonnay

Hectáreas

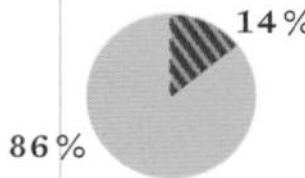

Tipos de vino

14 %

86 %

El Mâconnais es el viñedo más meridional de Borgoña, pero también el más extenso. La evolución de la viticultura está estrechamente ligada al desarrollo del clero y se centró en torno a la abadía de Cluny, fundada en el 909. Los monjes crearon sus propios viñedos y, debido a su prosperidad, sirvieron de ejemplo para la creación de la abadía de Cîteaux, entre Beaune y Dijon, en el 1098.

Aunque la denominación regional no cuenta (aún) con un Premier Cru, existen varios niveles de calidad creciente: Mâcon (blanco, tinto y rosado), Mâcon-Villages (blanco) y Mâcon seguido de una de las veintisiete denominaciones de origen específicas de blanco, tinto y rosado (ver lista de la derecha). Las denominaciones de mayor calidad del Mâconnais se encuentran todas en el sur, con cinco denominaciones municipales que producen exclusivamente vinos blancos de chardonnay: Pouilly-Vinzelles (61 ha), Pouilly-Fuissé (760 ha), Pouilly-Loché (34 ha), Saint-Véran (743 ha) y Viré-Clessé (437 ha).

La más prestigiosa es Pouilly-Fuissé, que goza de varios terroirs excepcionales, desde arcillocalcáreos a graníticos y volcánicos, que pueden producir vinos de una asombrosa variedad. Los vinos de esta denominación son de gran delicadeza y suelen tener un color claro, con matices dorados ligeramente verdosos. Son minerales y destacan notas de sílex, almendra, pomelo, limón, melocotón, tilo y brioche.

Pouilly-Fuissé dota de prestigio al Mâconnais

DENOMINACIONES ESPECÍFICAS DEL MÂCONNAIS

- ● ● ● *Azé*
- ● ● ● *Bray*
- ● ● ● *Burgy*
- ● ● ● *Bussières*
- ● ● ● *Chaintré*
- ● ● ● *Chardonnay*
- ● ● ● *Charnay-Lès-Mâcon*
- ● ● ● *Cruzille*
- ● ● ● *Davayé*
- ● *Fuissé*
- ● ● ● *Igé*
- ● *Loché*
- ● ● ● *Lugny*
- ● ● ● *Mancey*
- ● ● ● *Milly-Lamartine*
- ● *Montbellet*
- ● ● ● *Péronne*
- ● ● ● *Pierreclos*
- ● ● ● *Prissé*
- ● ● ● *La Roche-Vineuse*
- ● ● *Serrières*
- ● *Solutré-Pouilly*
- ● ● ● *Saint-Gengoux-le-National*
- ● *Uchizy*
- ● *Vergisson*
- ● ● ● *Verzé*
- ● *Vinzelles*

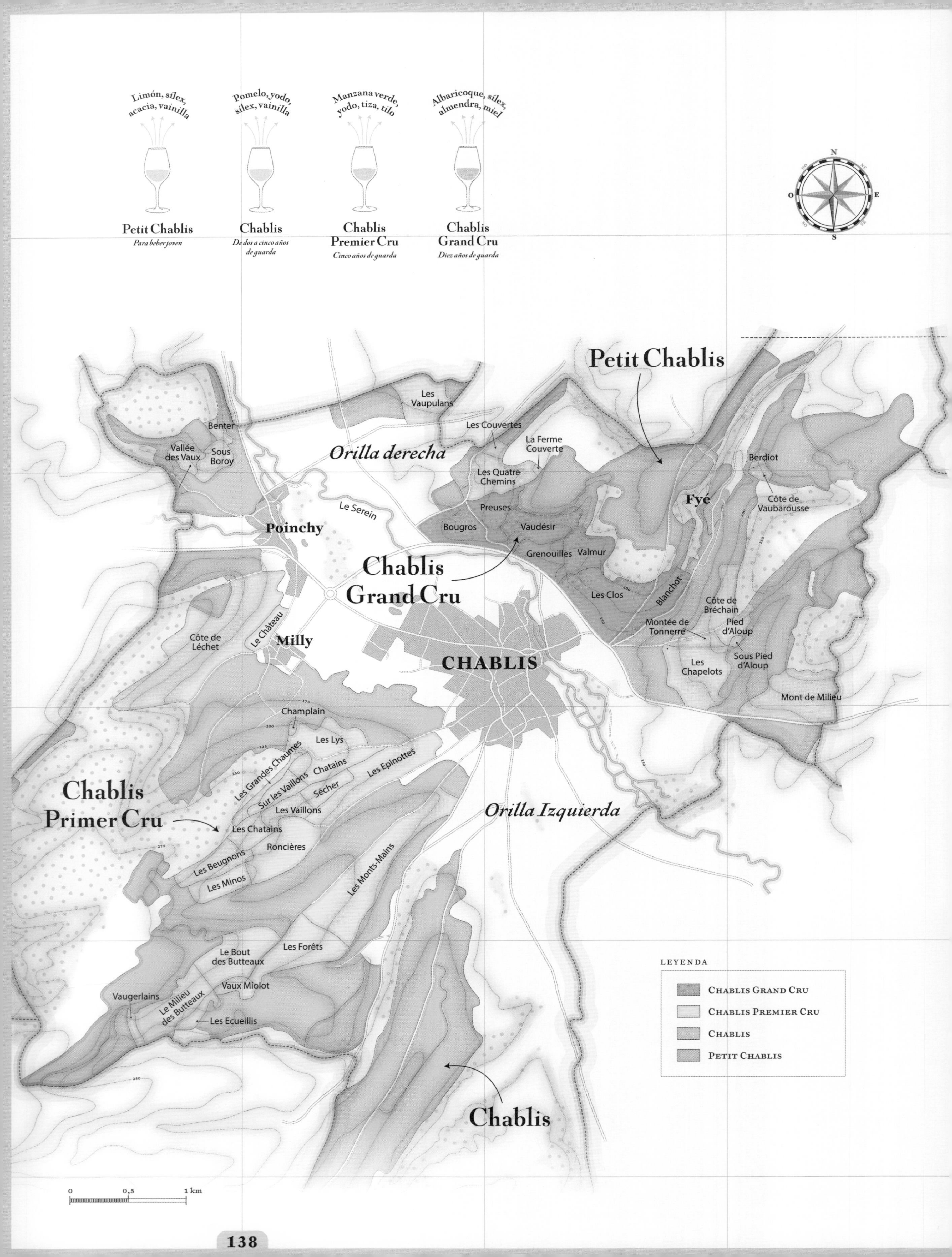

Limón, sílex, acacia, vainilla
Pomelo, yodo, sílex, vainilla
Manzana verde, yodo, tiza, tilo
Albaricoque, sílex, almendra, miel
Petit Chablis
Para beber joven
Chablis
De dos a cinco años de guarda
Chablis Premier Cru
Cinco años de guarda
Chablis Grand Cru
Diez años de guarda
N
E
S
O
Petit Chablis
Les Vaupulans
Benter
Vallée des Vaux
Sous Boroy
Orilla derecha
Les Couvertes
La Ferme Couverte
Les Quatre Chemins
Berdiot
Côte de Vaubarousse
Fyé
Le Serein
Preuses
Bougros
Vaudésir
Poinchy
Grenouilles
Valmur
Chablis Grand Cru
Les Clos
Blanchot
Côte de Bréchain
Montée de Tonnerre
Pied d'Aloup
Sous Pied d'Aloup
Les Chapelots
Côte de Léchet
Le Château
Milly
CHABLIS
Mont de Milieu
Champlain
Les Lys
Les Grandes Chaumes
Chatains
Les Epinottes
Sur les Vaillons
Sécher
Les Vaillons
Chablis Primer Cru
Les Chatains
Orilla Izquierda
Roncières
Les Beugnons
Les Minos
Les Monts-Mains
Le Bout des Butteaux
Les Forêts
Vaux Miolot
Vaugerlains
Le Milieu des Butteaux
Les Ecueillis
LEYENDA
Chablis Grand Cru
Chablis Premier Cru
Chablis
Petit Chablis
Chablis
0
0,5
1 km

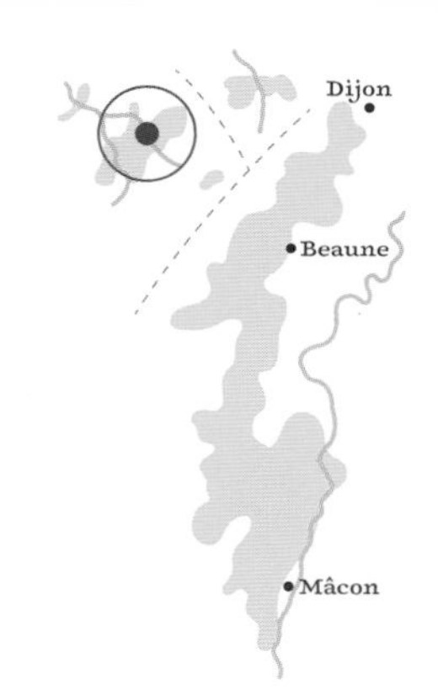

Chablis

Como señaló con acierto la escritora británica Rosemary George, «todos los chablis son chardonnay, pero no todos los chardonnay son chablis».

Variedades

chardonnay

Hectáreas

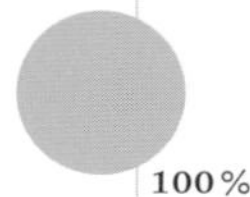

Tipo de vino

100 %

Suelo

margacalizo con abundancia de fósiles de ostra

Climats clasificados Premier Cru

40

Climats clasificados Grand Cru

7

Una variedad: chardonnay; cuatro denominaciones: Petit Chablis, Chablis, Chablis Premier Cru y Chablis Grand Cru; y un nombre que entusiasma a los aficionados de todo el mundo. Los vinos de Chablis poseen atributos excepcionales y se distinguen por una gama de una gran riqueza asentada en su pureza, frescura, delicadeza y mineralidad.

Este equilibrio se perfila en las onduladas laderas del norte de Borgoña, entre Beaune y París, no lejos de la región de Champaña. La proximidad de la capital ayudó a Chablis a forjar su reputación. Los vinos se cargaban en el puerto de Auxerre y se transportaban por el Yonne hasta las puertas de la región de Isla de Francia.

Los pueblecitos con encanto de la denominación están situados a ambos lados de un riachuelo, el Serein. El de Chablis es el viñedo más fresco de Borgoña; esto, unido a la complejidad de los suelos, confiere un carácter único a la chardonnay, pero hace que el riesgo de heladas primaverales sea mayor. El mapa de la denominación recuerda a un abeto: el río a modo de tronco, los valles que se recortan en las laderas forman las ramas y los viñedos son las hojas.

Un ejemplo de la extrema variedad del paisaje: tan solo la denominación Chablis Premier Cru incluye cuarenta climats*. Las parcelas clasificadas como Grand Cru se concentran en la misma colina orientada al sur; son una verdadera atracción, pero solo abarcan 100 hectáreas. El Chablis y el Petit Chablis no tienen nada de ordinario: no es raro que un Chablis elaborado a partir de viñas antiguas sea mejor que un Premier Cru bebido demasiado joven. Al estar alejada del centro de Borgoña, la región ha conseguido mantener cierta discreción mediática; algo que no disgusta al amante del vino, ya que los vinos de chardonnay de Chablis sufren menos la especulación que los de la Côte de Beaune.

Los vinos de Chablis poseen atributos excepcionales

***Climats:** catalogados como patrimonio de la Unesco desde julio de 2015, son parcelas de viñedos que, por sus características físicas, geológicas y climáticas, presentan un interés particular para el cultivo de la vid.

Una particularidad de Chablis: los cuarenta climats clasificados como Premier Cru incluyen diecisiete climats principales, también llamados porte-drapeau (abanderado). Los vinos producidos en los climats vecinos pueden llevar el nombre del climat del que proceden o bien adoptar el nombre del climat porte-drapeau al que están adscritos.

1 %
Chablis Grand Cru
14 %
Chablis Premier Cru
19 %
Petit Chablis
66 %
Chablis

REPARTO DE LOS VINOS DE CHABLIS POR AOC

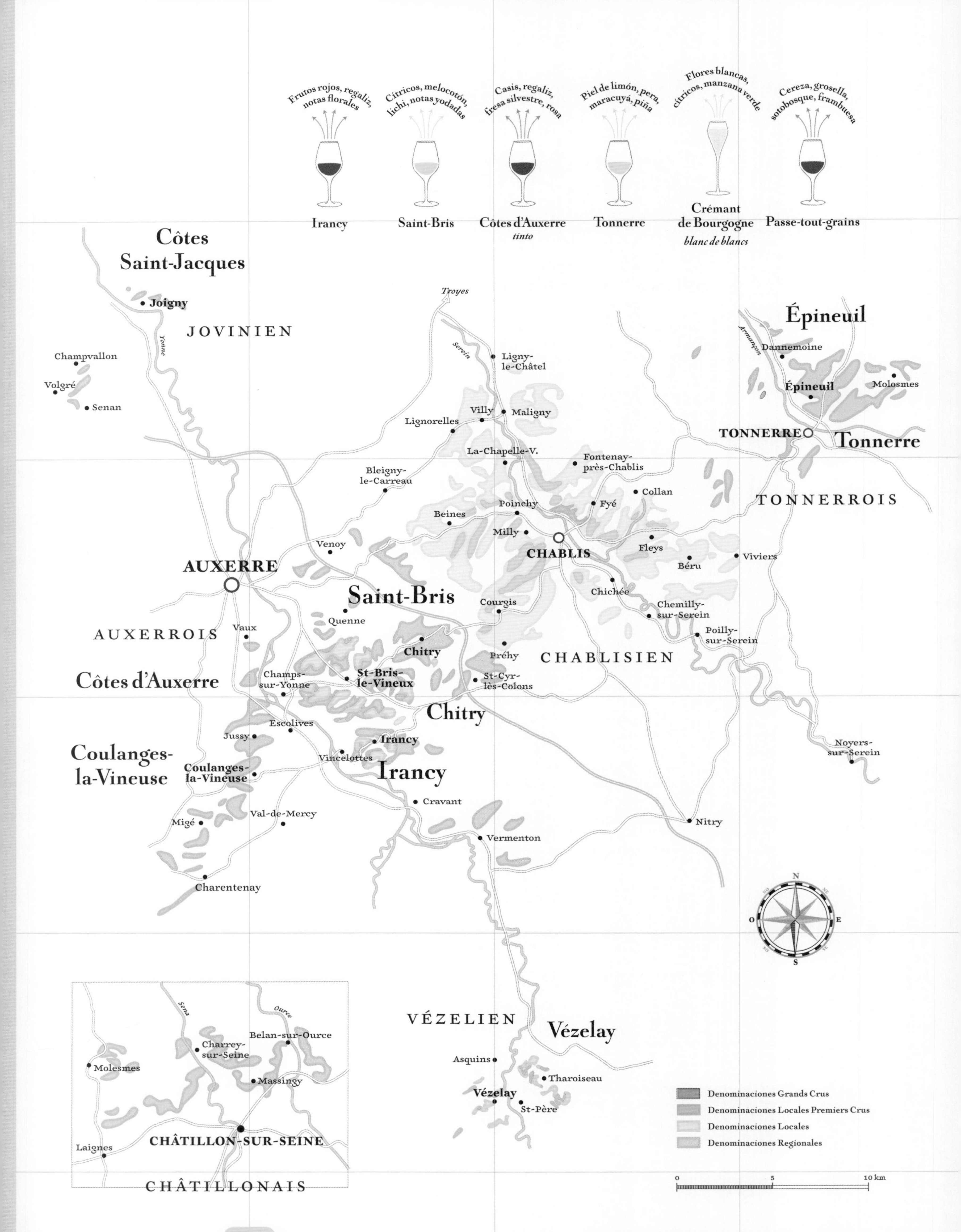
Frutos rojos, regaliz, notas florales
Irancy
Cítricos, melocotón, lichi, notas yodadas
Saint-Bris
Casis, regaliz, fresa silvestre, rosa
Côtes d'Auxerre
tinto
Piel de limón, pera, maracuyá, piña
Tonnerre
Flores blancas, cítricos, manzana verde
Crémant de Bourgogne
blanc de blancs
Cereza, grosella, sotobosque, frambuesa
Passe-tout-grains
Côtes Saint-Jacques
Joigny
JOVINIEN
Yonne
Champvallon
Volgré
Senan
Troyes
Serein
Ligny-le-Châtel
Villy
Maligny
Lignorelles
La-Chapelle-V.
Fontenay-près-Chablis
Bleigny-le-Carreau
Collan
Poinchy
Fyé
Beines
Milly
CHABLIS
Fleys
Venoy
Béru
Viviers
AUXERRE
Saint-Bris
Chichée
Courgis
Chemilly-sur-Serein
Quenne
Poilly-sur-Serein
AUXERROIS
Vaux
Chitry
Préhy
CHABLISIEN
Côtes d'Auxerre
Champs-sur-Yonne
St-Bris-le-Vineux
St-Cyr-lès-Colons
Chitry
Escolives
Jussy
Irancy
Noyers-sur-Serein
Coulanges-la-Vineuse
Coulanges-la-Vineuse
Vincelottes
Irancy
Cravant
Val-de-Mercy
Migé
Nitry
Vermenton
Charentenay
Épineuil
Armançon
Dannemoine
Épineuil
Molosmes
TONNERRE
Tonnerre
TONNERROIS
N
O
E
S
Sena
Ource
Charrey-sur-Seine
Belan-sur-Ource
Molesmes
Massingy
CHÂTILLON-SUR-SEINE
Laignes
CHÂTILLONAIS
VÉZELIEN
Vézelay
Asquins
Tharoiseau
Vézelay
St-Père
Denominaciones Grands Crus
Denominaciones Locales Premiers Crus
Denominaciones Locales
Denominaciones Regionales
0
5
10 km

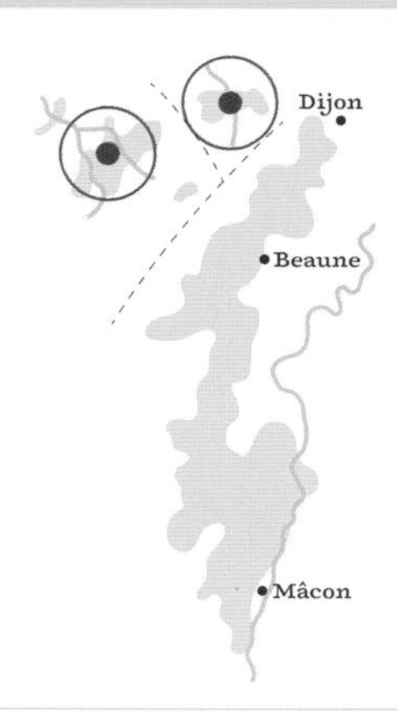

Grand Auxerrois y Châtillonnais

Alrededor de la zona de Chablis, este viñedo presenta un rosario de denominaciones en el departamento de Yonne. En la actualidad, apenas es conocido, pero llegó a abarcar 40 000 hectáreas antes de la crisis de la filoxera.

Variedades

● pinot noir, gamay

● chardonnay, aligoté, sauvignon blanc

Hectáreas

1963

Tipos de vino

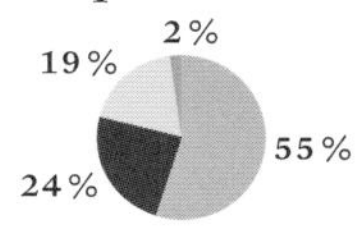

Suelo

arcillocalcáreo

Irancy

Aquí se cultiva principalmente la pinot noir, a veces en combinación con la césar, que es bastante austera en su juventud, lo que confiere a los vinos una gran longevidad. De origen romano, como su nombre indica, la variedad no se encuentra en esta denominación. Son vinos robustos que saben conservar su encanto. Junto con el Saint-Bris, es el único vino de denominación municipal del Grand Auxerrois (si excluimos el de Chablis).

180 ha

100%

Saint-Bris

La otra denominación municipal del Grand Auxerrois es una excepción: es la única en Borgoña que ofrece un vino blanco elaborado con sauvignon (blanco y gris). Un vino original frente al aplastante dominio de la chardonnay en la región. ¡Un blanco seco ligero y fresco por descubrir!

160 ha

100%

Côtes d'Auxerre

El viñedo se encuentra al sur de Auxerre, principalmente en la orilla derecha del Yonne. El fácil acceso al río lo convirtió en un importante proveedor de vino de la capital antes de la llegada del ferrocarril, pues los viñedos ocupaban más de 1800 hectáreas. Los tintos, a base de pinot noir, son frescos y destacan por su fruta roja, mientras que los blancos, hechos a base de chardonnay, dan vinos francos con notas yodadas.

240 ha

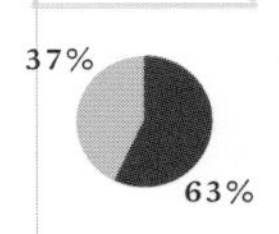

Tonnerre

Las vides crecen en las laderas que bordean el Armançon, afluente del Yonne. Aquí se elaboran exclusivamente vinos blancos de chardonnay que pueden conservarse hasta cinco años en bodega.

57 ha

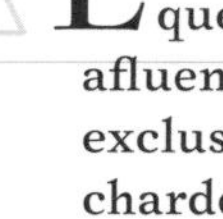

100%

Châtillonais

Este pequeño viñedo está alejado del resto de Borgoña y se encuentra a las puertas de Champaña. No sorprende que esta región sea una tierra idónea para el crémant; se encuentran todas las variedades históricas de la región: chardonnay, pinot noir, aligoté y gamay.

250 ha

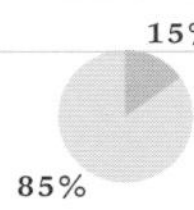

Passe-tout-grains

Está autorizado en toda Borgoña, pero su producción se centra en la región de Auxerrois. Este curioso nombre procede de un coupage único en Borgoña: gamay y pinot noir. Este vino, más exclusivo hoy en día, desempeñaba un destacado papel en el consumo diario local. Poco tánico, es redondo, afrutado y muy goloso.

600 ha

100%

SUDOESTE

encrucijada de culturas

Sudoeste

El Sudoeste debe su fuerza a la multitud de culturas y terroirs que abarca. Un viaje entre entre Burdeos y el Languedoc, el Atlántico y el Mediterráneo, los Pirineos y el Macizo Central.

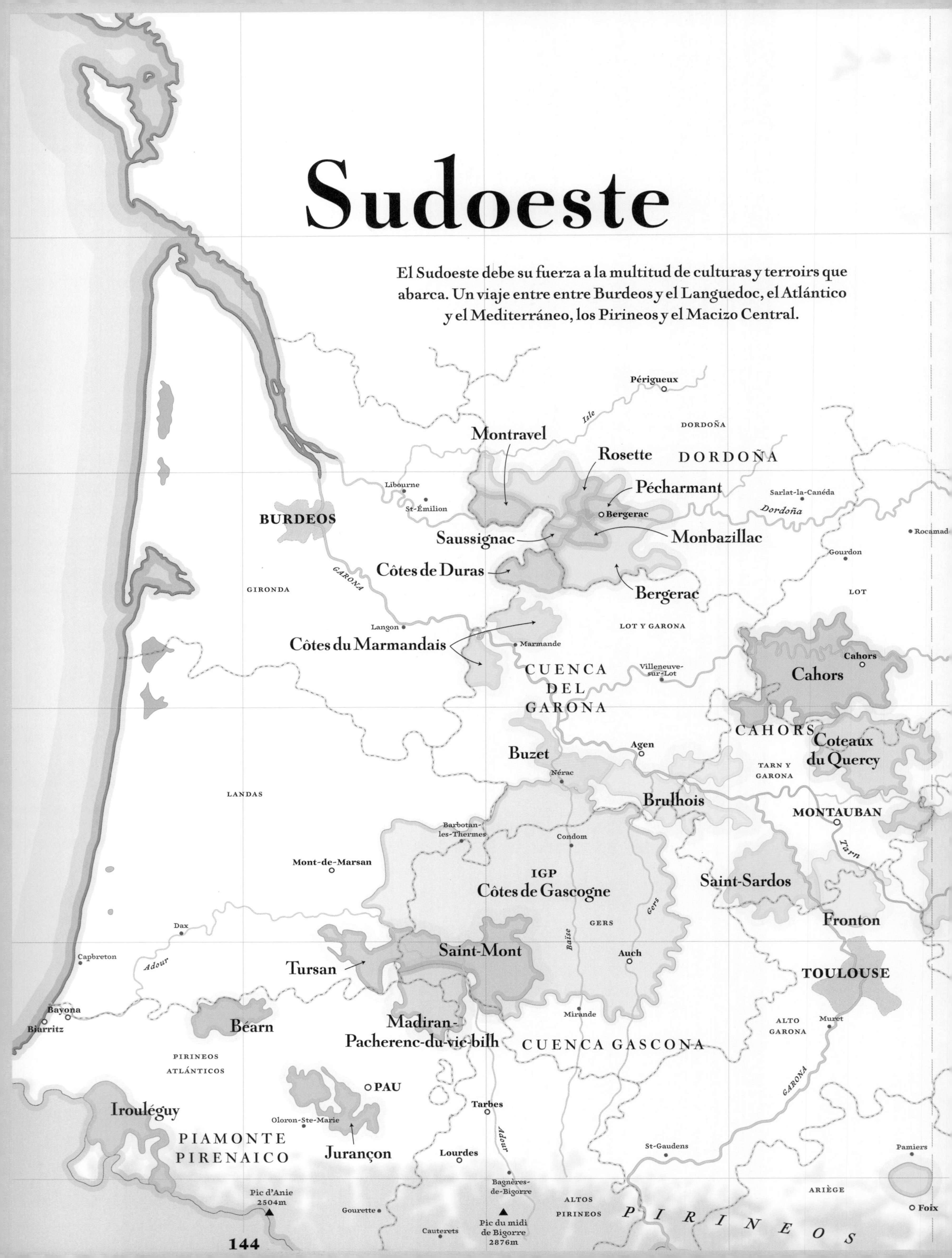

Variedades

cabernet franc, cabernet sauvignon, malbec, tannat, fer

colombard, gros manseng, courbu blanc

Hectáreas

53 000

Tipos de vino

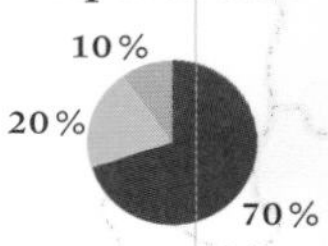

Suelos

arcillocalcáreo, boulbène, arenisca calcárea, guijarros, arena

Climas

continental, oceánico, mediterráneo

La historia de los vinos del sudoeste comienza en el periodo galorromano, cuando los romanos convirtieron Gaillac en uno de los puestos avanzados de su nuevo territorio. El vino se elaboraba en la región antes que en Burdeos y, en la Edad Media, la mayoría de las barricas de vino cargadas en los barcos con destino a Inglaterra desde el puerto de la Gironda procedían del área interior: Bergerac, Cahors, Agen, Gaillac...

Posee un territorio inmenso, que se extiende desde el Piamonte pirenaico hasta el Aveyron y que abarca diez departamentos.

Si la historia ha llevado a las denominaciones del Sudoeste a unirse, resulta harto difícil describir la región en su conjunto. Ofrece multitud de paisajes y culturas: Perigord, Vascongadas, Bearn, Cadurcia, Occitania...

El Sudoeste vive desde hace diez años un renacimiento

El viñedo, con cerca de 53 000 hectáreas, alberga un gran abanico de variedades en suelos de lo más variopintos, a veces influidos por el océano Atlántico, otras por el Mediterráneo, aquí por el Garona o el Adour, allá por los Pirineos o el Macizo Central, todos ellos calcáreos, arcillosos, arenosos o limosos. La región del Sudoeste tiene una gran baza que ofrecer a los amantes del vino con una curiosidad desbordante: ¡su infinita variedad!

Por las mismas razones, sería arriesgado declarar una única variedad como la representante de la región. Si hacia Bergerac y alrededor del Garona, por ejemplo, encontramos a menudo las variedades de uva tradicionales de Burdeos, descubrimos nombres más atractivos a medida que nos adentramos en el interior: tannat o abouriou para los tintos, manseng u ondenc para los blancos, por citar solo algunas. Gracias a esta diversidad y a un entorno natural y cultural de excepción, el Sudoeste es un viñedo ideal para el enoturismo. Por último, debido a su baja densidad, el marco es favorable a acoger una nueva generación de viticultores, ya que fomentan nuevas prácticas, entre la modernidad y el dinamismo. El Sudoeste vive desde hace diez años un renacimiento, siguiendo la estela del Languedoc.

VARIEDADES

MALBEC

Hija de Cahors, es más conocida en el mundo del vino por su fama en Argentina, donde se planta diez veces más que en todo el Sudoeste. Es una variedad temprana que suele mezclarse con otras variedades.

CABERNET SAUVIGNON

Su presencia en los viñedos está ligada a la época en que los vinos del Sudoeste querían parecerse a los de Burdeos, pero esta época ya pasó y los viticultores prefieren concentrarse en variedades menos conocidas y más locales para afirmar su identidad.

TANNAT

Oriunda de la región, es un torbellino que hay que dominar, por caprichosa y muy tánica. Se trata de una variedad que produce vinos con cuerpo y color profundo. Reina de Madiran, en los últimos años se ha vuelto más afrutada y menos austera.

Ciruela, café, mora, fresa, violeta

MERLOT

La variedad más plantada en Francia no podía faltar en el Sudoeste. Se encuentra principalmente en la Dordoña, cerca de Burdeos, donde se mezcla con cabernet franc y cabernet sauvignon.

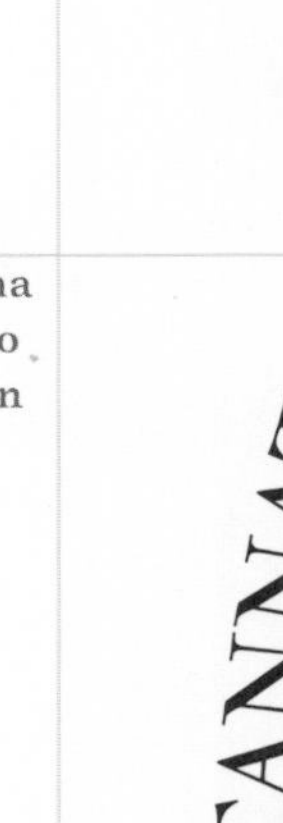

CABERNET FRANC

Esta variedad, auténtica estrella de los vinos del Loira, es de origen pirenaico. Como en Burdeos, interviene en los coupages para aportar fruta y acidez. Se expresa muy bien en determinados terroirs de las Côtes de Duras.

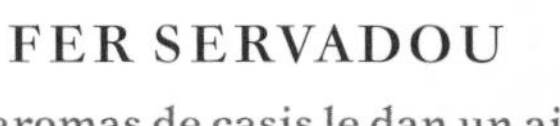

Violeta, regaliz, cacao, fresa

FER SERVADOU

Sus aromas de casis le dan un aire de cabernet sauvignon. Rara vez se vinifica sola; se encuentra, sobre todo en coupages, en los viñedos de Madiran y de Gaillac.

Fresa, sotobosque, casis, cereza

NÉGRETTE

Esta variedad autóctona es la reina de los vinos de Fronton. La négrette existe tanto en tinto como en rosado.

DURAS

Natural de Gaillac, su nombre no tiene ninguna relación con los Côtes de Duras. Es una variedad muy antigua del Tarn que da vinos alcohólicos, pero con taninos sutiles. Suele combinarse con braucol.

ABOURIOU

Esta variedad, originaria de la región de Marmandais, también se utiliza en el País Vasco. Tras varios años en segundo plano, se ha convertido en la protagonista de los vinos de Irouléguy.

DEL SUDOESTE

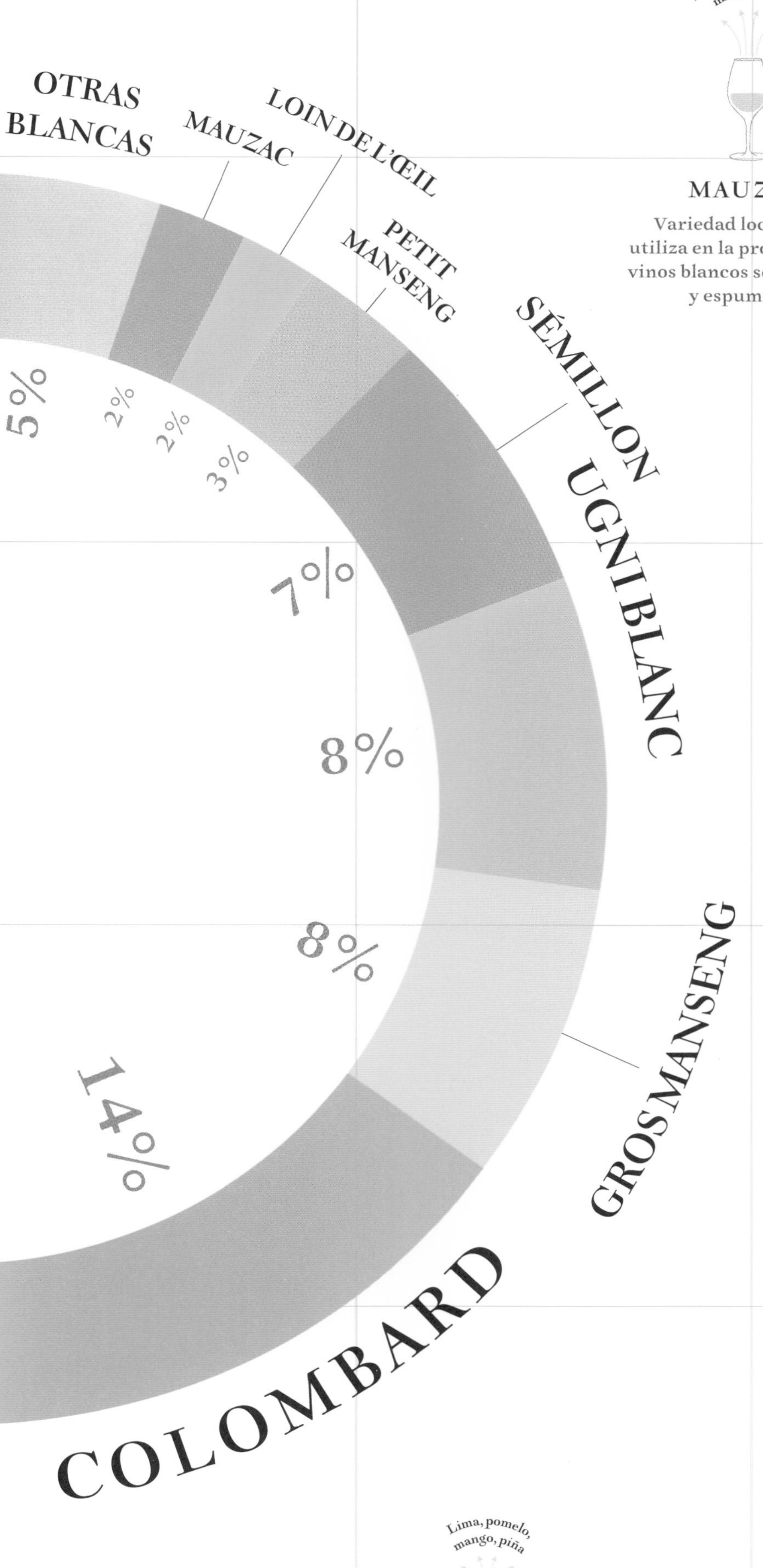

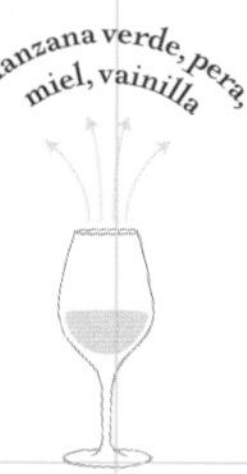

MAUZAC

Variedad local que se utiliza en la producción de vinos blancos secos, dulces y espumosos.

LOIN DE L'ŒIL

(o Len de L'El)

En el Sudoeste, el nombre de las variedades es muy revelador: la tannat es tánica, la duras tiene madera dura y loin de l'œil produce racimos que crecen alejados de la yema (el ojo).

PETIT MANSENG

Su bajo rendimiento obliga a los viticultores a cosecharla en noviembre para disponer de granos ricos en azúcar. Esta variedad destaca en la mezcla de vinos dulces en Jurançon.

Violeta, acacia, naranja, plátano

UGNI BLANC

Dedicada antiguamente a la producción de Armagnac, desde hace diez años se ha reinventado como vino blanco seco bajo la mayor denominación del Sudoeste: Côtes de Gascogne.

SÉMILLON

En Burdeos es la reina de Sauternes, pero en el Sudoeste reina en Monbazillac, donde produce los mejores vinos blancos licorosos de la Dordoña.

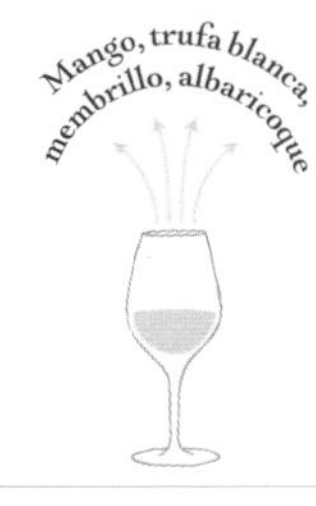

GROS MANSENG

Al igual que la petit manseng, de la que es su hermana mayor, esta variedad se utiliza en el coupage de vinos dulces. Actualmente se cultiva desde la Dordoña hasta los Pirineos.

Lima, pomelo, mango, piña

COLOMBARD

Procedente de un cruce entre chenin y gouais, se trata de una variedad muy aromática que se utiliza en la producción de coñac. Como vino blanco seco, se ha convertido en el emblema de las Côtes de Gascogne.

Dordoña

Montravel

El hijo más famoso de Montravel es, sin duda, Michel de Montaigne. ¿Y el segundo? Su vino blanco , que tiene una tipicidad única, dado que las viñas están plantadas en las colinas que dominan un centenar de metros el valle del Dordoña y que gozan de los mismos suelos que el Entre-Deux-Mers.

170 ha

15% 35% 50%

Saussignac

Una quincena de viticultores se reparten este pequeño viñedo de apenas 50 hectáreas para producir vinos blancos dulces. Los vinos licorosos tienen una mayor concentración de azúcar que los vinos dulces. La AOC Saussignac es muy joven, ya que data de 2013.

50 ha

100%

Côtes de Duras

Esta es la historia del hermano pequeño que quiere hablar; no es fácil con un hermano mayor tan ruidoso como Burdeos. Las mismas variedades de uva, los mismos coupages (merlot + cabernet sauvignon para los tintos; sauvignon + sémillon para los blancos), pero Duras apuesta por formar su propia familia. La buena noticia es que la cabernet franc se está mostrando prometedora en ciertos terroirs. Una buena forma de salir de las sombras y afirmar una identidad local.

2000 ha

4% 11% 32% 53%

Bergerac

Las dificultades estimulan la creatividad. Bergerac ha permanecido durante mucho tiempo sofocada por Burdeos, que controlaba la Dordoña y, por tanto, las ventas de vino. Al liberarse de estas ataduras, la nueva generación perfila su visión de Bergerac. La línea es fina y los vinos, coloridos. La AOC Côte-de-Bergerac tinto goza de una excelente relación calidad-precio.

7000 ha

10% 15% 20% 55%

Rosette

No deje que el nombre le engañe: este blanco dulce es más apropiado para acompañar mariscos que para una tabla de embutidos. Junto con Pécharmant, es la única AOC de la región que no debe su nombre a un municipio. Son vinos dulces menos exuberantes que los de Monbazillac.

125 ha

100%

Pécharmant

El Saint-Émilion del Bergeracois es la joya de la región. El viñedo se extiende por las laderas hasta las puertas de Bergerac; su nombre significa «colina con encanto» en occitano. Las vides disfrutan de un suelo único: la arena y la grava del Périgord. Se trata de vinos tintos intensos que, madurados en barrica, ofrecen un buen potencial de envejecimiento.

400 ha

100%

Monbazillac

Por su tamaño, es el mayor viñedo de vinos licorosos del mundo. Como en Sauternes, los viticultores mantienen las uvas intactas hasta octubre para que les afecte la gracia de los vinos licorosos: la podredumbre noble. Vinos ricos con una nariz de miel en su juventud que evolucionan hacia notas de almendra y avellana al cabo de diez años.

2300 ha

100%

Villefranche-de-Lonchat
St-Martin-de-Gurson
Montpeyroux
St-Vivien
St-Émilion
Montravel
Castillon-la-Bataille
Vélines
Gensac
GIRONDA
Monségur

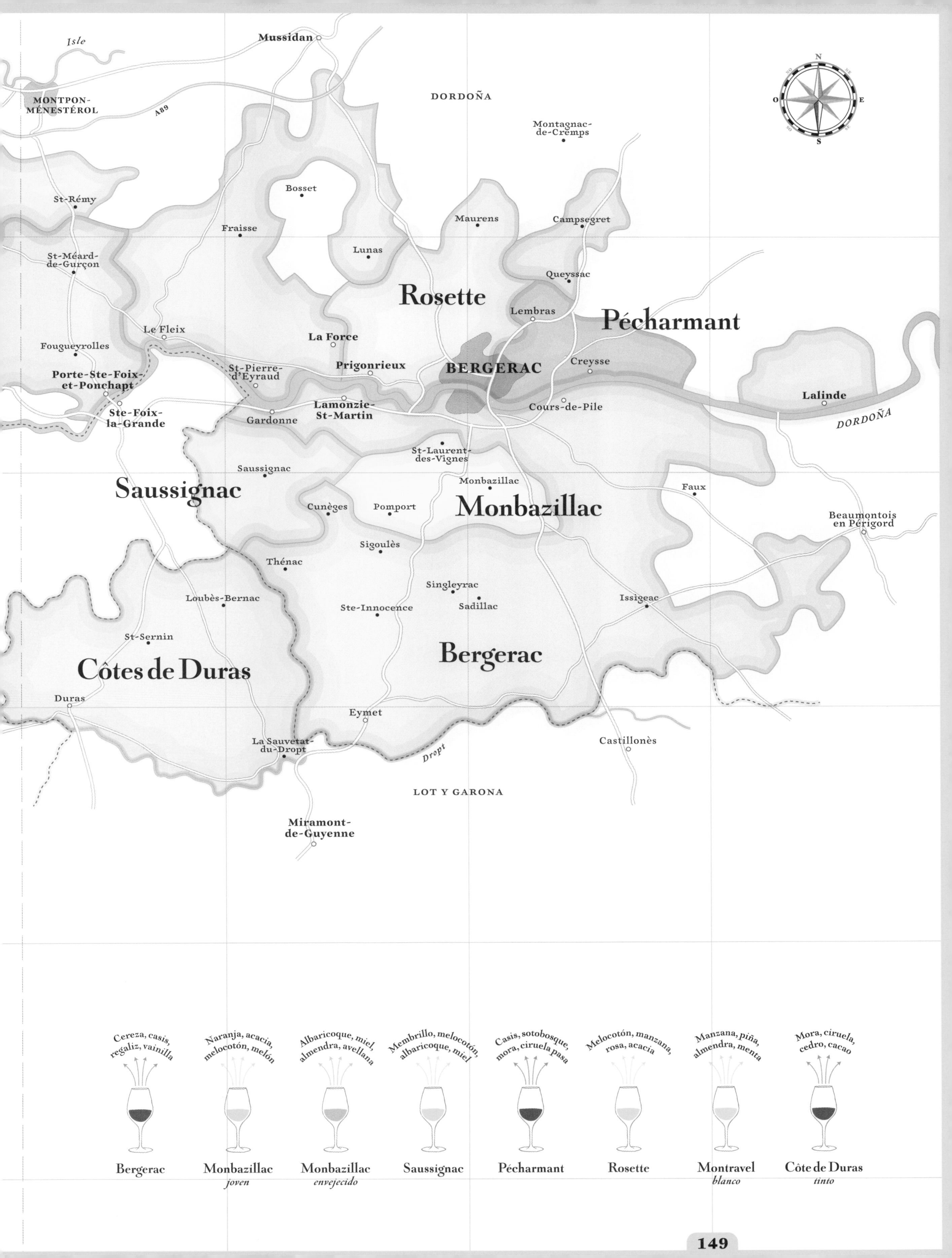

Isle
Mussidan
MONTPON-MÉNESTÉROL
A89
DORDOÑA
Montagnac-de-Cremps
N
S
E
O
Bosset
St-Rémy
Fraisse
Maurens
Campsegret
Lunas
St-Méard-de-Gurçon
Queyssac
Rosette
Lembras
Pécharmant
Le Fleix
La Force
Fougueyrolles
Prigonrieux
BERGERAC
Creysse
St-Pierre-d'Eyraud
Porte-Ste-Foix-et-Ponchapt
Lalinde
Lamonzie-St-Martin
Cours-de-Pile
Ste-Foix-la-Grande
Gardonne
DORDOÑA
St-Laurent-des-Vignes
Saussignac
Monbazillac
Faux
Saussignac
Cunèges
Pomport
Monbazillac
Beaumontois en Périgord
Sigoulès
Thénac
Singleyrac
Loubès-Bernac
Issigeac
Sadillac
Ste-Innocence
St-Sernin
Bergerac
Côtes de Duras
Duras
Eymet
La Sauvetat-du-Dropt
Castillonès
Dropt
LOT Y GARONA
Miramont-de-Guyenne
Cereza, casis, regaliz, vainilla
Naranja, acacia, melocotón, melón
Albaricoque, miel, almendra, avellana
Membrillo, melocotón, albaricoque, miel
Casis, sotobosque, mora, ciruela pasa
Melocotón, manzana, rosa, acacia
Manzana, piña, almendra, menta
Mora, ciruela, cedro, cacao
Bergerac
Monbazillac joven
Monbazillac envejecido
Saussignac
Pécharmant
Rosette
Montravel blanco
Côte de Duras tinto

Cuenca del Garona

Côtes du Marmandais

Los viñedos se extienden a ambas orillas del Garona, a las puertas de la Gironda. Aquí se utilizan variedades comunes en la región de Burdeos: cabernet franc, cabernet sauvignon y merlot. La particularidad local: se impone la inclusión de una variedad complementaria, la abouriou, una variedad autóctona que suele desempeñar este papel y que aporta notas de casis, grosella, menta y vainilla.

1400 ha

6% 4% 90%

Buzet

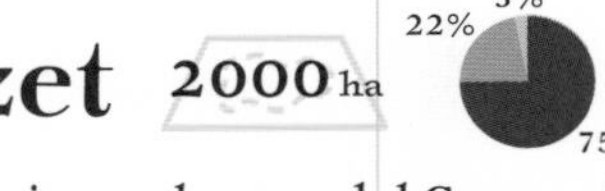

Si seguimos el curso del Garona llegamos al viñedo de Buzet, que hasta 1911 dependía del de Burdeos; actualmente se caracteriza por el uso de variedades más locales, como la abouriou y la petit y gros manseng, autorizadas desde 2011.

Brulhois

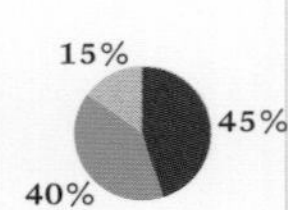

En este pequeño viñedo al sur de Agen se producen tintos y rosados. Debido al uso extensivo de la variedad tannat, el vino producido recibe el apodo de *vin noir* (vino negro) por su denso color.

Saint-Sardos

95 ha

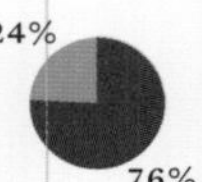

Este pequeño viñedo obtuvo la AOC en 2011. Sin embargo, su historia se remonta al siglo XII, cuando lo plantaron los seminaristas de la abadía cisterciense de Bouillac. Es la única AOC de Francia en la que se puede degustar un coupage de tannat y syrah.

Fronton

La denominación está frente a Saint-Sardos, en la otra orilla del Garona. Cierra el pelotón de los viñedos a orillas de este gran río, pero también es la puerta de entrada a Toulouse y el Pays d'Oc. Su particularidad es que aquí se utiliza al menos un 50 % de négrette en la composición del vino, una variedad que se menosprecia en otros lugares. Los vinos tienen notas de mora, frambuesa, violeta, pimienta y regaliz.

1700 ha

33% 67%

Desde 2013, los viticultores pueden solicitar la etiqueta «cosecha tardía» para sus vinos blancos licorosos. Esta excepción estaba antes reservada a los vinos de Alsacia y Jurançon.

Gaillac

A pesar del desdén histórico, este viñedo milenario se alza para ofrecer un elegante abanico de variedades olvidadas.

Variedades

● braucol (o fer servadou), duras, prunelard, syrah, gamay

● loin de l'œil, mauzac, ondenc, muscadelle

Hectáreas

3150

Tipos de vino

16 %
24 %
60 %

Suelos

arcillocalcáreo (orilla derecha)
arena, guijarros y grava (orilla izquierda)
calcáreo y grava (meseta de Cordais)

El viñedo se extiende por las dos orillas del Tarn. Entre Aquitania y Languedoc, la región se beneficia de la humedad del océano Atlántico y de una generosa insolación. Braucol, loin de l'œil, prunelard…,

Algunos irreductibles han luchado por la conservación de las variedades autóctonas

no son las variedades más conocidas de Francia, pero encarnan el alma de los vinos de Gaillac. Una ola de heladas y la crisis de la filoxera las había borrado del mapa. Para seducir a los consumidores, algunos viticultores han preferido plantar variedades más familiares como merlot o syrah. Pero al vino no le gusta que lo aparten de sus raíces. Algunos irreductibles han luchado por la conservación de las variedades autóctonas y la nueva generación está decidida a enarbolar esa bandera.

La ventaja de las variedades olvidadas es que se parte de cero, como en un país nuevo. Al igual que en el Sudoeste, los vinos de Gaillac son francos y generosos. Están hechos para abrirlos en torno a una buena mesa. Y si en el centro hay un guiso albigense, miel sobre hojuelas.

Cuenca gascona

Saint-Mont

En la parte sudoeste del Gers, los viñedos se extienden a lo largo de ambas orillas del Adour, que aporta frescor y veranos menos calurosos que en Madiran. La joven AOC, reconocida en 2011, produce tintos carnosos y con cuerpo con las mismas variedades que Madiran.

1200 ha — 20% · 50% · 30%

Madiran

En los años noventa, Madiran producía vinos muy amaderados y con cuerpo, pero la nueva generación ofrece añadas más frescas y redondas. La uva tannat es autóctona de la región, con taninos bien marcados; cuando se trabaja bien, los resultados son magníficos y da grandes vinos de guarda. Domina la producción, pero los viticultores la mezclan con cabernet sauvignon, fer servadou o cabernet franc para redondear los vinos.

1400 ha

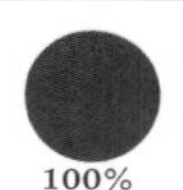

100%

Tursan

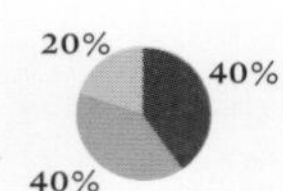

20% · 40% · 40%

No todo son pinares en las Landas. Si nos alejamos de las playas, este discreto viñedo trepa por las escasas laderas del departamento, entre Dax y Mont-de-Marsan. Es una de las pocas regiones del Sudoeste que produce rosados.

Pacherenc-du-vic-bilh

Esta AOC se integra en la denominación de Madiran. Si las uvas son tintas es Madiran; si son blancas es Pacherenc-du-vic-bilh. Los viticultores producen blancos secos en las laderas más frías, orientadas al oeste, y vinos dulces en las parcelas más cálidas, orientadas al sur.

300 ha — 100%

Côtes de Gascogne

Entre los pesos pesados del Sudoeste, es el único que produce mayoritariamente vinos blancos. Esta particularidad procede del hecho de que las uvas se utilizaban antiguamente para la destilación del armañac. Pero como las ventas de aguardientes de vino siguen cayendo, han tenido que adaptarse. Con cien millones de botellas vendidas al año, es la segunda IGP más grande de Francia.

12 000 ha — 7% · 8% · 10% · 75%

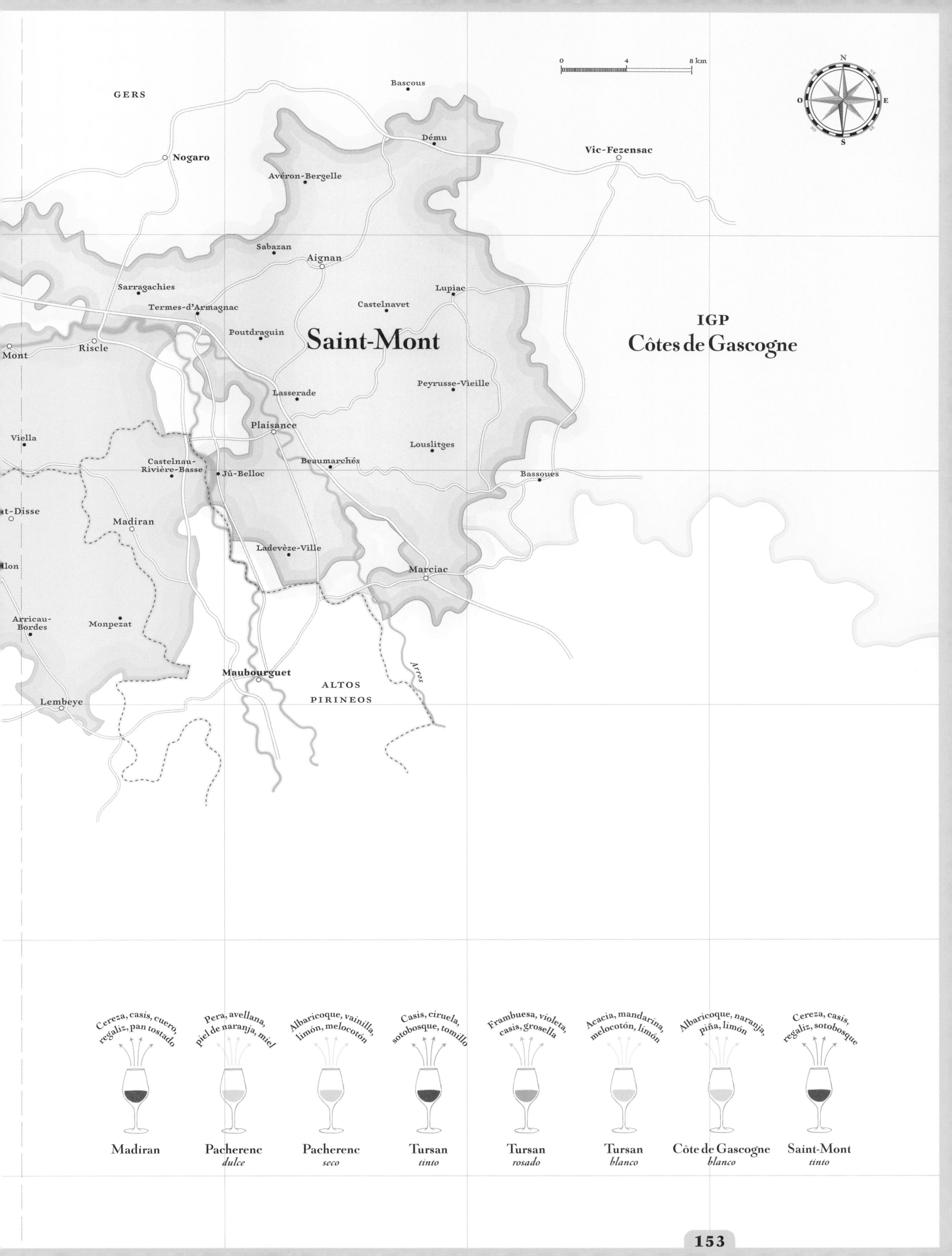

0
4
8 km
N
O
E
S
GERS
Bascous
Dému
Nogaro
Vic-Fezensac
Avéron-Bergelle
Sabazan
Aignan
Sarragachies
Lupiac
Termes-d'Armagnac
Castelnavet
Poutdraguin
Saint-Mont
IGP
Côtes de Gascogne
Mont
Riscle
Peyrusse-Vieille
Lasserade
Plaisance
Viella
Louslitges
Castelnau-
Rivière-Basse
Jû-Belloc
Beaumarchés
Bassoues
t-Disse
Madiran
Ladevèze-Ville
llon
Marciac
Arricau-
Bordes
Monpezat
Arros
Maubourguet
ALTOS
PIRINEOS
Lembeye
Cereza, casis, cuero, regaliz, pan tostado
Pera, avellana, piel de naranja, miel
Albaricoque, vainilla, limón, melocotón
Casis, ciruela, sotobosque, tomillo
Frambuesa, violeta, casis, grosella
Acacia, mandarina, melocotón, limón
Albaricoque, naranja, piña, limón
Cereza, casis, regaliz, sotobosque
Madiran
Pacherenc
dulce
Pacherenc
seco
Tursan
tinto
Tursan
rosado
Tursan
blanco
Côte de Gascogne
blanco
Saint-Mont
tinto

Béarn

La denominación abarca una amplia zona al oeste de Pau, incluido Jurançon, pero también, más al norte, Madiran y Pacherenc-du-vic-bilh. Su zona histórica es la más occidental, cerca de Orthez, donde se elaboraba clarete en el siglo xv. El terroir se compone fundamentalmente de suelos arcilloarenosos y de un sustrato arcillomargoso. Los tintos tienen mucho cuerpo y requieren poco envejecimiento. Maridan a las mil maravillas con las especialidades locales: axoa de ternera o morcilla de cerdo negro de Bigorre. La denominación municipal AOC Béarn-Bellocq abarca 90 hectáreas al oeste de Pau, en los municipios de Bellocq, Orthez, Lahontan y Salies de Béarn.

Irouléguy

En pleno corazón del País Vasco, el viñedo de Irouléguy se encuentra entre los 200 y 400 metros de altitud alrededor de los municipios de St-Étienne-de-Baïgorry y St-Jean-Pied-de-Port.

Surgió en la Edad Media bajo la influencia de la abadía de Roncesvalles, situada a 1000 metros de altitud. Los monjes producían un vino para los habitantes y los peregrinos que se dirigían a Santiago de Compostela.

Con sus 240 hectáreas, es uno de los viñedos montañosos más pequeños de Francia. Dos tercios de las viñas están plantadas en terrazas, en una pendiente que puede alcanzar el 80 % en algunos lugares, lo que exige un trabajo complejo, muy a menudo manual.

Desaparecido tras la crisis de la filoxera, un puñado de entusiastas replantó el viñedo. El nacimiento de una cooperativa en los años ochenta dio un nuevo impulso a la viticultura local. Promovida por algunos viticultores de renombre, la denominación se beneficia de un considerable efecto de moda.

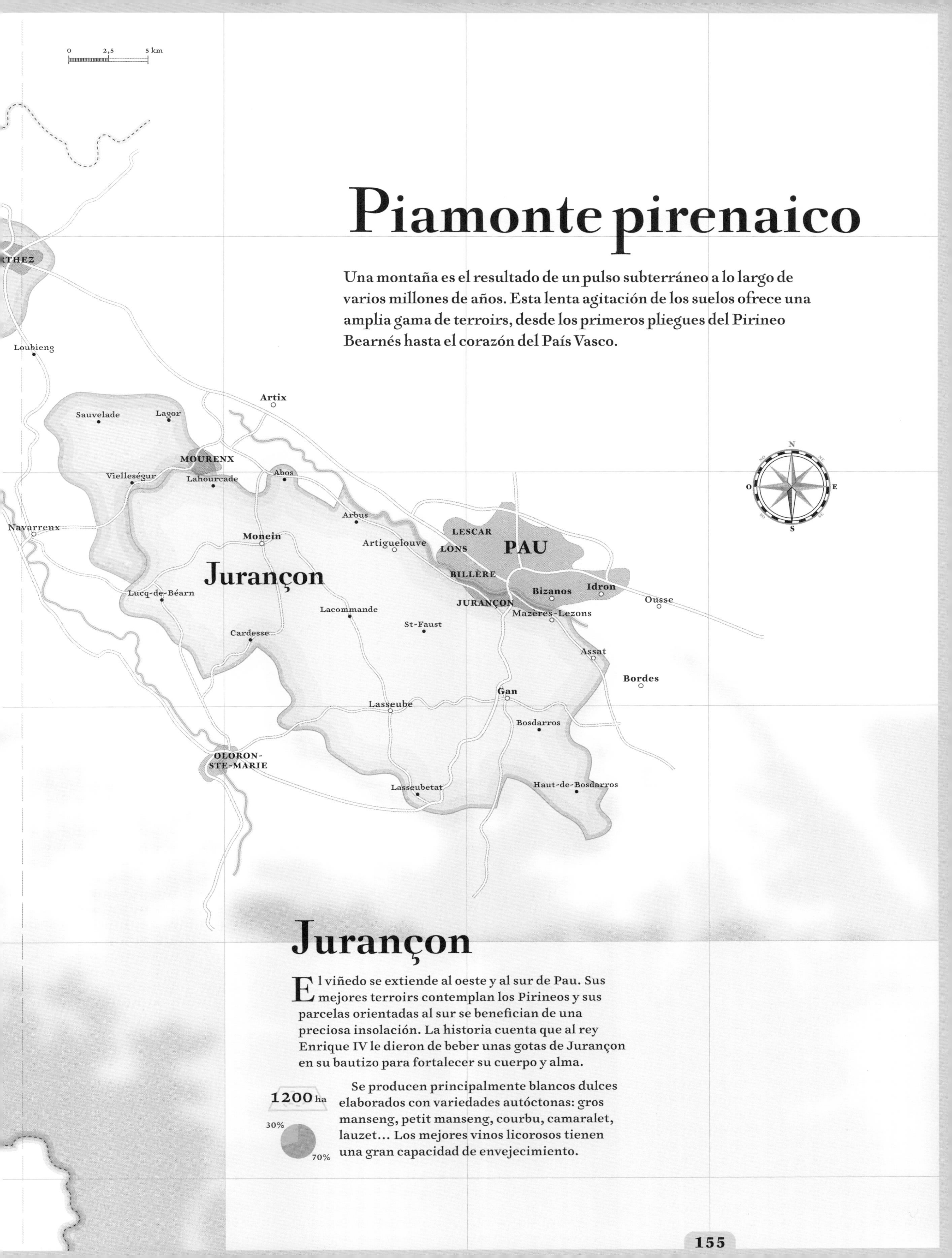

Piamonte pirenaico

Una montaña es el resultado de un pulso subterráneo a lo largo de varios millones de años. Esta lenta agitación de los suelos ofrece una amplia gama de terroirs, desde los primeros pliegues del Pirineo Bearnés hasta el corazón del País Vasco.

Jurançon

El viñedo se extiende al oeste y al sur de Pau. Sus mejores terroirs contemplan los Pirineos y sus parcelas orientadas al sur se benefician de una preciosa insolación. La historia cuenta que al rey Enrique IV le dieron de beber unas gotas de Jurançon en su bautizo para fortalecer su cuerpo y alma.

Se producen principalmente blancos dulces elaborados con variedades autóctonas: gros manseng, petit manseng, courbu, camaralet, lauzet... Los mejores vinos licorosos tienen una gran capacidad de envejecimiento.

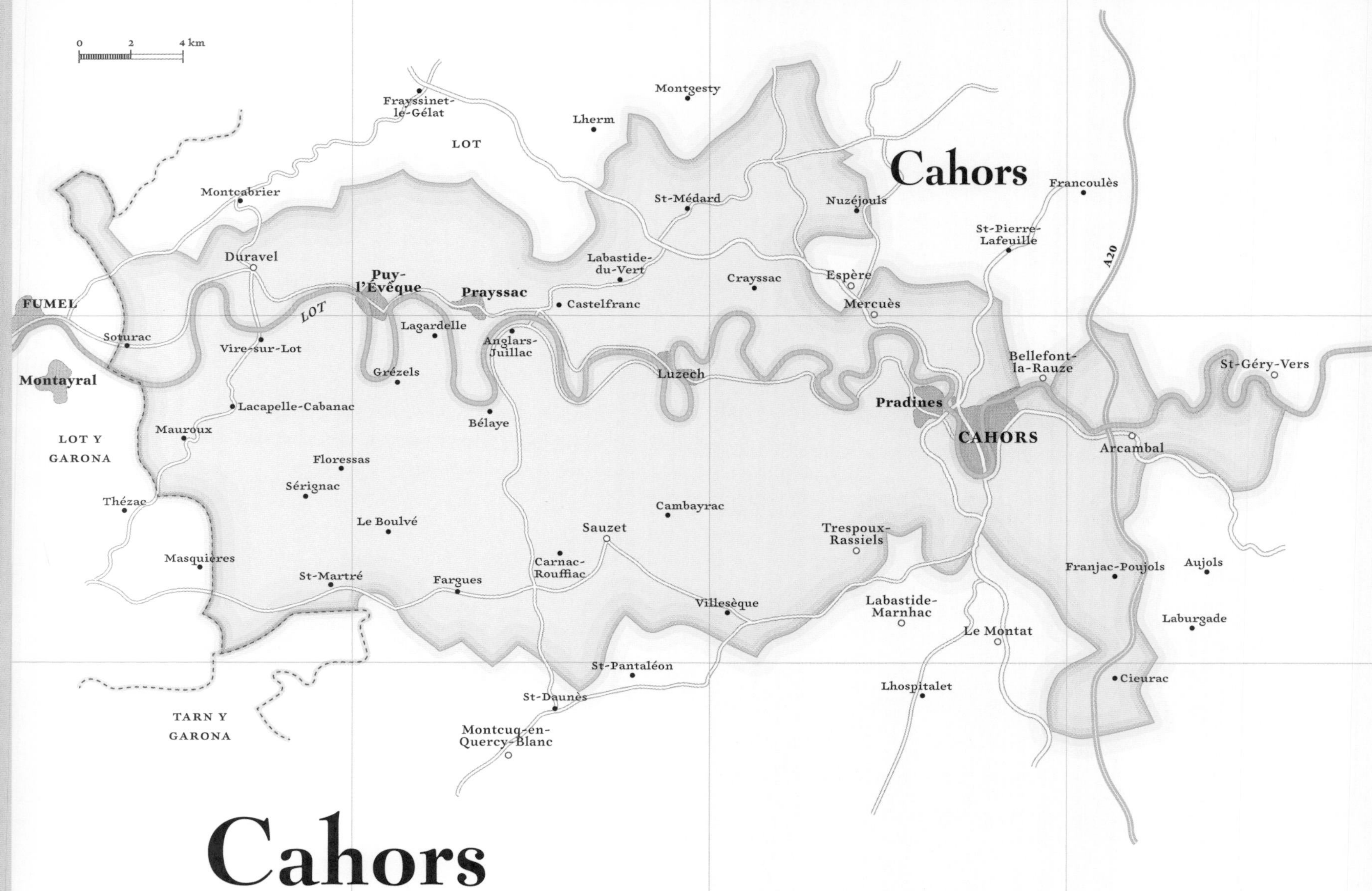

Cahors

Cahors, cuna de la malbec, es el lugar ideal de Francia para descubrir esta variedad tánica y colorida.

Variedades

malbec, merlot, tannat

Hectáreas

4200

Tipo de vino

100 %

Suelos

arenolimoso (orillas del Lot), arcilloso y pedregoso (valle), arcillocalcáreo (meseta)

Los vinos de Cahors se elaboran principalmente con malbec (también llamada cot). Mientras que en los viñedos cercanos solo se utiliza de forma ocasional, aquí se le da protagonismo de buen grado, con un mínimo del 70 % en la mezcla, aunque tampoco es raro encontrarla como monovarietal.

La zona de denominación abarca cuarenta y cinco municipios del Lot y se extiende en su mayor parte río abajo de Cahors. Cabe distinguir entre los viñedos en terrazas, que crecen a lo largo de los meandros del Lot, y los viñedos en meseta, que crecen en los Causses du Quercy, al sur de la denominación. En las mesetas, las viñas parecen solitarias debido a las duras condiciones, pero disfrutan de una mejor aireación que en el valle durante el calor estival, de modo que la vendimia de sus uvas, con mostos más finos pero más raros, se produce solo una semana después de la del valle.

Se le da protagonismo a la malbec

Una nueva generación está dando a Cahors un renovado dinamismo y el número de adeptos a estos vinos aterciopelados, con aromas de frutos secos, trufa y moka, aumenta cada año.

Coteaux du Quercy

A medio camino entre los viñedos de Cahors y Gaillac, esta reciente AOC (2011) ofrece vinos tintos y rosados con cabernet franc como variedad dominante. Es aconsejable esperar de dos a cuatro años para los tintos, de modo que los taninos, muy presentes en su juventud, se redondeen.

250 ha

17%

83%

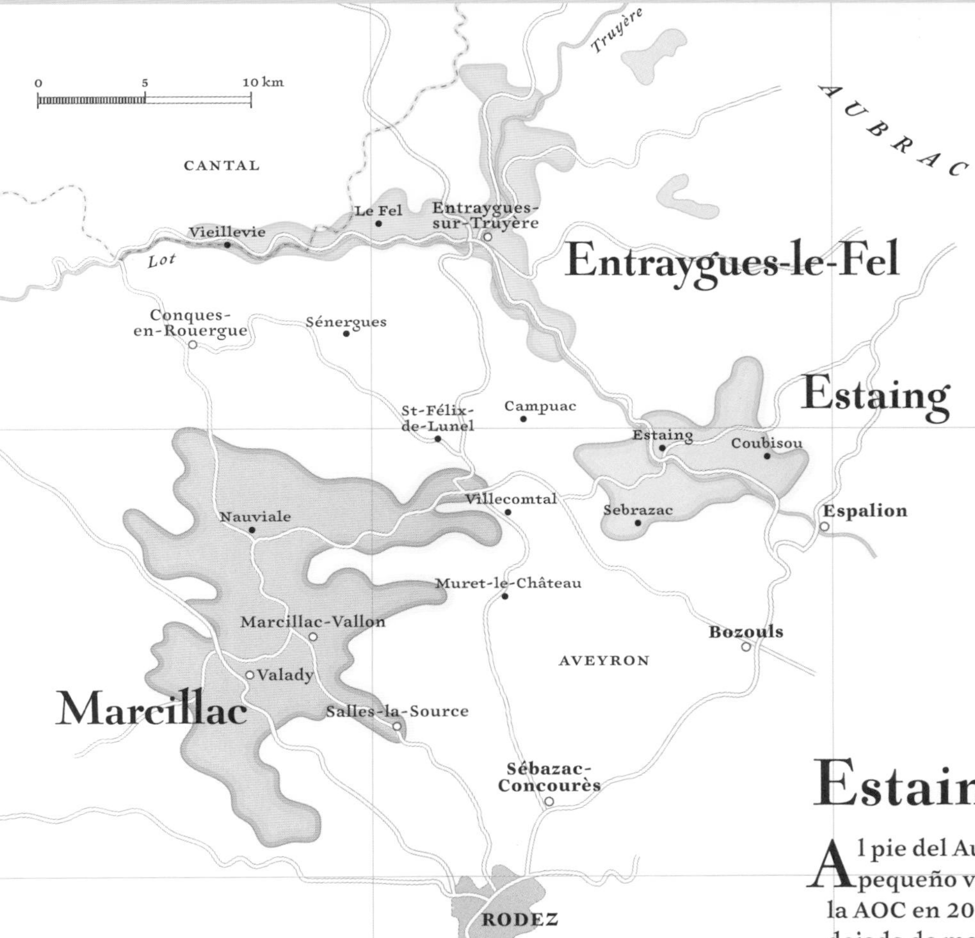

Aveyron

Este viñedo aislado del Sudoeste se distingue por el uso de variedades de uva como la fer servadou y la gamay. Auvernia: pasen y vean.

Estaing

Al pie del Aubrac, este pequeño viñedo obtuvo la AOC en 2011, pero no ha dejado de menguar desde hace un siglo y ahora solo abarca el 1 % de su antiguo territorio. Produce sobre todo vinos tintos, principalmente de fer servadou y gamay.

18 ha

10% 25% 65%

Entraygues-le-Fel

Es el viñedo más septentrional del Sudoeste y el más meridional de los viñedos de Auvernia, la denominación goza de la doble influencia del Mediterráneo y del Macizo Central. El viñedo se desarrolló a la par que la abadía de Conques en el siglo XIII. Las variedades autóctonas fer servadou y cabernet franc se utilizan para los tintos, mientras que la chenin es la preferida para los blancos.

22 ha

20% 25% 55%

Marcillac

Su clima semimontañoso implica inviernos duros y veranos calurosos, influenciados por el clima mediterráneo. La variedad de uva del Sudoeste, la fer servadou (también conocida como mansois), es la reina, pues representa casi la mitad del viñedo de la denominación. Tiene aromas de frambuesa, casis y pimienta verde que con el tiempo evolucionan a regaliz y cacao. Los vinos de Marcillac, a la vez tánicos y muy aromáticos, se distinguen por su aspecto rústico.

190 ha

10% 90%

Côtes de Millau

Más al sur descubrimos este viñedo enclavado en el valle del Tarn. Si bien se encuentran parcelas de viñedos en terrazas que recuerdan a las denominaciones del Aveyron Norte, las variedades son diferentes; en este caso, para el tinto son la gamay y la syrah. Producen vinos con aromas de violetas y ciruelas pasas.

55 ha

4% 25% 71%

SABOYA

el viñedo alpino

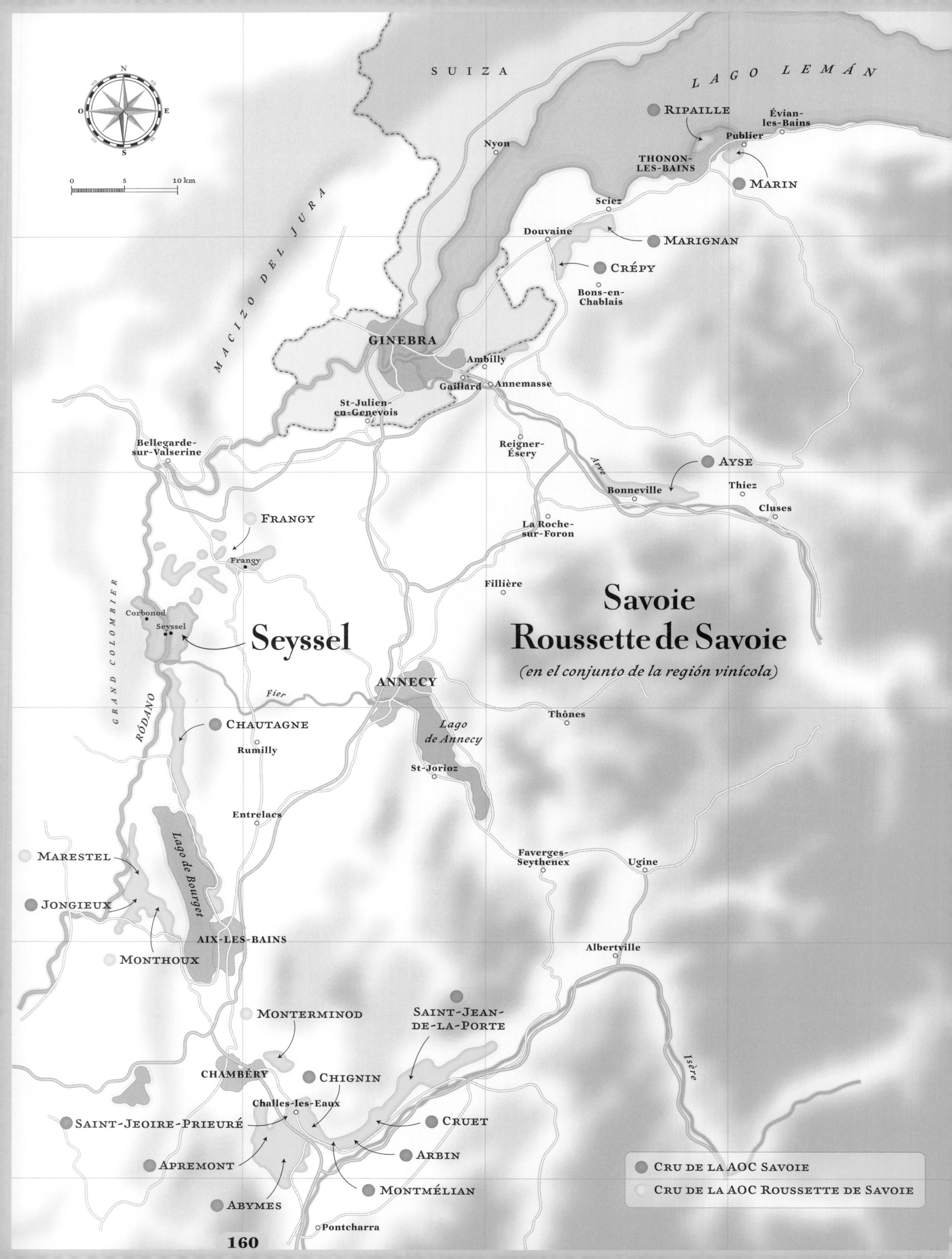
SUIZA
LAGO LEMÁN
Ripaille
Évian-les-Bains
Publier
Nyon
THONON-LES-BAINS
Marin
Sciez
Douvaine
Marignan
Crépy
Bons-en-Chablais
MACIZO DEL JURA
GINEBRA
Ambilly
Gaillard
Annemasse
St-Julien-en-Genevois
Bellegarde-sur-Valserine
Reigner-Ésery
Arve
Ayse
Bonneville
Thiez
Cluses
La Roche-sur-Foron
Frangy
Frangy
Fillière
Savoie
Roussette de Savoie
(en el conjunto de la región vinícola)
GRAND COLOMBIER
Corbonod
Seyssel
Seyssel
ANNECY
Fier
RÓDANO
Chautagne
Rumilly
Lago de Annecy
Thônes
St-Jorioz
Entrelacs
Marestel
Lago de Bourget
Faverges-Seythenex
Ugine
Jongieux
AIX-LES-BAINS
Albertville
Monthoux
Monterminod
Saint-Jean-de-la-Porte
Isère
CHAMBÉRY
Chignin
Challes-les-Eaux
Saint-Jeoire-Prieuré
Cruet
Arbin
Apremont
Montmélian
Abymes
Pontcharra
Cru de la AOC Savoie
Cru de la AOC Roussette de Savoie
0
5
10 km
N
NE
E
SE
S
SO
O
NO

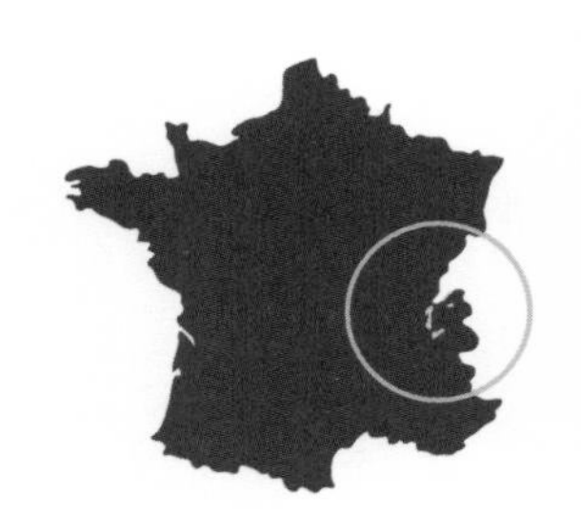

Saboya

En los departamentos más montañosos de Francia, la vid se ha afincado en laderas a cierta altitud donde prosperan variedades muy autóctonas.

Variedades

- gamay, mondeuse, persan, pinot noir
- altesse, jacquère, apremont, roussanne, chasselas

Hectáreas

1800

Tipos de vino

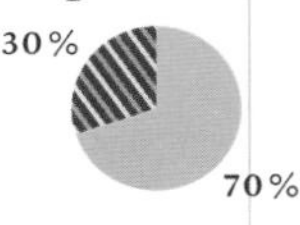

Suelos

aluvión, morrena glaciar, derrubio, margacalizo

Clima

templado con influencia mediterránea y continental

Los viñedos saboyanos, situados en los departamentos de Saboya y Alta Saboya, prosperan en el frescor de las laderas de hasta 500 metros de altitud, por debajo de lo que podría pensarse de un viñedo «alpino». Este antiguo viñedo, anterior a la invasión romana, agradece el suelo de morrena glaciar y derrubio.

Se utilizan veintitrés variedades de uva, la mayoría locales. Las favoritas de los viticultores siguen siendo la altesse (también llamada roussette de Savoie), la jacquère, la apremont, la bergeron (o roussanne), la chasselas o la mondeuse; en otras palabras: ¡Saboya sabe ser original!

Sin embargo, el vino de Saboya apenas se exporta: su consumo es local, favorecido por el flujo anual de turistas amantes de los grandes espacios.

El viñedo está protegido por dos denominaciones regionales: AOC Savoie y Roussette de Savoie, que se aplican a toda su zona vitícola. El nivel de calidad superior se refiere a diecinueve denominaciones geográficas (o crus) que se aplican a una u otra de las dos denominaciones regionales. Así, tenemos la AOC Roussette de Savoie Frangy o la AOC Savoie Apremont.

El término «Crémant-de-Savoie» se utiliza para los espumosos de calidad superior. Deben ser el producto de una segunda fermentación en botella y suelen elaborarse a partir de una mezcla de jacquère, altesse y chardonnay.

Roussette de Savoie

Cuando están maduras, las bayas de altesse tienen un color rojizo, de ahí el nombre de la denominación. Aunque su zona de denominación está autorizada en todo el viñedo saboyano, sus zonas de producción se sitúan principalmente alrededor de Frangy y en la orilla del lago Bourget. Cuatro crus marcan una calidad superior de Roussette de Savoie: Frangy, Marestel, Monterminod y Monthoux. Son vinos blancos secos y frescos, con aromas de bergamota, almendra, violeta... Si los vinos de la región suelen beberse jóvenes, los de la denominación pueden esperar (un poquito): tienden a mejorar al cabo de unos años.

50 ha

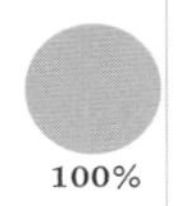

Seyssel

Compartido por los viñedos de Saboya y Bugey, el viñedo se desarrolla en suelos morrénicos dominados por la cordillera del Grand Colombier (1531 m), entre 200 y 400 metros de altitud. Se producen vinos blancos secos a base de altesse con aromas de violetas e iris, así como vinos semisecos más redondos con notas de acacia y miel. Se elaboran vinos 100 % molette, con la indicación de la variedad en la botella. Evocan notas exóticas con un final amargo. Los vinos espumosos suelen elaborarse mediante coupages.

90 ha

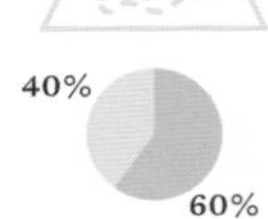

BUGEY

entre Jura y Saboya

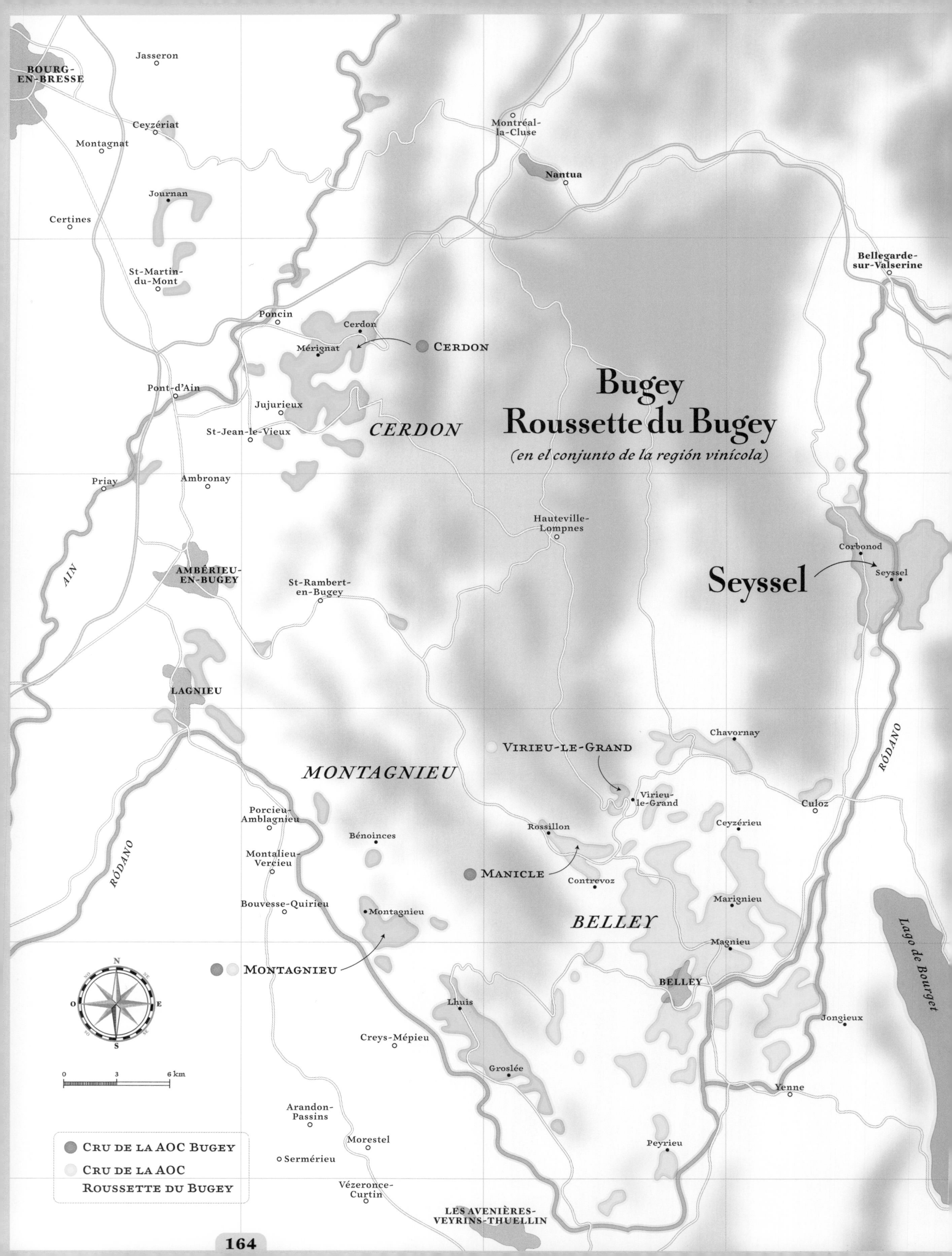
Bugey
Roussette du Bugey
(en el conjunto de la región vinícola)
Jasseron
BOURG-EN-BRESSE
Ceyzériat
Montagnat
Montréal-la-Cluse
Nantua
Journan
Certines
Bellegarde-sur-Valserine
St-Martin-du-Mont
Poncin
Cerdon
Mérignat
CERDON
Pont-d'Ain
Jujurieux
St-Jean-le-Vieux
CERDON
Priay
Ambronay
Hauteville-Lompnes
Corbonod
Seyssel
Seyssel
AIN
AMBÉRIEU-EN-BUGEY
St-Rambert-en-Bugey
LAGNIEU
Chavornay
VIRIEU-LE-GRAND
RÓDANO
MONTAGNIEU
Virieu-le-Grand
Porcieu-Amblagnieu
Culoz
Ceyzérieu
Rossillon
Bénoinces
RÓDANO
Montalieu-Vercieu
MANICLE
Contrevoz
Marignieu
Bouvesse-Quirieu
Montagnieu
BELLEY
Lago de Bourget
Magnieu
MONTAGNIEU
BELLEY
N
E
S
O
Lhuis
Jongieux
Creys-Mépieu
0
3
6 km
Groslée
Yenne
Arandon-Passins
CRU DE LA AOC BUGEY
Morestel
Peyrieu
Serméricu
CRU DE LA AOC ROUSSETTE DU BUGEY
Vézeronce-Curtin
LES AVENIÈRES-VEYRINS-THUELLIN

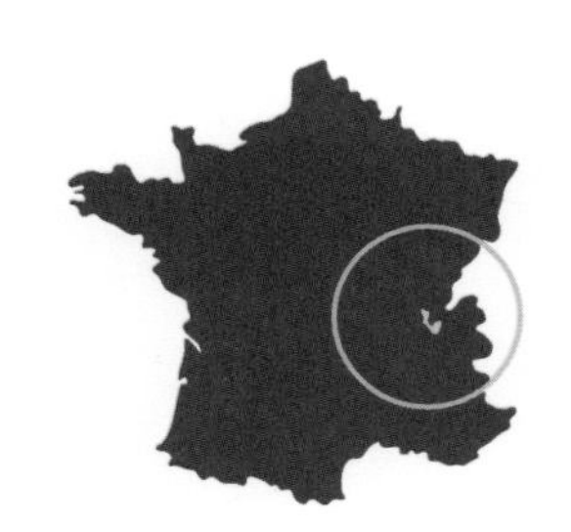

Bugey

En el confín meridional del macizo del Jura, los viñedos de Bugey tienen un aire saboyano, pero no por ello son menos originales, sobre todo en la producción de espumosos.

Variedades

- gamay, mondeuse, pinot noir, poulsard
- chardonnay, altesse, jacquère

Hectáreas

300

Tipos de vino

10 %, 17 %, 13 %, 60 %

Suelos

margacalizo, arcillocalcáreo

Clima

templado con influencias continentales

Con 300 hectáreas de viñedo, es la región vitícola más pequeña de Francia después de Lorena. A menudo se asocia con su vecino saboyano, ya que tiene algunas similitudes, sobre todo con las denominaciones con Seyssel (compartida con Saboya) y con la denominación Roussette du Bugey, que solo autoriza la variedad altesse. Si su vecino tiene un claro dominio a la hora de producir blancos secos, aquí destacan los espumosos, con un 61 % de la producción local. En los blancos predomina la chardonnay (mínimo 50 %) y los tintos se producen como monovarietales de gamay, pinot noir o mondeuse.

En la denominación regional Bugey pueden aplicarse tres denominaciones geográficas (o crus):

Manicle. Los suelos calizos de este lugar favorecen la expresión de la pinot noir. La chardonnay también se honra con viñas antiguas.

Montagnieu. Los suelos pedregosos de esta zona realzan la mondeuse y también favorecen la producción de espumosos con una interesante complejidad aromática.

Cerdon Méthode Ancestrale. En las laderas margacalizas, la poulsard y la gamay dan unos espumosos rosáceos con un bajo nivel de alcohol (entre 7 y 9 %). La denominación Bugey Cerdon produce casi la mitad del volumen de vino de la AOC de Bugey.

En la denominación Roussette du Bugey se distinguen dos denominaciones geográficas (o crus): Montagnieu y Virieu-le-Grand. Los vinos de la denominación Montagnieu tienen fama de ser especialmente minerales, mientras que los de Virieu-le-Grand suelen expresar trufas frescas.

El viñedo de Seyssel pertenece tanto a Bugey como a Saboya. Para comprender esta particularidad, es necesario saber que Seyssel es una ciudad doble, separada por el Ródano: una está en el Ain, la otra en Alta Saboya; por tanto, hay dos ayuntamientos. En la actualidad, se está debatiendo una fusión, pero queda una duda: ¿qué departamento elegir?

RÓDANO

el vino y el río

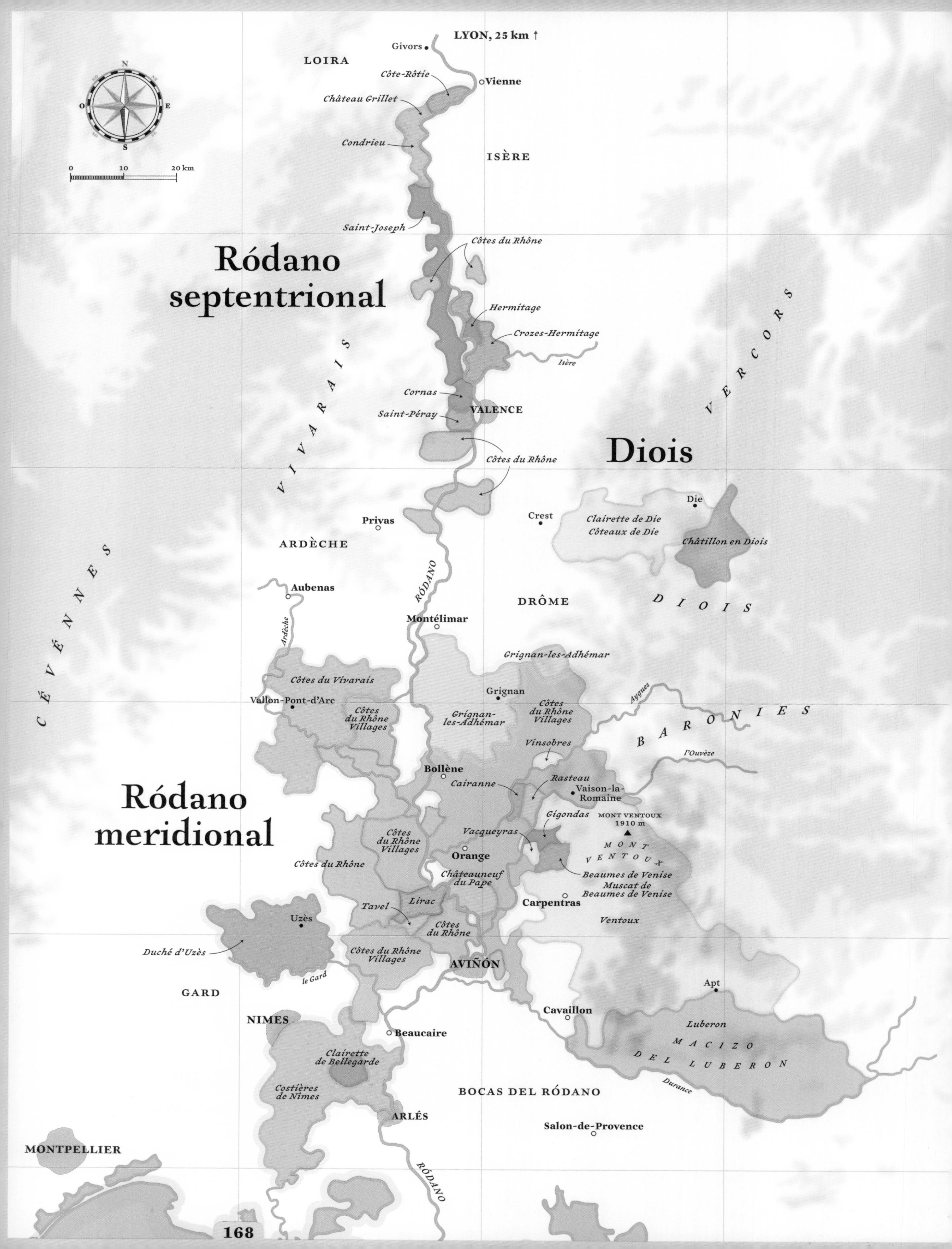

LYON, 25 km
Givors
LOIRA
Côte-Rôtie
Vienne
Château Grillet
Condrieu
ISÈRE
Saint-Joseph
Côtes du Rhône
Ródano septentrional
Hermitage
Crozes-Hermitage
Isère
VIVARAIS
VERCORS
Cornas
Saint-Péray
VALENCE
Côtes du Rhône
Diois
Die
Crest
Clairette de Die
Côteaux de Die
Châtillon en Diois
Privas
ARDÈCHE
CÉVENNES
RÓDANO
Aubenas
DRÔME
DIOIS
Ardèche
Montélimar
Grignan-les-Adhémar
Côtes du Vivarais
Grignan
Vallon-Pont-d'Arc
Côtes du Rhône Villages
Grignan-les-Adhémar
Côtes du Rhône Villages
Aygues
BARONIES
Vinsobres
l'Ouvèze
Bollène
Ródano meridional
Cairanne
Rasteau
Vaison-la-Romaine
Gigondas
MONT VENTOUX 1910 m
Côtes du Rhône Villages
Vacqueyras
MONT VENTOUX
Orange
Côtes du Rhône
Châteauneuf du Pape
Beaumes de Venise
Muscat de Beaumes de Venise
Lirac
Carpentras
Tavel
Uzès
Côtes du Rhône
Ventoux
Duché d'Uzès
Côtes du Rhône Villages
AVIÑÓN
le Gard
GARD
Apt
Cavaillon
NIMES
Beaucaire
Luberon
MACIZO DEL LUBERON
Clairette de Bellegarde
Costières de Nîmes
Durance
BOCAS DEL RÓDANO
ARLÉS
Salon-de-Provence
MONTPELLIER
RÓDANO
0 10 20 km
N S E O

Ródano

La región se saborea como un libro que se abre en el norte y termina en el sur. La historia comienza con vides suspendidas entre el cielo y la tierra en laderas espectaculares; la última página da paso a las puertas de la Provenza, entre el calor y el mistral.

Variedades

syrah, garnacha, mourvèdre, cinsault, cariñena

viognier, roussanne, marsanne, garnacha blanca, clairette blanche, bourboulenc

Hectáreas

71 600

Tipos de vino

10 %
15 %
75 %

Suelos

arcilloso, pedregoso o granítico (norte)
arcilloso, pedregoso, calcáreo o arenoso (sur)

Clima

continental templado en el norte
mediterráneo en el sur

El valle del Ródano nació de un pulso entre el Macizo Central y los Alpes. Las laderas de la parte norte son solo la punta de un iceberg apasionante: un milhojas de terroirs heterogéneos. La roca granítica del norte procede de la actividad volcánica del Macizo Central, mientras que los cantos rodados del sur han sido depositados por el río a lo largo de los siglos.

Es uno de los viñedos más antiguos de Francia. Como muchas regiones, debe su suelo y su desarrollo al río. Para alimentar el comercio romano, saciar la sed de los lioneses y de los papas, no solo pasaba agua bajo el puente de Aviñón.

Los lugareños dicen que, «para que el vino sea bueno, la vid debe ver el río». Este dicho se aplica en especial entre Vienne y Valence, donde los viñedos trepan por terrazas escarpadas en busca del sol que más calienta. En el norte se cultiva sobre todo viognier para los blancos y syrah para los tintos. En el sur, pasado Montélimar, los viñedos se adentran más hacia el oeste y el este. Se da paso al clima mediterráneo y de la syrah vamos a la garnacha, la mourvèdre, la cariñena y la cinsault. Los vinos tintos son potentes y ganan en delicadeza en altitud (200-400 m); los blancos son redondos y aromáticos. En las páginas siguientes, descubriremos los diecisiete crus de Côtes du Rhône, el nivel más alto de la región, así como todos sus demás vinos, desde el clairette de Die hasta el costières de Nîmes. ¿Todo listo para descender por el río?

> «Para que el vino sea bueno, la vid debe ver el río»

LOS 17 CRUS DEL RÓDANO

Côte-Rôtie
Château Grillet
Condrieu
Hermitage
Crozes-Hermitage
Saint-Joseph
Cornas
Saint-Péray
Vinsobres
Cairanne
Rasteau
Gigondas
Vacqueyras
Beaumes-de-Venise
Châteauneuf-du-Pape
Lirac
Tavel

En 1446, el duque de Borgoña prohibió los vinos del Ródano en su región por temor a que ganaran el favor de la capital y destronaran a los vinos de Borgoña. ¡El lobby *del vino ya empezaba a hacer de las suyas!*

VARIEDADES

GARNACHA

La actriz protagonista del Ródano cubre más de la mitad del viñedo. De origen español, florece a orillas del Mediterráneo y del Ródano, sobre todo en su parte meridional. Es la principal variedad en la composición de Châteauneuf-du-Pape. También es un peso pesado a escala nacional, ya que es la segunda variedad de uva más plantada en Francia, por detrás de la merlot.

SYRAH

La reina del Ródano se adapta a la perfección a las laderas soleadas de la parte septentrional. No es de extrañar que, además de proliferar en el sur de Francia, haya encontrado un hogar en Australia y California. Esta variedad produce hermosas bayas ovaladas, de color negro azulado, que dan vinos muy aromáticos, complejos, con cuerpo y poca acidez.

GARNACHA

56%

CARIÑENA

Es poco frecuente que se utilice como variedad única y a menudo se combina con syrah, garnacha o cinsault. Le gusta el calor, no se queja del viento y florece en laderas pedregosas. Aunque es productiva, pero de escaso interés, en las llanuras, en cambio se expresa mejor en las laderas: colorida, robusta, aromática y apta para el envejecimiento.

MOURVÈDRE

Al igual que la garnacha y la cariñena, también es de origen ibérico y suele utilizarse en los coupages. Es una variedad delicada y caprichosa: madura tarde, rinde poco y, sobre todo, es muy irregular. De hecho, la producción puede ser muy desigual, por lo que se utiliza mucho menos que antaño. En las condiciones adecuadas, aporta un color intenso y una estructura tánica que dará vinos aptos para el envejecimiento y de una gran complejidad aromática.

DEL RÓDANO

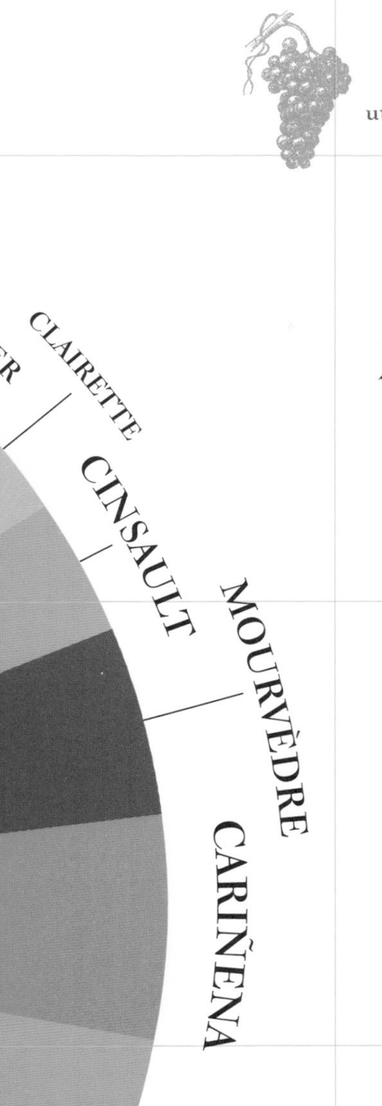

OTRAS VARIEDADES

En el Ródano se utilizan otras variedades de forma más discreta. Para los tintos se utiliza counoise, picpoul noir y garnacha gris; para los blancos, marsanne, roussanne, bourboulenc y ugni blanc.

Uva fresca, pera, menta, melocotón, naranja

MUSCAT

Se utiliza sobre todo en la producción de vinos del mismo nombre, en Beaumes-de-Venise. Las muscadières se encuentran en restanques, muros de contención de piedra seca en laderas muy soleadas. Produce uvas pequeñas y muy dulces. Es especialmente aromática, potente y delicada a la vez, con aromas de cítricos, frutas exóticas y notas vegetales.

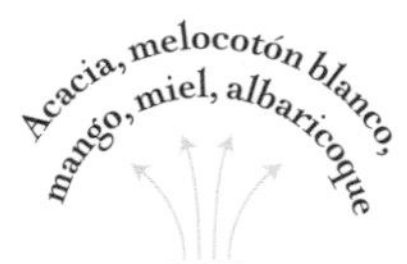

VIOGNIER

Variedad emblemática de las denominaciones Condrieu y Château Grillet, también desempeña un papel secundario en la composición de algunos de los grandes tintos del Ródano septentrional, a los que aporta azúcar, redondez y delicadeza. Como monovarietal, su longitud en boca y sus exuberantes aromas no dejan a nadie indiferente.

CLAIRETTE

Se utiliza sobre todo para elaborar espumosos en Diois y blancos secos de clairette de Bellegarde. Produce vinos frescos, ligeramente ácidos, con un toque amargo al final. Los vinos a base de clairette se disfrutan mejor en su juventud.

CINSAULT

Esta antigua variedad provenzal se utiliza a menudo para los rosados. Proporciona aromas delicados y poca estructura tánica, por lo que aporta fruta a los coupages meridionales. Es una variedad productiva cuyo rendimiento debe ralentizarse para mejorar su calidad.

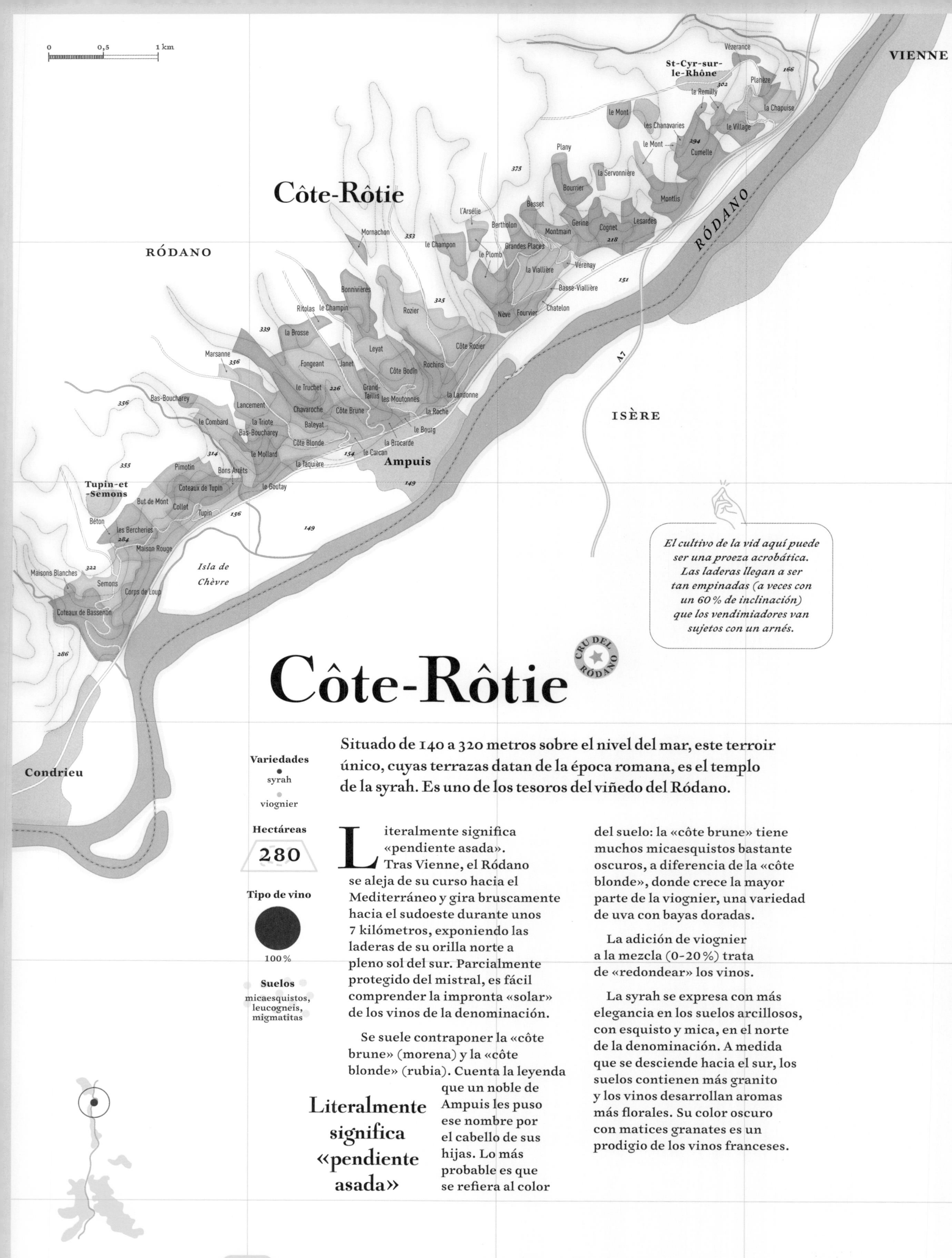

Côte-Rôtie

Situado de 140 a 320 metros sobre el nivel del mar, este terroir único, cuyas terrazas datan de la época romana, es el templo de la syrah. Es uno de los tesoros del viñedo del Ródano.

Variedades
syrah
viognier

Hectáreas
280

Tipo de vino
100 %

Suelos
micaesquistos, leucogneis, migmatitas

Literalmente significa «pendiente asada». Tras Vienne, el Ródano se aleja de su curso hacia el Mediterráneo y gira bruscamente hacia el sudoeste durante unos 7 kilómetros, exponiendo las laderas de su orilla norte a pleno sol del sur. Parcialmente protegido del mistral, es fácil comprender la impronta «solar» de los vinos de la denominación.

Se suele contraponer la «côte brune» (morena) y la «côte blonde» (rubia). Cuenta la leyenda que un noble de Ampuis les puso ese nombre por el cabello de sus hijas. Lo más probable es que se refiera al color del suelo: la «côte brune» tiene muchos micaesquistos bastante oscuros, a diferencia de la «côte blonde», donde crece la mayor parte de la viognier, una variedad de uva con bayas doradas.

Literalmente significa «pendiente asada»

La adición de viognier a la mezcla (0-20 %) trata de «redondear» los vinos.

La syrah se expresa con más elegancia en los suelos arcillosos, con esquisto y mica, en el norte de la denominación. A medida que se desciende hacia el sur, los suelos contienen más granito y los vinos desarrollan aromas más florales. Su color oscuro con matices granates es un prodigio de los vinos franceses.

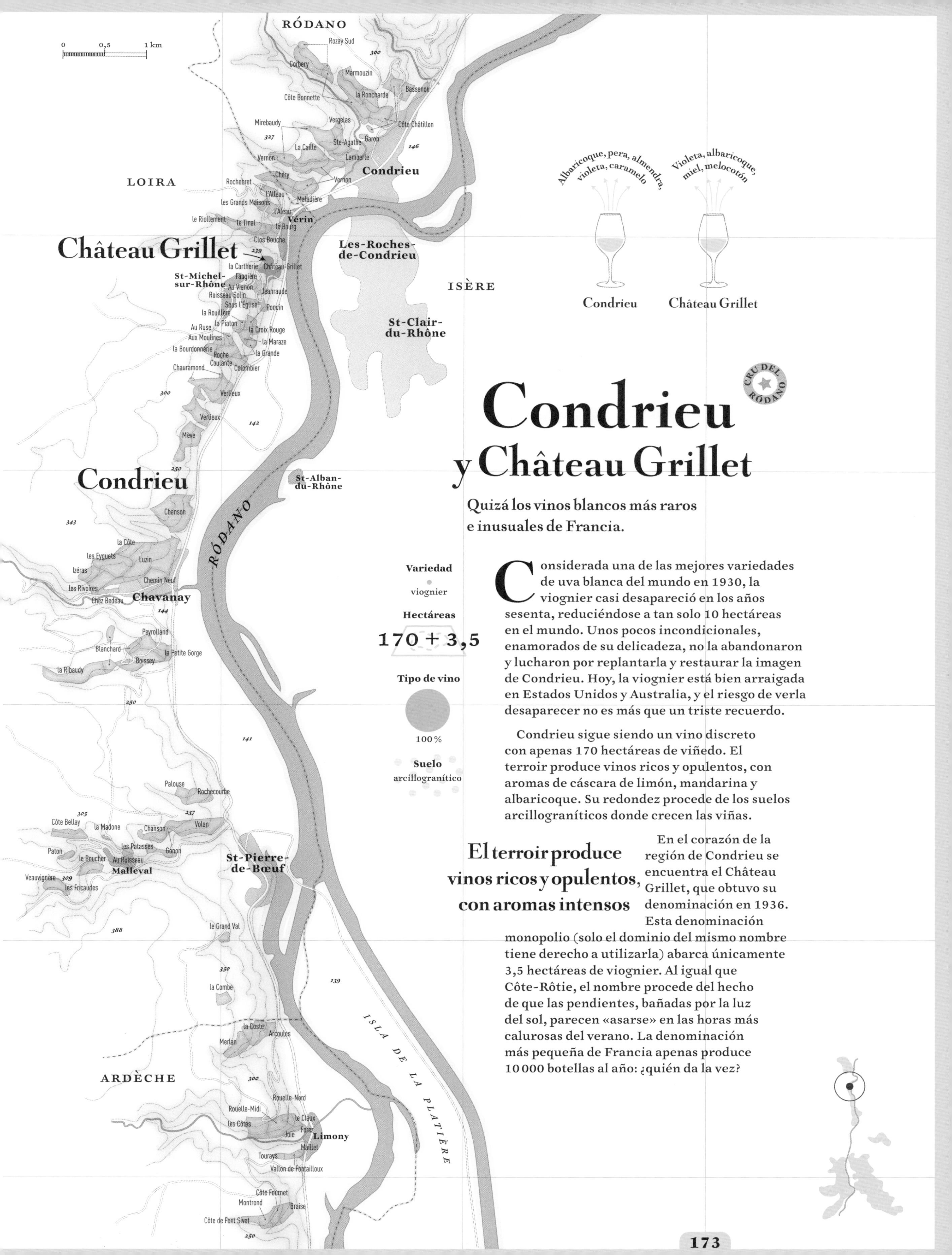

Condrieu y Château Grillet

Quizá los vinos blancos más raros e inusuales de Francia.

Variedad
viognier

Hectáreas
170 + 3,5

Tipo de vino
100 %

Suelo
arcillogranítico

Considerada una de las mejores variedades de uva blanca del mundo en 1930, la viognier casi desapareció en los años sesenta, reduciéndose a tan solo 10 hectáreas en el mundo. Unos pocos incondicionales, enamorados de su delicadeza, no la abandonaron y lucharon por replantarla y restaurar la imagen de Condrieu. Hoy, la viognier está bien arraigada en Estados Unidos y Australia, y el riesgo de verla desaparecer no es más que un triste recuerdo.

Condrieu sigue siendo un vino discreto con apenas 170 hectáreas de viñedo. El terroir produce vinos ricos y opulentos, con aromas de cáscara de limón, mandarina y albaricoque. Su redondez procede de los suelos arcillograníticos donde crecen las viñas.

El terroir produce vinos ricos y opulentos, con aromas intensos

En el corazón de la región de Condrieu se encuentra el Château Grillet, que obtuvo su denominación en 1936. Esta denominación monopolio (solo el dominio del mismo nombre tiene derecho a utilizarla) abarca únicamente 3,5 hectáreas de viognier. Al igual que Côte-Rôtie, el nombre procede del hecho de que las pendientes, bañadas por la luz del sol, parecen «asarse» en las horas más calurosas del verano. La denominación más pequeña de Francia apenas produce 10 000 botellas al año: ¿quién da la vez?

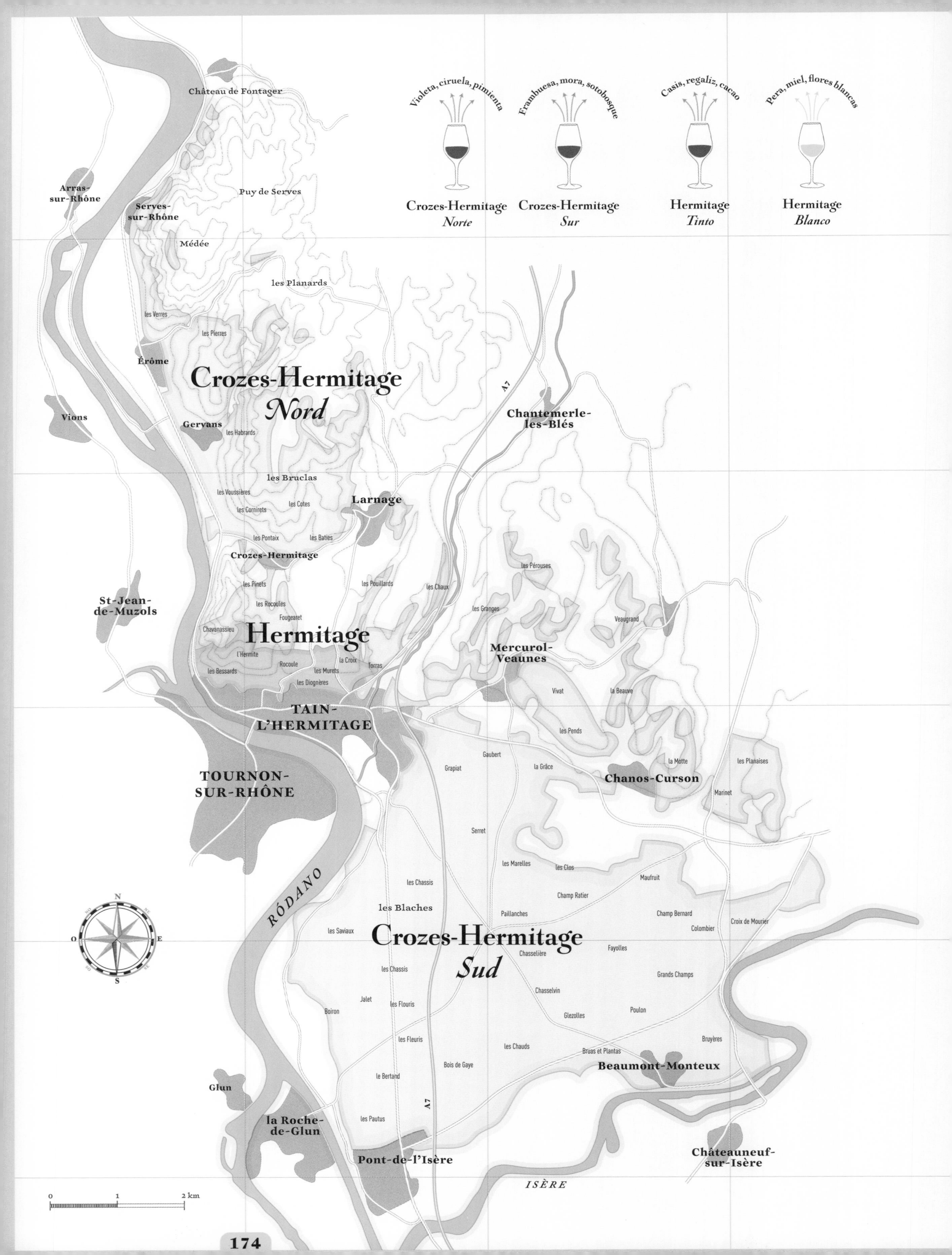
Violeta, ciruela, pimienta
Frambuesa, mora, sotobosque
Casis, regaliz, cacao
Pera, miel, flores blancas
Crozes-Hermitage
Norte
Crozes-Hermitage
Sur
Hermitage
Tinto
Hermitage
Blanco
Château de Fontager
Arras-sur-Rhône
Serves-sur-Rhône
Puy de Serves
Médée
les Planards
les Verres
les Pierres
Érôme
Crozes-Hermitage
Nord
Vions
Gervans
les Habrards
A7
Chantemerle-les-Blés
les Bruclas
les Voussières
les Cotes
Larnage
les Cornirets
les Pontaix
les Baties
Crozes-Hermitage
les Pérouses
les Pinets
les Pouillards
les Chaux
St-Jean-de-Muzols
les Rocoules
les Granges
Fougearet
Veaugrand
Chavanassieu
Hermitage
Mercurol-Veaunes
L'Hermite
la Croix
Torras
les Bessards
Rocoule
les Murets
les Diognères
Vivat
la Beauve
TAIN-L'HERMITAGE
les Pends
Gaubert
la Motte
les Planaises
Grapiat
la Grâce
TOURNON-SUR-RHÔNE
Chanos-Curson
Marinet
Serret
les Marelles
les Clos
Maufruit
les Chassis
Champ Ratier
RÓDANO
les Blaches
Paillanches
Champ Bernard
Croix de Mourier
Colombier
les Saviaux
Crozes-Hermitage
Sud
Fayolles
Chasselière
les Chassis
Grands Champs
Chasselvin
Jalet
les Flouris
Glezolles
Poulon
Boiron
les Fleuris
Bruyères
les Chauds
Bruas et Plantas
Bois de Gaye
Beaumont-Monteux
le Bertand
Glun
A7
la Roche-de-Glun
les Pautus
Pont-de-l'Isère
Châteauneuf-sur-Isère
ISÈRE
N
E
S
O
0
1
2 km

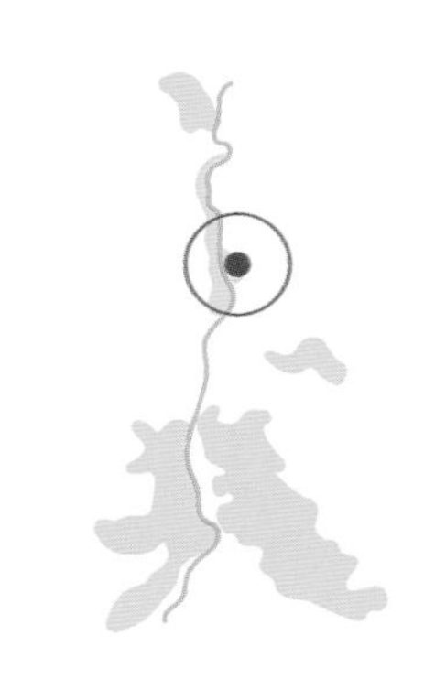

CRU DEL RÓDANO

Hermitage y Crozes-Hermitage

CRU DEL RÓDANO

Una historia sobre un caballero, la syrah y un cambio de trayectoria profesional es un buen comienzo, ¿no?

Variedades

garnacha noir, syrah, mourvèdre

garnacha blanca, roussanne, bourboulenc

Hectáreas

3145

Tipos de vino

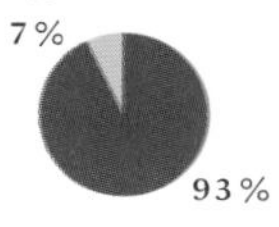

Suelos

cantos rodados y guijarros arcillosos, arena caliza

Érase una vez un caballero, Henri-Gaspard de Stérimberg, que en 1224 decidió cambiar de vida; seguramente, una de las mejores reconversiones profesionales de la historia. Cansado de guerrear y de las cruzadas, se retiró como ermitaño a su región natal. Eligió una colina especialmente soleada, construyó una capilla y empezó a elaborar vino. La vid ya llevaba allí varios siglos, pero su trabajo y su historia fueron los que revelaron la riqueza de estos suelos y dieron fama al pequeño viñedo.

La colina de Hermitage merece un lugar entre las siete maravillas del mundo del vino. Esculpida literalmente por generaciones de viticultores, nos regala unas vistas impresionantes del Ródano que separan la Ardèche de la Drôme. A lo lejos, el Mont Blanc, a sus pies, un paraíso rojizo, explotado tan solo por una treintena de viticultores (en la denominación Hermitage). Es uno de los escasos relieves de la orilla izquierda del Ródano septentrional, mientras que en la orilla derecha solo hay pendientes accidentadas que albergan la inmensa mayoría de las vides del Ródano septentrional.

> La colina de Hermitage merece un lugar entre las siete maravillas del mundo del vino

La syrah es una de las mejores variedades de uva del mundo. En las laderas de esta pronunciada pendiente, está a sus anchas para ofrecer vinos de una profundidad surrealista, como si el esfuerzo de los viticultores se reflejara en la botella. La pendiente dificulta el trabajo, pero el resultado merece la pena. Las dos denominaciones permiten la adición de variedades de uva blanca para sus tintos hasta un máximo del 15 %. Esto aporta un toque de frescura y acidez a los vinos.

Hay tres zonas de producción:

Crozes - Hermitage Nord. Terroirs de granito fresco, paisaje de colinas. Los vinos son concentrados y pueden parecer austeros cuando son jóvenes.

Hermitage. Pequeños viñedos en laderas escarpadas, orientados al sur. Entre los vinos tintos más raros de Francia. Un vino potente de color rojo rubí intenso que puede conservarse veinte años.

Crozes - Hermitage Sud. Terrazas pedregosas y cálidas, paisaje casi llano. Los vinos son más golosos cuando son jóvenes.

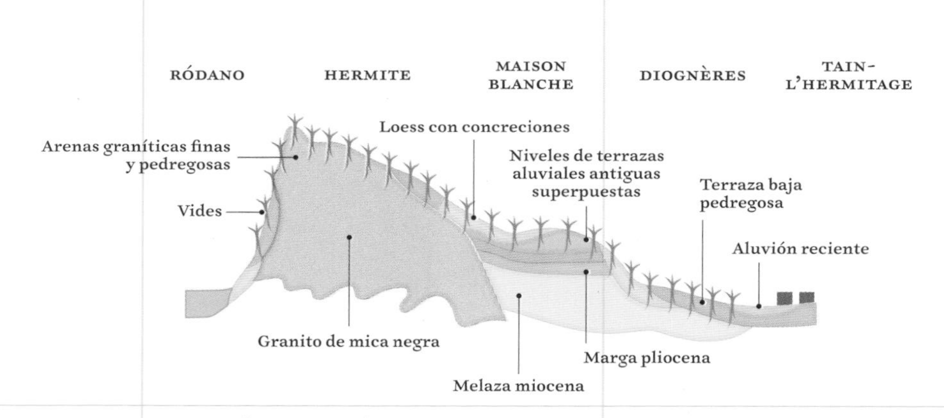

SECCIÓN GEOLÓGICA DE LA COLINA DE HERMITAGE

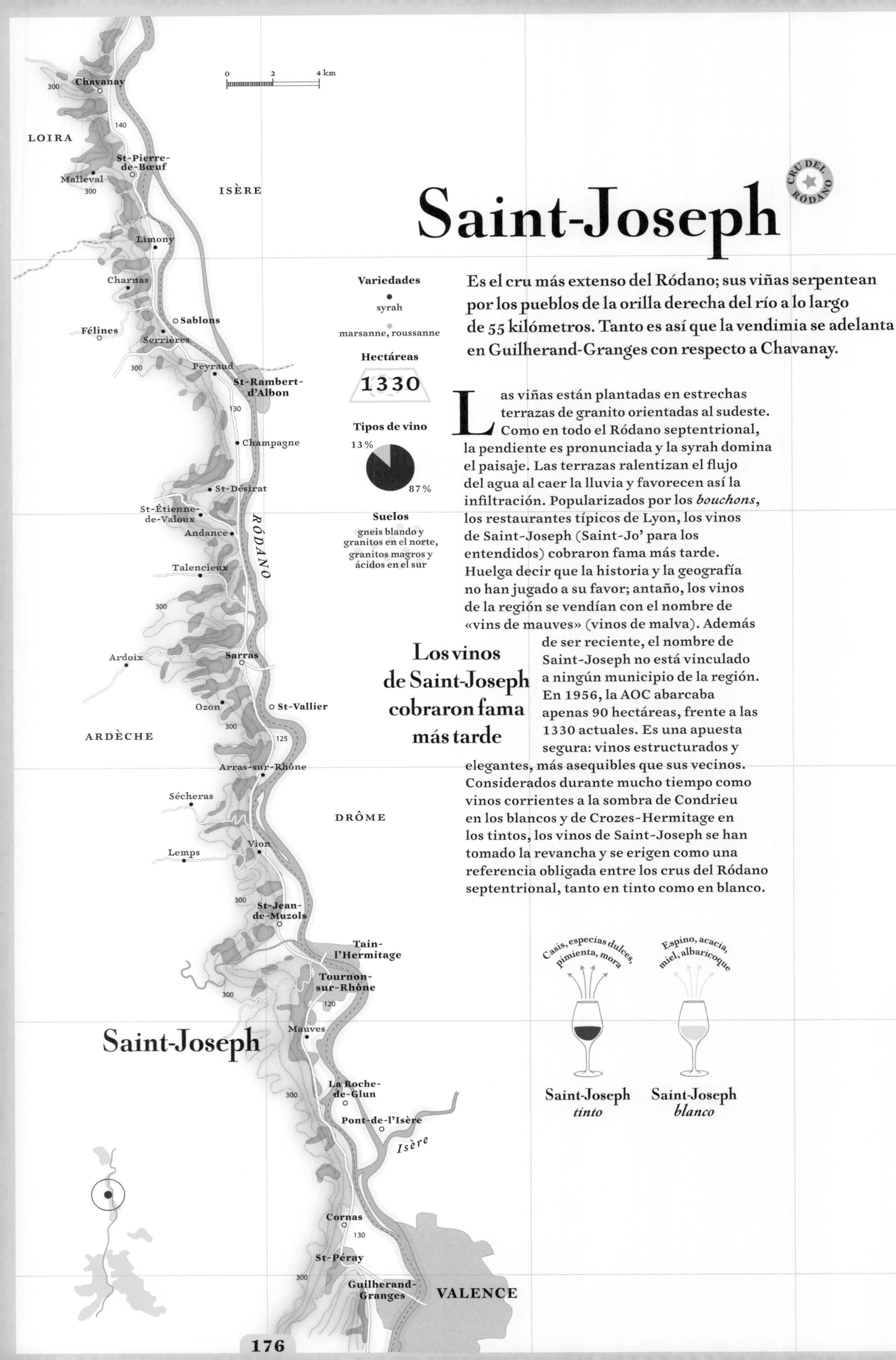

Saint-Joseph

CRU DEL RÓDANO

Variedades

syrah

marsanne, roussanne

Hectáreas

1330

Tipos de vino

13 %

87 %

Suelos

gneis blando y granitos en el norte, granitos magros y ácidos en el sur

Es el cru más extenso del Ródano; sus viñas serpentean por los pueblos de la orilla derecha del río a lo largo de 55 kilómetros. Tanto es así que la vendimia se adelanta en Guilherand-Granges con respecto a Chavanay.

Las viñas están plantadas en estrechas terrazas de granito orientadas al sudeste. Como en todo el Ródano septentrional, la pendiente es pronunciada y la syrah domina el paisaje. Las terrazas ralentizan el flujo del agua al caer la lluvia y favorecen así la infiltración. Popularizados por los *bouchons*, los restaurantes típicos de Lyon, los vinos de Saint-Joseph (Saint-Jo' para los entendidos) cobraron fama más tarde. Huelga decir que la historia y la geografía no han jugado a su favor; antaño, los vinos de la región se vendían con el nombre de «vins de mauves» (vinos de malva). Además de ser reciente, el nombre de Saint-Joseph no está vinculado a ningún municipio de la región. En 1956, la AOC abarcaba apenas 90 hectáreas, frente a las 1330 actuales. Es una apuesta segura: vinos estructurados y elegantes, más asequibles que sus vecinos. Considerados durante mucho tiempo como vinos corrientes a la sombra de Condrieu en los blancos y de Crozes-Hermitage en los tintos, los vinos de Saint-Joseph se han tomado la revancha y se erigen como una referencia obligada entre los crus del Ródano septentrional, tanto en tinto como en blanco.

Los vinos de Saint-Joseph cobraron fama más tarde

Casis, especias dulces, pimienta, mora

Saint-Joseph *tinto*

Espino, acacia, miel, albaricoque

Saint-Joseph *blanco*

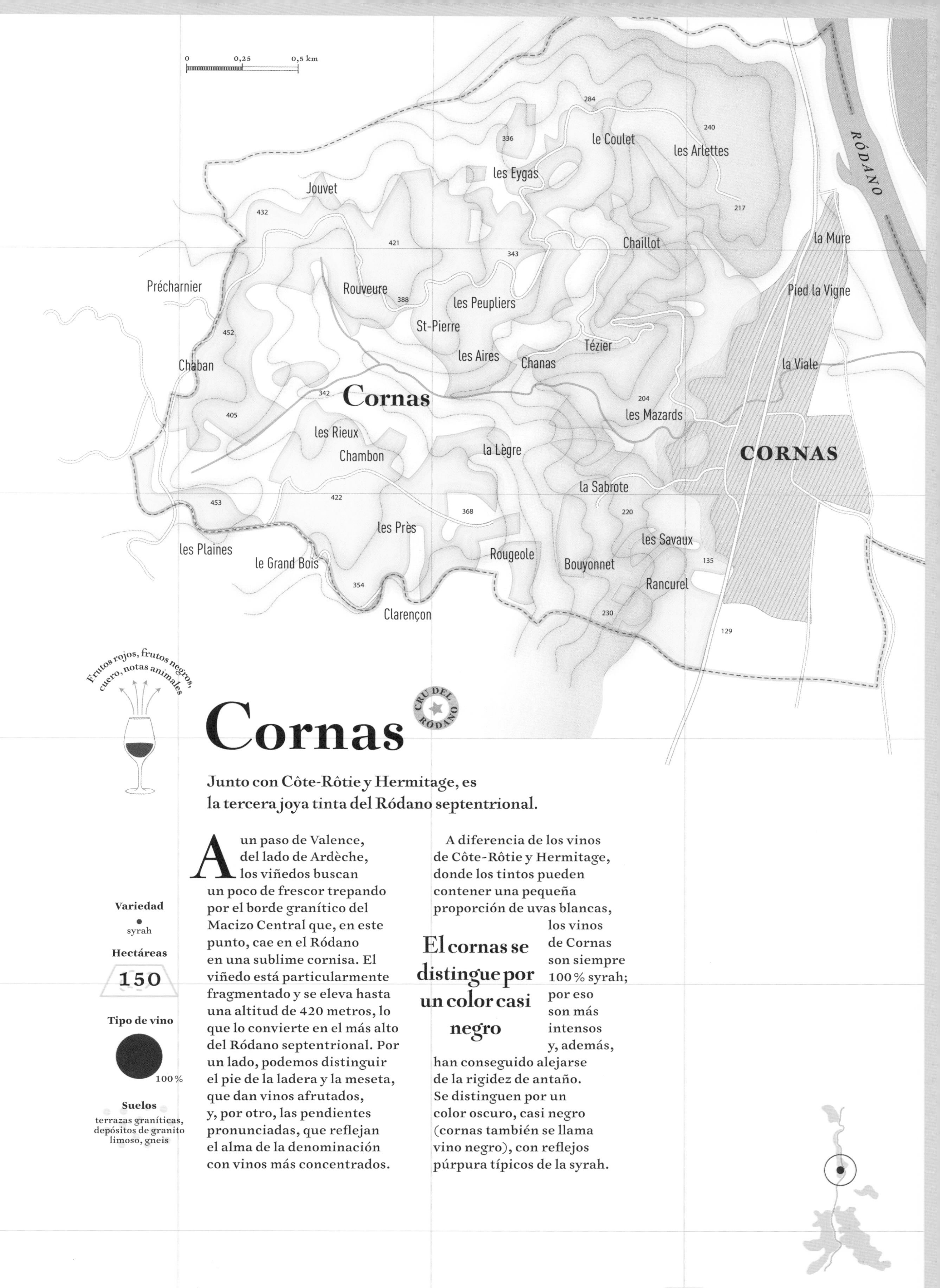

Cornas

Junto con Côte-Rôtie y Hermitage, es la tercera joya tinta del Ródano septentrional.

Variedad
syrah

Hectáreas
150

Tipo de vino
100 %

Suelos
terrazas graníticas, depósitos de granito limoso, gneis

Aun paso de Valence, del lado de Ardèche, los viñedos buscan un poco de frescor trepando por el borde granítico del Macizo Central que, en este punto, cae en el Ródano en una sublime cornisa. El viñedo está particularmente fragmentado y se eleva hasta una altitud de 420 metros, lo que lo convierte en el más alto del Ródano septentrional. Por un lado, podemos distinguir el pie de la ladera y la meseta, que dan vinos afrutados, y, por otro, las pendientes pronunciadas, que reflejan el alma de la denominación con vinos más concentrados.

A diferencia de los vinos de Côte-Rôtie y Hermitage, donde los tintos pueden contener una pequeña proporción de uvas blancas, los vinos de Cornas son siempre 100 % syrah; por eso son más intensos y, además, han conseguido alejarse de la rigidez de antaño. Se distinguen por un color oscuro, casi negro (cornas también se llama vino negro), con reflejos púrpura típicos de la syrah.

El cornas se distingue por un color casi negro

Otros vinos del Ródano septentrional

Coteaux du Lyonnais

250 ha

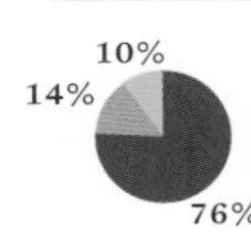

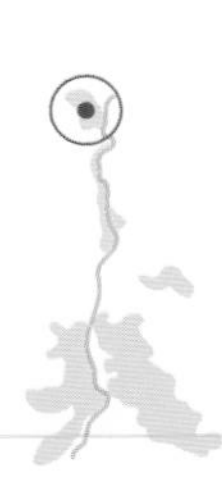

Este viñedo, puente entre el Beaujolais y el valle del Ródano, llegó a alcanzar 12 000 hectáreas en el siglo XIX, pero la crisis de la filoxera y la expansión urbana de la metrópoli lionesa dividieron sus viñedos por cincuenta. Se cultiva la gamay, que produce tintos y rosados chispeantes con aromas de casis, fresa y frambuesa. Los blancos a base de chardonnay son suaves, redondos y más vivos cuando se incluye la aligoté en el coupage.

Saint-Péray

CRU DEL RÓDANO

Conocido por sus vinos espumosos, muy apreciados en palacio, el «Champán del Midi», como lo apodó Julio Verne, acabó cayendo en el olvido. En la actualidad, sus blancos tranquilos, más vivos que los de las demás denominaciones del Ródano septentrional, dan un nuevo impulso a la denominación. Elaborados con marsanne, a veces mezclada con roussanne, estos vinos revelan sutiles aromas de violetas, espino blanco y acacia que evolucionan hacia notas minerales con los años.

98 ha

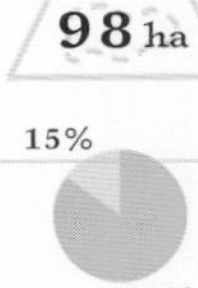

Diois

Cambio de aires: el viñedo se aleja del Ródano para situarse en las frescas colinas entre el Vercors y las Baronnies provenzales, entre el clima continental y el mediterráneo.

Variedades

- gamay, pinot noir, syrah
- clairette blanche, muscat

Hectáreas

1600

Tipos de vino

0,5 % 0,5 %

99 %

Châtillon-en-Diois, un pequeño viñedo de unas 50 hectáreas en el sur del macizo del Vercors, llega a alcanzar los 600 metros en algunos lugares. Aquí solo se elaboran vinos tranquilos, minoritarios en Diois. Los tintos son bastante redondos, basados en la gamay, a la que a veces se le asocia pinot noir o syrah. Los blancos son secos y se elaboran con aligoté y chardonnay.

> El clairette de Die es el buque insignia de la región

El clairette de Die, el buque insignia de esta región, es un vino espumoso elaborado con muscat; a diferencia de lo que se pudiera pensar, la clairette blanche es secundaria en su composición. La fermentación se detiene antes de que las levaduras consuman todos los azúcares de la uva, para preservar un mosto dulce y una baja graduación alcohólica (de 7 a 8 grados).

El crémant de Die se diferencia del clairette principalmente por su composición: la clairette blanche es mayoritaria, acompañada de aligoté y un toque de muscat. Este espumoso tan aromático tiene notas típicas de flores blancas que lo distinguen de otros espumosos de Diois.

El clairette de Die y el crémant de Die representan el 99 % de la producción de la región. ¡A descorchar!

Clairette de Die

Crémant de Die

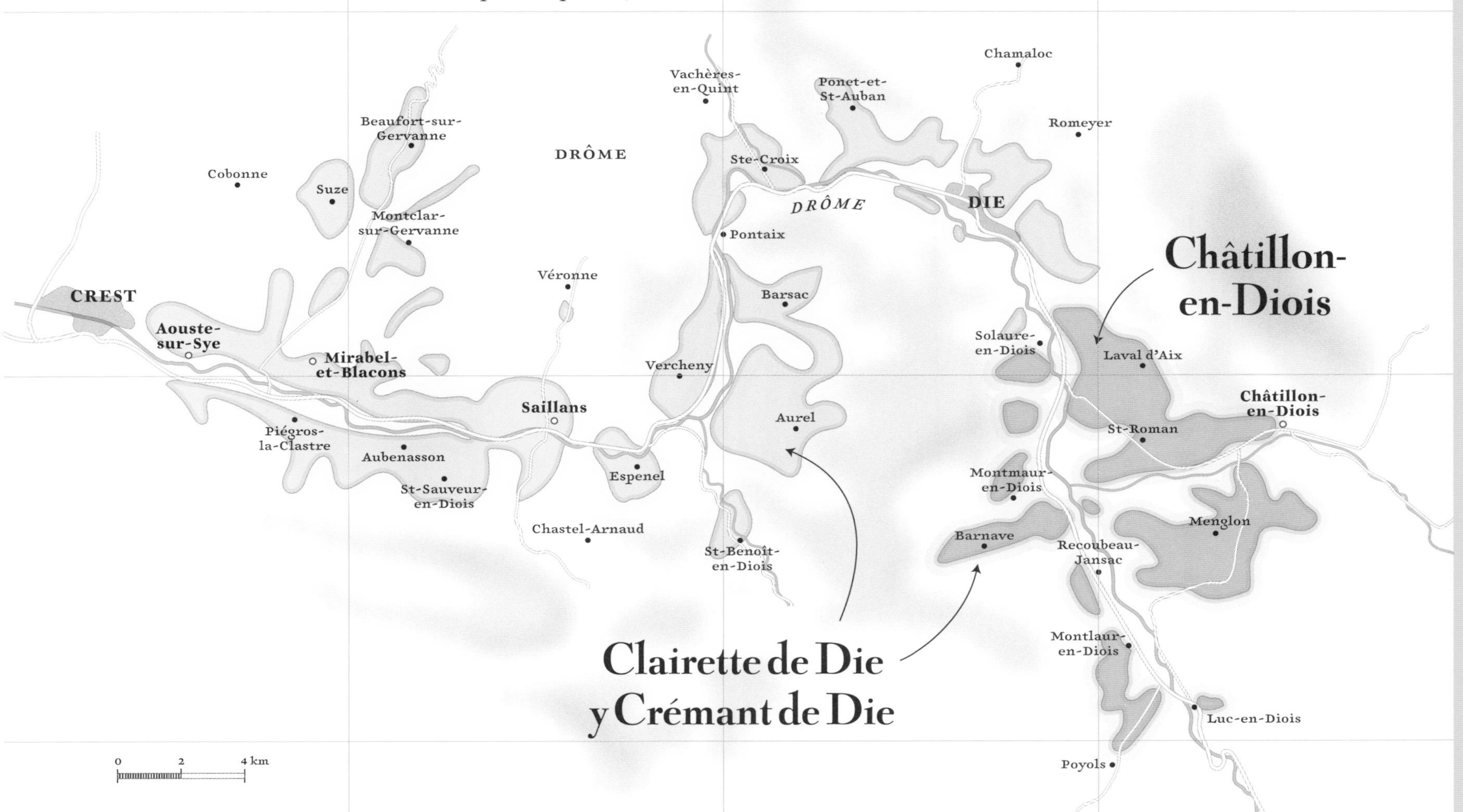

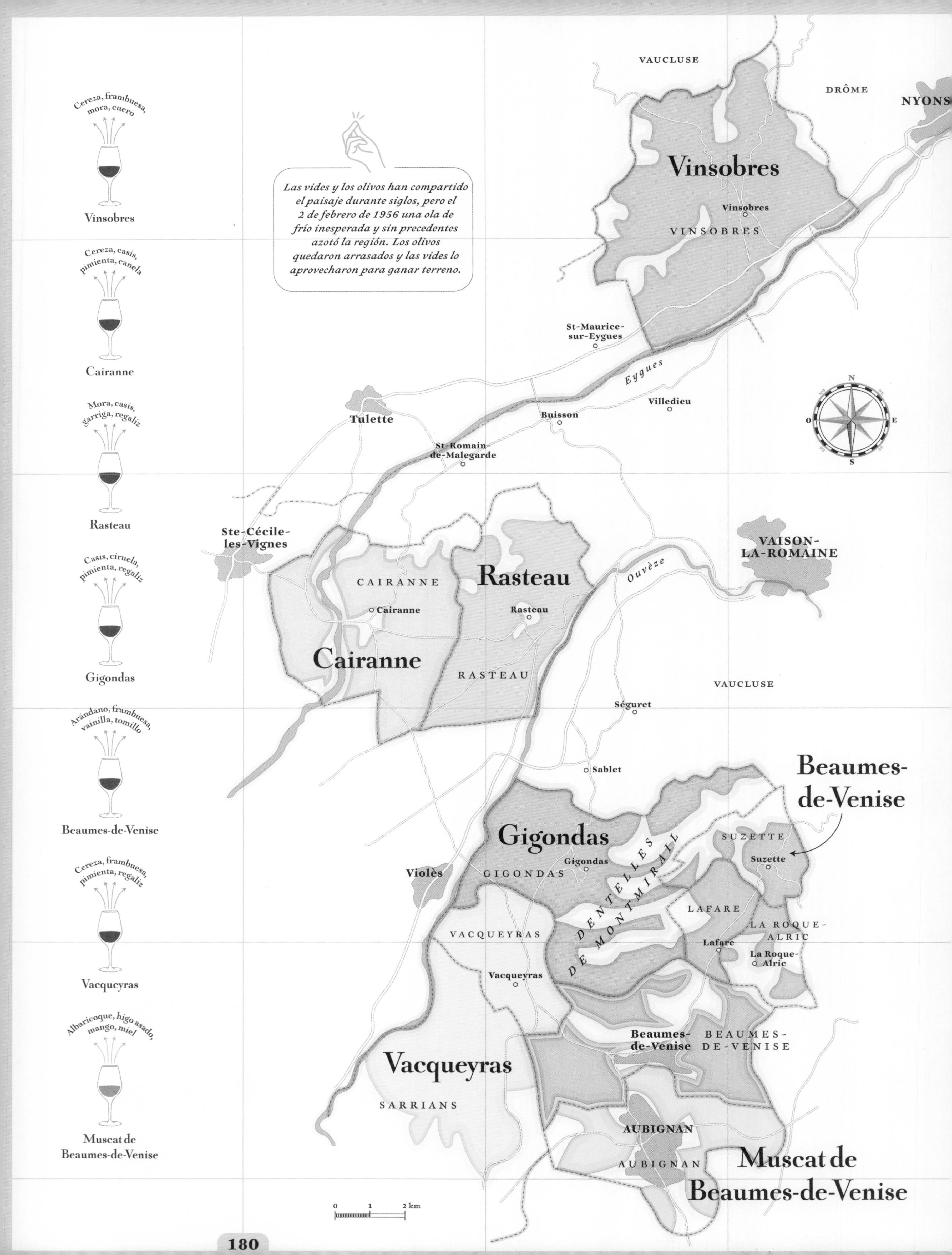
Cereza, frambuesa, mora, cuero
Vinsobres
Cereza, casis, pimienta, canela
Cairanne
Mora, casis, garriga, regaliz
Rasteau
Casis, ciruela, pimienta, regaliz
Gigondas
Arándano, frambuesa, vainilla, tomillo
Beaumes-de-Venise
Cereza, frambuesa, pimienta, regaliz
Vacqueyras
Albaricoque, higo asado, mango, miel
Muscat de Beaumes-de-Venise
Las vides y los olivos han compartido el paisaje durante siglos, pero el 2 de febrero de 1956 una ola de frío inesperada y sin precedentes azotó la región. Los olivos quedaron arrasados y las vides lo aprovecharon para ganar terreno.
VAUCLUSE
DRÔME
NYONS
Vinsobres
Vinsobres
VINSOBRES
St-Maurice-sur-Eygues
Eygues
Villedieu
Buisson
Tulette
St-Romain-de-Malegarde
N
O
E
S
Ste-Cécile-les-Vignes
VAISON-LA-ROMAINE
Ouvèze
CAIRANNE
Rasteau
Cairanne
Rasteau
Cairanne
RASTEAU
VAUCLUSE
Séguret
Sablet
Beaumes-de-Venise
Gigondas
SUZETTE
Suzette
Gigondas
Violès
GIGONDAS
DENTELLES DE MONTMIRAIL
LAFARE
LA ROQUE-ALRIC
VACQUEYRAS
Lafare
La Roque-Alric
Vacqueyras
Beaumes-de-Venise
BEAUMES-DE-VENISE
Vacqueyras
SARRIANS
AUBIGNAN
AUBIGNAN
Muscat de Beaumes-de-Venise
0
1
2 km

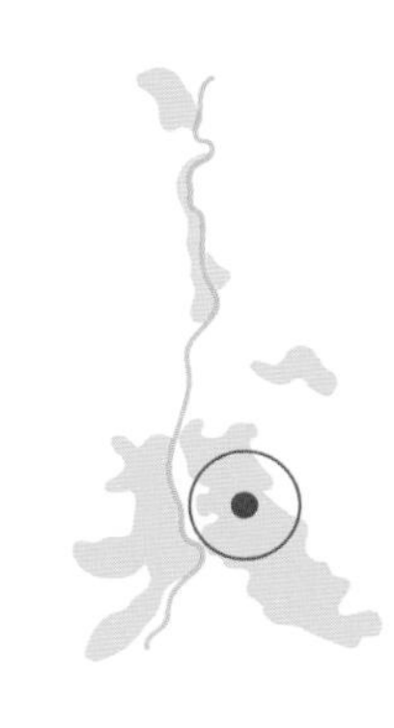

Vinsobres

CRU DEL RÓDANO

Es una de las denominaciones más altas de la región (entre 200 y 450 m). Un viento de juventud sopla en los viñedos de este desconocido de la Drôme provenzal: el 30 % ya se cultiva de forma ecológica.

1376 ha

100%

Cairanne

CRU DEL RÓDANO

Cuanto más al sur, más variada es la gama de variedades de uva. En torno al encantador pueblecito de Cairanne, se cultiva el trío de garnacha, syrah y mourvèdre para los tintos y el trío de clairette, garnacha blanca y roussanne para los blancos. Es la última denominación del Ródano a la que se ha concedido el rango de Cru des Côtes du Rhône, en 2016.

856 ha

4%

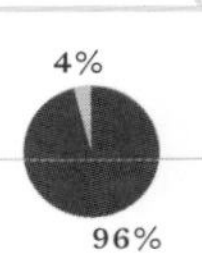

96%

Rasteau

CRU DEL RÓDANO

La concesión de la AOC Rasteau tinto en 2010 es la recompensa por un largo trabajo de los viticultores para que se reconozca su terroir. La región también es conocida por su producción de Vino Dulce Natural (VDN).

953 ha

2% (VDN)

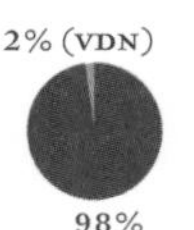

98%

Gigondas

CRU DEL RÓDANO

Junto con el de Châteauneuf-du-Pape, es el vino más famoso del Ródano meridional. La denominación se distingue por sus suelos de piedra caliza gris. Los vinos tintos son ricos: tienen cuerpo y capacidad para perdurar en el tiempo. Se distinguen por aromas de casis en su juventud y luego por un toque de regaliz o cacao con el tiempo.

1189 ha

2%

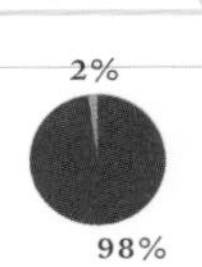

98%

Beaumes-de-Venise

CRU DEL RÓDANO

Su bonito nombre no se debe a la bella ciudad italiana, sino que procede de «Comtat Venaissin», un antiguo territorio del que Carpentras fue capital. Sin embargo, este bello paisaje de colinas, olivares y vides tiene un aire italiano, a la Toscana. Se producen vinos equilibrados que se benefician de la frescura que aporta la altitud del viñedo (hasta 400 m).

660 ha

100%

Vacqueyras

CRU DEL RÓDANO

Desde 1998 es el vino oficial del Festival de Aviñón. Al pie de las Dentelles de Montmirail, ciento sesenta fincas comparten una vasta terraza aluvial conocida como la meseta de las Garrigues.

1438 ha

4% 1%

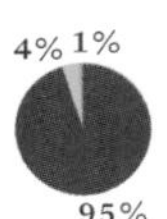

95%

Muscat de Beaumes-de-Venise

En el país de los vinos tintos, la muscat está bien arraigada en la tradición. Se trata de un vino dulce natural, elegante, intenso y fresco. A menudo se piensa que se bebe joven, como aperitivo o postre. Sin embargo, el resultado de diez años de envejecimiento es sorprendente.

500 ha

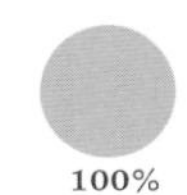

100%

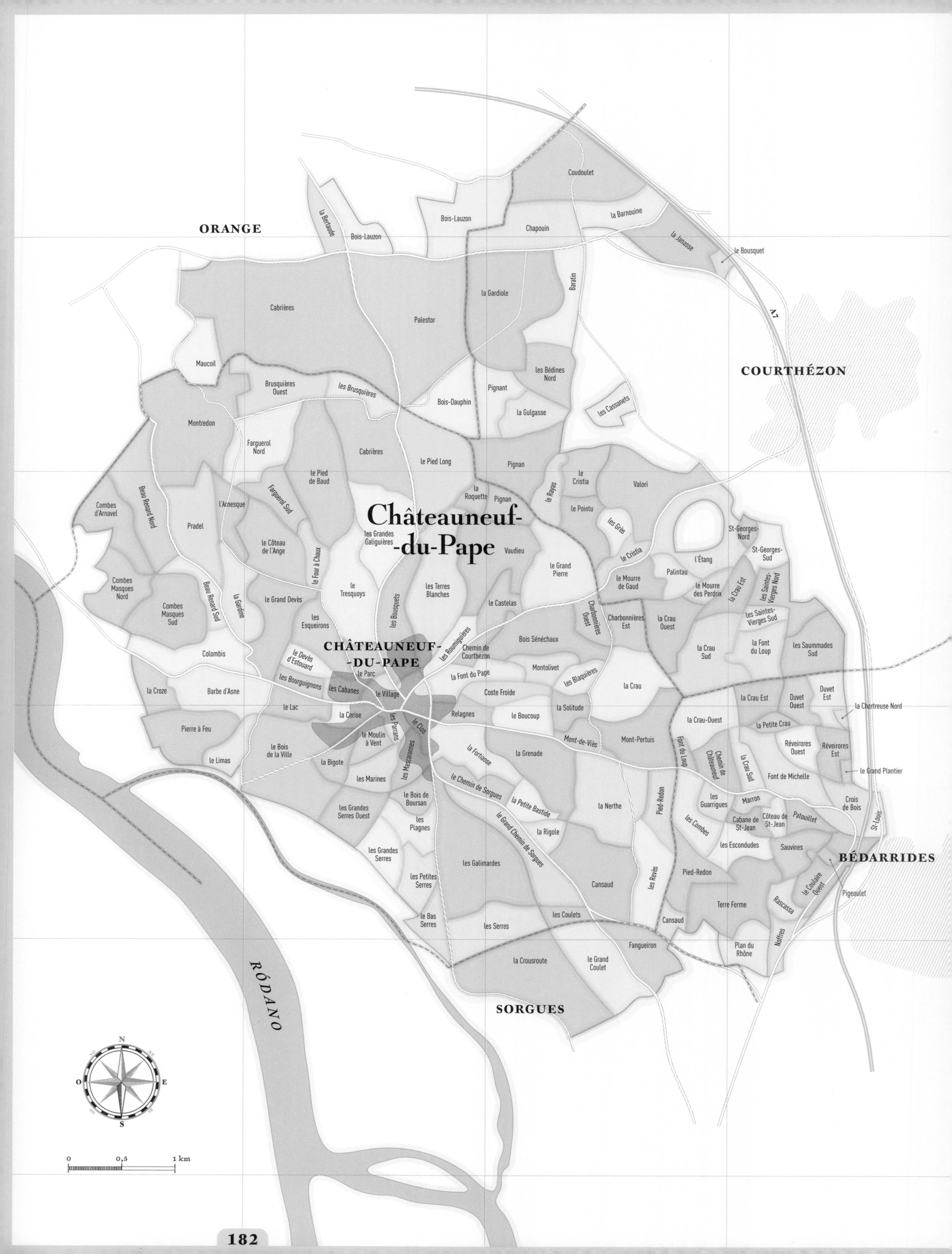
ORANGE
COURTHÉZON
BÉDARRIDES
SORGUES
RÓDANO
A7
Châteauneuf-
-du-Pape
CHÂTEAUNEUF-
-DU-PAPE
Coudoulet
la Barnouine
la Janasse
le Bousquet
Bois-Lauzon
la Bertaude
Chapouin
Baratin
la Gardiole
Cabrières
Palestor
Maucoil
les Bédines Nord
Pignant
Bois-Dauphin
la Gulgasse
les Cassanets
Brusquières Ouest
les Brusquières
Montredon
Farguerol Nord
Cabrières
le Pied Long
Pignan
le Pied de Baud
Farguerol Sud
l'Arnesque
Beau Renard Nord
Combes d'Arnavel
Pradel
le Côteau de l'Ange
le Four à Chaux
les Grandes Galiguières
la Roquette
Pignan
le Rayas
le Cristia
Valori
le Pointu
les Grès
St-Georges-Nord
St-Georges-Sud
l'Étang
le Cristia
Palintau
Vaudieu
le Grand Pierre
le Mourre de Gaud
le Mourre des Perdrix
la Crau Est
les Saintes-Vierges Nord
les Saintes-Vierges Sud
Combes Masques Nord
Combes Masques Sud
Beau Renard Sud
la Gardine
le Grand Devès
le Tresquoys
les Bousquets
les Terres Blanches
le Castelas
Charbonnières Ouest
Charbonnières Est
la Crau Ouest
la Crau Sud
la Font du Loup
les Saummades Sud
les Esqueirons
les Roumiguières
Chemin de Courthezon
Bois Sénéchaux
Colombis
le Devès d'Estouard
le Parc
les Bourguignons
les Cabanes
le Village
la Font du Pape
Montolivet
les Blaquières
la Crau
la Croze
Barbe d'Asne
Coste Froide
le Lac
la Cerise
Relagnes
le Boucoup
la Solitude
la Crau Est
Duvet Ouest
Duvet Est
la Chartreuse Nord
Pierre à Feu
les Parrans
le Clos
le Moulin à Vent
la Crau-Ouest
la Petite Crau
Mont-de-Viès
Mont-Pertuis
Réveirores Ouest
Réveirores Est
le Limas
le Bois de la Ville
la Bigote
les Mascaronnes
la Fortiasse
la Grenade
Font du Loup
Chemin de Châteauneuf
la Crau Sud
Font de Michelle
le Grand Plantier
les Marines
le Chemin de Sorgues
la Petite Bastide
Pied-Redon
les Guarrigues
Marron
Crois de Bois
les Grandes Serres Ouest
le Bois de Boursan
les Plagnes
le Grand Chemin de Sorgues
la Nerthe
la Rigole
les Combes
Cabane de St-Jean
Côteau de St-Jean
Patouillet
St-Louis
les Grandes Serres
les Escondudes
Sauvines
les Galimardes
les Petites Serres
Cansaud
les Revès
Pied-Redon
le Coulaire Ouest
Pigeoulet
Rascassa
Terre Ferme
les Bas Serres
les Serres
les Coulets
Cansaud
Fangueiron
Plan du Rhône
Noffres
la Crousroute
le Grand Coulet
N
S
O
E
NO
NE
SO
SE
0
0,5
1 km

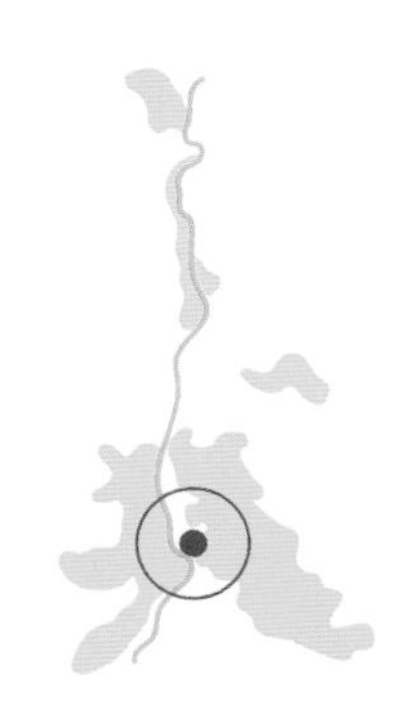

Châteauneuf-du-Pape

CRU DEL RÓDANO

Variedades

● garnacha negra, syrah, mourvèdre

● garnacha blanca, roussanne, bourboulenc

Hectáreas

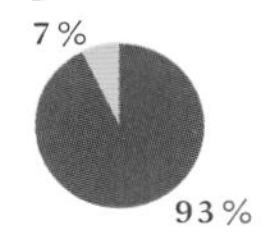

Tipos de vino

7 %

93 %

Suelos

cantos rodados y guijarros arcillosos, arena caliza

Entronizado por los papas de Aviñón, el viñedo insignia del Ródano meridional, con sus numerosas variedades de uva, conserva una preciosa singularidad.

Es, como su nombre indica, el vino de los papas, ya que la corte papal se instaló en Aviñón en el siglo XIV. El papa Juan XXII mandó construir una fortaleza con vistas al burgo, que más tarde se convertiría en Châteauneuf-du-Pape, y la convirtió en su residencia de verano. Procedente de la burguesía de Cahors, trajo viticultores del Lot que engrandecieron este bendito terroir. Con la ayuda de la mención «vino papal», el vino ganó fama y se bebió en toda Europa. No ha perdido ni un ápice de su aura, ya que actualmente el 66 % de los vinos de la denominación se bebe fuera de Francia.

Son típicos los cantos rodados que pisamos al pasear por los viñedos de la denominación, transportados por el Ródano desde los Alpes hace ya mucho tiempo. Almacenan el calor del sol provenzal y contribuyen a la concentración de las uvas. Los subsuelos arcillosos favorecen que las viñas centenarias, con raíces más profundas, busquen el agua necesaria. Tradicionalmente, encontramos suelos más calizos en el oeste de la denominación y más arenosos en el este. Otro elemento destacado es el mistral; este viento del norte refresca las uvas en verano; en este clima mediterráneo, las temperaturas pueden alcanzar los 40 grados. El viento también protege las bayas de las enfermedades relacionadas con la humedad.

> Tradicionalmente, el vino se elabora con trece variedades

Tradicionalmente, el vino se elabora con trece variedades; cada una de las cuales aporta su especificidad: color, frescura, longevidad... En el pasado, todas las variedades se plantaban en la misma parcela. Hoy, los viticultores, como orfebres, eligen meticulosamente la composición de su mezcla, haciendo de cada Châteauneuf-du-Pape un vino único. Sin embargo, la garnacha suele ser la variedad de uva dominante y se expresa con brillantez. El uso de las trece variedades de uva en un mismo vino se ha vuelto bastante raro.

Los tintos son potentes y con cuerpo: necesitarán unos años de guarda para que se aprecien en todo su esplendor. Los blancos son más raros, pero igual de mágicos: tienen cuerpo, son expresivos y poseen una gran riqueza aromática.

Châteauneuf-du-Pape *tinto*

Châteauneuf-du-Pape *blanco*

● cinsault
● roussanne
● muscardin
● counoise
● clairette
●● garnacha
● vaccarèse
● picardan
● syrah
● terret noir
● bourboulenc
● picpoul
● mourvèdre

LAS TRECE VARIEDADES AUTORIZADAS EN CHÂTEAUNEUF-DU-PAPE

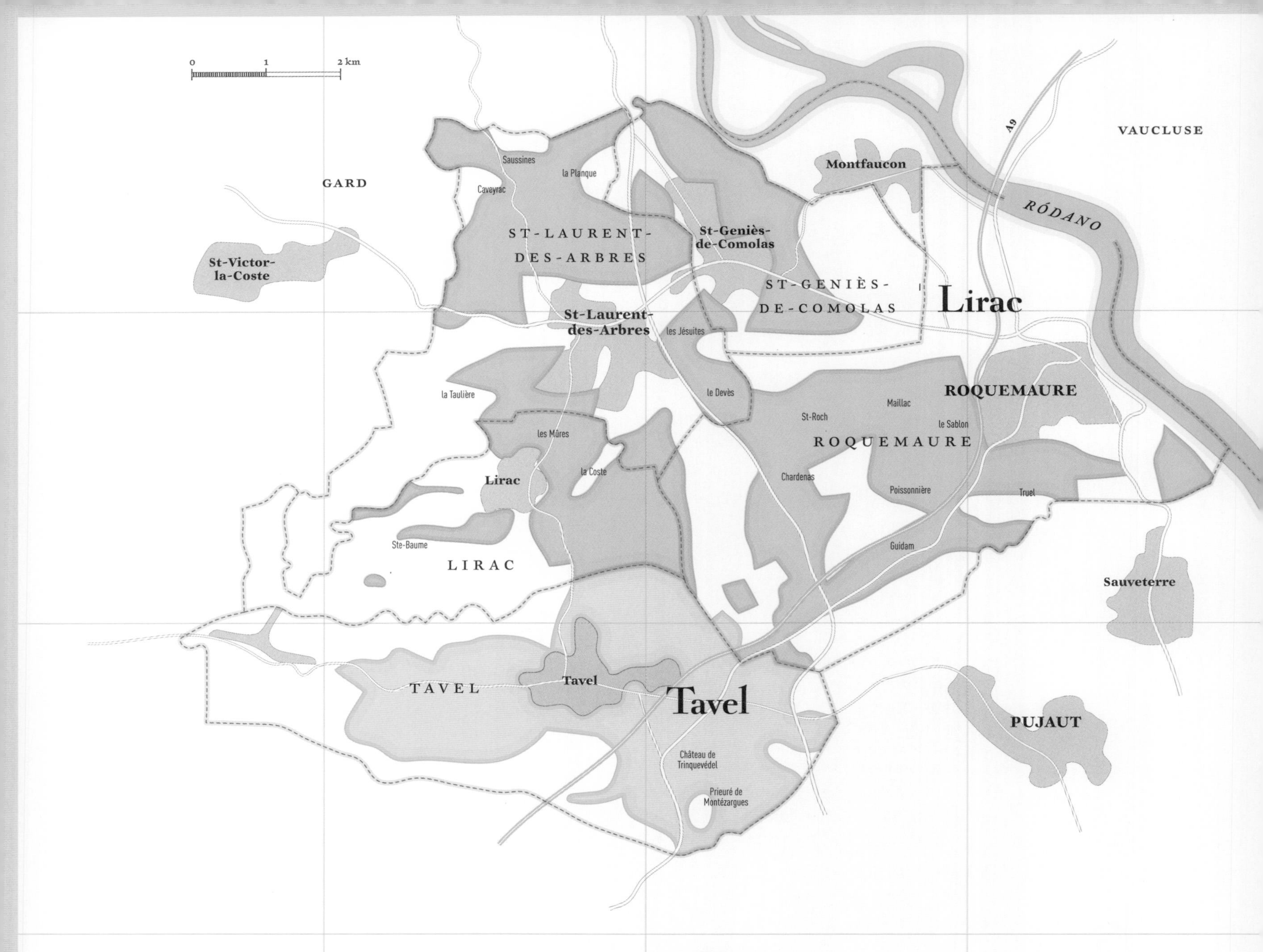

Lirac

Nos vamos a la orilla derecha del Ródano y, por tanto, al departamento del Gard. Rodeado de garrigas y sacudido por el mistral, es uno de los viñedos más soleados de la región. Rara vez llueve, lo que limita el crecimiento de las vides y da vinos concentrados. Aunque el vino tinto domina la producción, es uno de los raros Crus du Rhône disponible en tres colores.

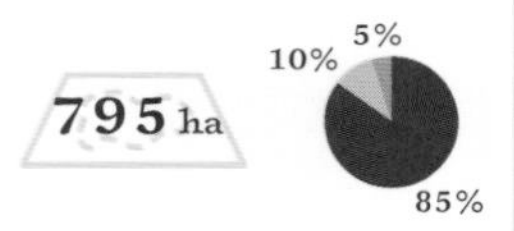

Tavel

Todos los vinos de Tavel son rosados, ¡pero no todos los rosados son Tavel! Olvídese del rosado facilón: si la denominación está clasificada como Cru des Côtes du Rhône es porque merece el mismo esmero que un gran vino. Con abundante volumen y un final prolongado, es uno de los pocos rosados franceses que pueden envejecer sin perder fuelle.

Junto con la denominación Rosé des Riceys, es la única que solo produce rosado

Todas las grandes variedades típicas del Ródano prosperan en sus suelos de pizarra, cantos rodados, arena y grava, a excepción de la calitor, de origen provenzal, que crece únicamente en la región de Tavel, donde agradece los suelos cálidos y secos. Junto con la AOC Rosé des Riceys (Champaña), es la única denominación francesa que solo produce vino rosado.

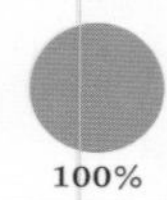

Lirac

Tavel

Costières de Nîmes

El más mediterráneo de los vinos del Ródano es el eslabón con los viñedos del Languedoc, en una hermosa encrucijada entre las Cevenas, la Camarga y la Provenza. Junto con Vinsobres, es la única denominación del Ródano meridional en la que predomina la variedad syrah. El suelo se compone de cantos rodados (arenisca) envueltos en arena, que en verano se calientan, pero que afortunadamente refrescan las brisas marinas procedentes del sur. Las vides se benefician así del aire que preserva la frescura de las uvas. A menudo, se ven huertos o alamedas de cipreses que rodean las viñas para protegerlas del mistral.

Los vinos del norte son suaves y fáciles de beber, mientras que los del sur son más ricos y robustos.

Clairette de Bellegarde

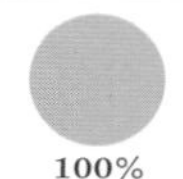

Con una extensión equivalente a veinte campos de fútbol, en el municipio de Bellegarde, es la denominación más pequeña del Ródano meridional. Se caracteriza por la producción de un vino blanco seco con uva clairette blanche. El clairette de Die burbujea, pero el clairette de Bellegarde es tranquilo. Son vinos generosos, con aromas de pera, miel y tilo, que suelen acompañar las comidas con marisco y pescado de la costa de la Camarga.

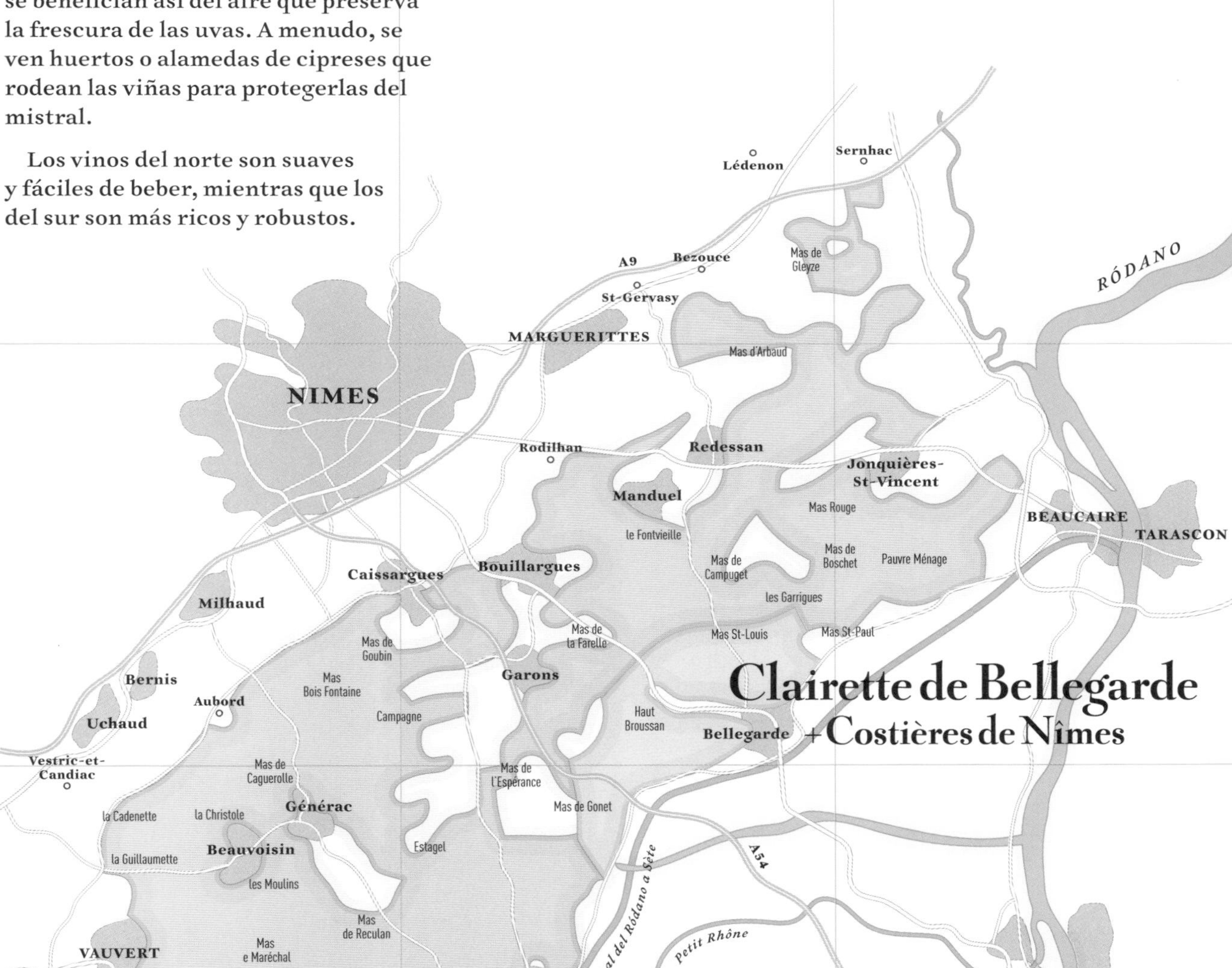

Ventoux

Aquí no solo es famoso el maillot de lunares del rey de la montaña, también predomina el color rojo, con un 70 % de los vinos producidos en la denominación. Aunque las viñas acarician las faldas del Mont Ventoux, al norte de la denominación, no superan los 500 metros de altitud. Es probable que en su cima, a 1910 metros, haga un pelín de fresco. Este gran viñedo, que se extiende por cincuenta y un municipios, ofrece vinos golosos, pero se esconde algún que otro as bajo la manga para envejecer.

6400 ha

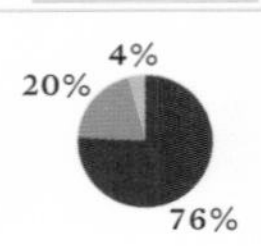

Luberon

El viñedo de Luberon se extiende por el macizo del mismo nombre, en plena Reserva Mundial de la Biosfera de la Unesco, una maravilla de la naturaleza. Este macizo calcáreo de 200 a 450 metros sobre el nivel del mar, tan provenzal con sus campos de lavanda y su clima mediterráneo, goza de una innegable influencia alpina. Es, por tanto, más fresco que otras muchas denominaciones del Ródano. Está delimitado por dos ríos: el Coulon (o Calavon) al norte y el Durance al sur. Hay blancos bastante alegres y elegantes, tintos golosos y, sobre todo, rosados con aromas de fresa y grosella que huelen a verano.

3400 ha

20%
48%
32%

Este macizo, tan provenzal, goza de una innegable influencia alpina

Otros vinos del Ródano meridional

Côtes du Rhône

De Lyon a Aviñón, la denominación regional lleva el alma de la viticultura local, con el 60 % de todo el vino producido en el valle del Ródano (casi exclusivamente en el Ródano meridional). Reconocidos por su calidad en el siglo XVIII, el fondo de los barriles de vino de la región ya se marcaba con las letras C. D. R. (de Côtes du Rhône) y el año de la cosecha. Suelen ser vinos simples y accesibles, lo que no excluye algunas agradables sorpresas. En semejante mosaico de terroirs, las posibilidades son infinitas.

44 000 ha

5% 3%

92%

Côtes du Rhône Villages

La denominación Côtes du Rhône Villages se distingue por un terroir y un saber hacer particular. Actualmente, están autorizados a utilizar esta denominación noventa y cinco municipios de Drôme, Vaucluse y Gard, pero solo dieciocho de ellos pueden añadir el nombre de su localidad en la etiqueta; por ejemplo: Côtes du Rhône Villages Valréas (Vaucluse), un primer reconocimiento antes de obtener algún día la preciada AOC municipal.

7800 ha

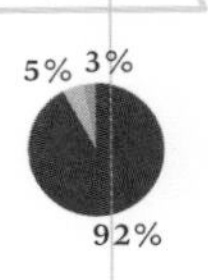

Grignan-les-Adhémar

2000 ha

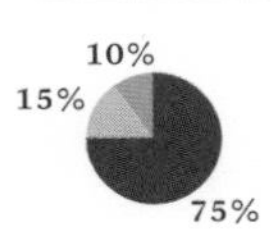

En el norte del Ródano meridional, en las bellas tierras de la Drôme de Provenza, existe la denominación Grignan-les-Adhémar, antes Coteaux du Tricastin. La denominación distingue principalmente vinos tintos, generalmente refinados y elegantes, que deben beberse jóvenes para conservar los aromas frutales; los rosados siguen el mismo camino. Los vinos blancos a base de viognier, criados en barrica de madera, pueden conservarse durante más tiempo.

Côtes du Vivarais

440 ha

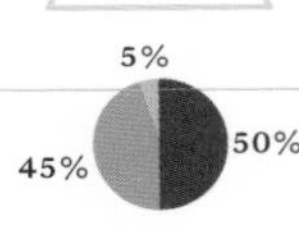

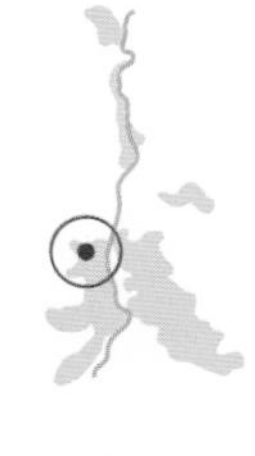

Esta pequeña denominación se encuentra en la parte noroccidental del Ródano meridional y se extiende por catorce municipios entre Gard y Ardèche. Las viñas están situadas junto a la garriga, en las mesetas que rodean las gargantas del Ardèche. Los Côtes du Vivarais producen principalmente vinos tintos vegetales, afrutados, especiados... También hay una gran proporción de vinos rosados; vinos muy veraniegos que se beben jóvenes.

Duché d'Uzès

280 ha

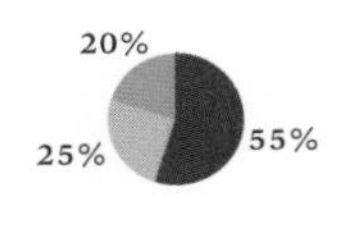

Esta reciente AOC (2013), que se une a la de Languedoc, abarca desde el Ródano hasta las faldas de las Cevenas. En esta zona encontramos variedades de uva comunes en el sur: cinsault, marsanne, vermentino, aunque las principales siguen siendo syrah, garnacha y viognier. Los tintos son coloridos y aromáticos, para beber jóvenes. Los rosados son frescos y vivaces, y solo necesitan maridarse con el otro orgullo de la región: la aceituna picholine.

CÓRCEGA

el viñedo de la belleza

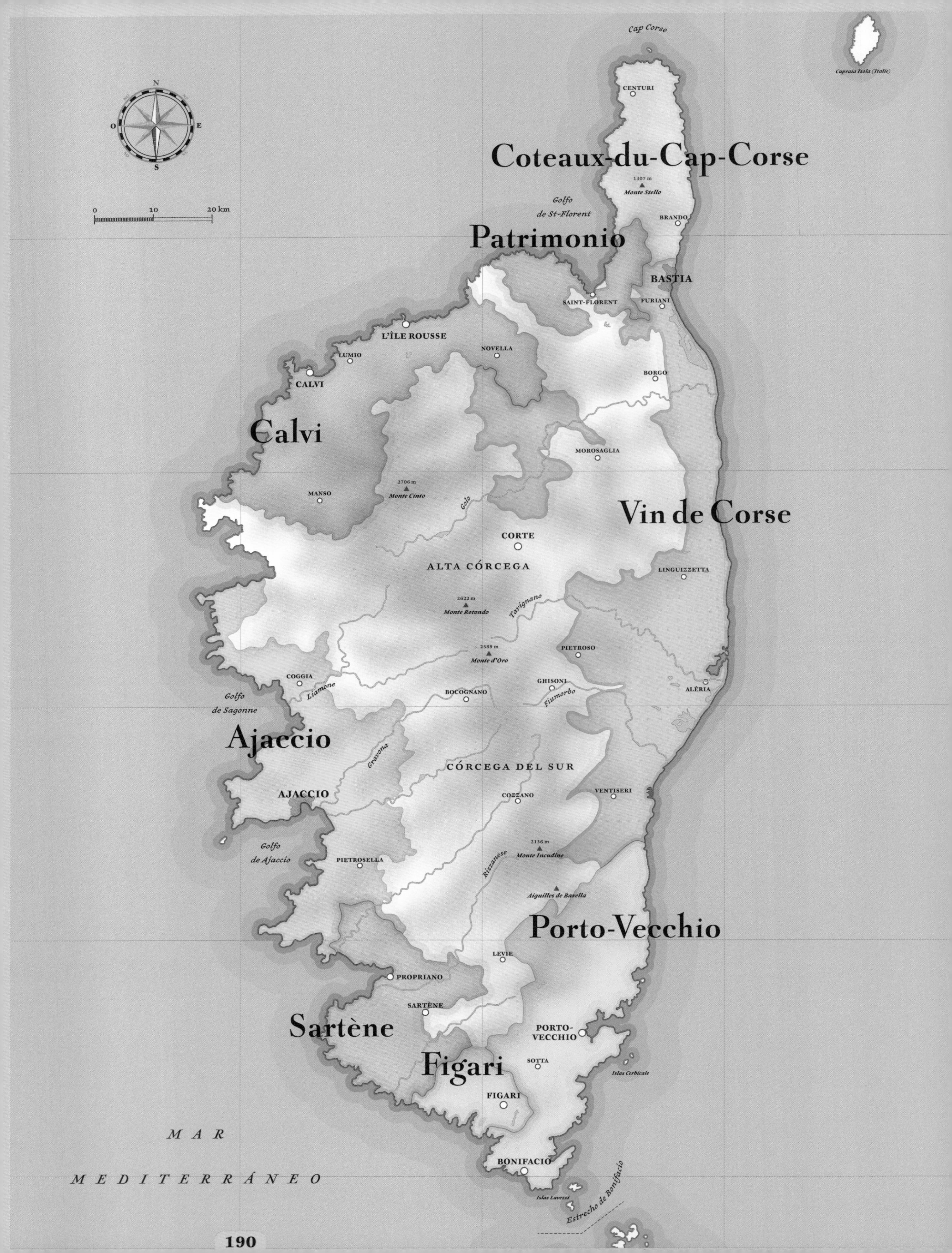

Cap Corse
Capraia Isola (Italie)
N
O
E
S
0
10
20 km
CENTURI
Coteaux-du-Cap-Corse
1307 m
Monte Stello
Golfo
de St-Florent
BRANDO
Patrimonio
BASTIA
SAINT-FLORENT
FURIANI
L'ÎLE ROUSSE
NOVELLA
LUMIO
CALVI
BORGO
Calvi
MOROSAGLIA
2706 m
Monte Cinto
MANSO
Golo
Vin de Corse
CORTE
ALTA CÓRCEGA
LINGUIZZETTA
2622 m
Monte Rotondo
Tavignano
2389 m
Monte d'Oro
PIETROSO
COGGIA
GHISONI
ALÉRIA
Liamone
BOCOGNANO
Fiumorbo
Golfo
de Sagonne
Ajaccio
Gravona
CÓRCEGA DEL SUR
AJACCIO
VENTISERI
COZZANO
2136 m
Monte Incudine
Golfo
de Ajaccio
PIETROSELLA
Rizzanese
Aiguilles de Bavella
Porto-Vecchio
LEVIE
PROPRIANO
SARTÈNE
Sartène
PORTO-
VECCHIO
Figari
SOTTA
Islas Cerbicale
FIGARI
MAR
MEDITERRÁNEO
BONIFACIO
Islas Lavezzi
Estrecho de Bonifacio

Córcega

Geográficamente, la isla de la Belleza está más cerca de Italia que de Francia. Esto se refleja tanto en el nombre de las variedades como en la expresión de los vinos.

Variedades

nielluccìu, sciaccarellu, aleàticu

vermentinu, barbiròssa, biàncu gentile

Hectáreas

6000

Tipos de vino

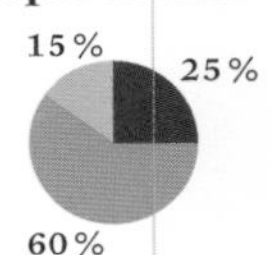

Suelos

arcillocalcáreos, esquistos, granitos, rocas verdes

Clima

mediterráneo

Primero la colonizaron los griegos y luego la administraron las provincias italianas; finalmente fue cedida a Francia en 1768 por el Tratado de Versalles. Los habitantes podían cambiar de nacionalidad, pero la vid prefirió la genética a la política; basta con plantearse la identidad de las variedades de la isla: son casi todas italianas.

Sin el frescor de las montañas y la influencia del mar, la viticultura sería imposible en esta región donde los veranos son especialmente calurosos. Por suerte, los vientos del continente no se detienen en la Costa Azul. Los vientos mistral y tramontano, llenos de rocío mediterráneo, abrazan y refrescan Córcega. Prueba de que la isla está hecha para la vid: las vides ya crecían silvestres antes de que los griegos desarrollaran allí la viticultura.

A los pies de Cap Corse, los vinos de Patrimonio son la AOC más famosa y prestigiosa. Los suelos arcillocalcáreos son un terreno ideal para la variedad que reina en la isla: la nielluccìu. Los tintos tienen una concentración sublime y un gran potencial de envejecimiento. Como suele ocurrir, no hay que olvidar los blancos, que son grasos y potentes.

¿Cuál es el único problema de los vinos corsos? Que no hay suficientes; y eso que los viñedos tenían un tamaño mucho mayor en la década de 1880, pero la filoxera, el éxodo rural y la crisis de sobreproducción han derretido el viñedo como un cubito de hielo al sol. Hoy, menos de una cuarta parte de la producción de sus vinos sale de la isla, lo que los convierte en unos de los más difíciles de disfrutar; lo más fácil es ir allí. *Coppa*, *lonzu*, *figatellu*…, no son nombres de variedades de uva, sino charcutería que se elabora en la isla y que combina divinamente con una copa de patrimonio. ¿Y para los blancos? Unos buñuelos con *brocciu*, el queso local de leche de oveja. ¡*Pace è salute*!

La vid ya crecía silvestre

Rosé Corse

Patrimonio *tinto*

Patrimonio *blanco*

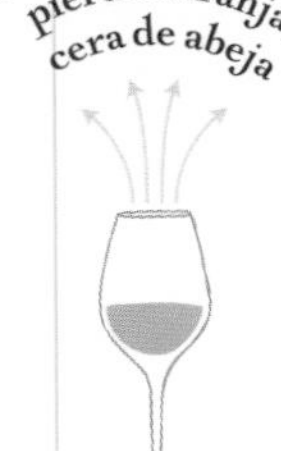

Muscat du Cap Corse

La isla cuenta con una denominación para los vinos dulces naturales: Muscat du Cap Corse. Esta AOC representa solo el 1 % de la producción, pero merece la pena dedicarle tiempo. Los moscateles son notablemente frescos y sutiles, menos dulces que los del continente.

VARIEDADES

NIELLUCCIU

El resto del mundo la conoce con otra cara, ya que en Italia esta variedad se llama sangiovese. Es la uva estrella de los vinos de Chianti (Toscana), que no está tan lejos de la isla de la Belleza. Se planta por toda la isla, pero su mejor expresión está en la AOC Patrimonio. Su piel gruesa da tintos de color profundo. Sus taninos confieren a las mejores añadas un impresionante potencial de envejecimiento.

SCIACCARELLU

Se encuentra, sobre todo, en los suelos graníticos de la región de Ajaccio y Sartène, pero también en casi todas las denominaciones de Córcega, excepto en la de Patrimonio. Poco coloreada y con pocos taninos, se mezcla mejor con la niellucciu para elaborar vinos tintos y rosados. Su nombre procede de la palabra corsa *sciaccarella* (crujiente).

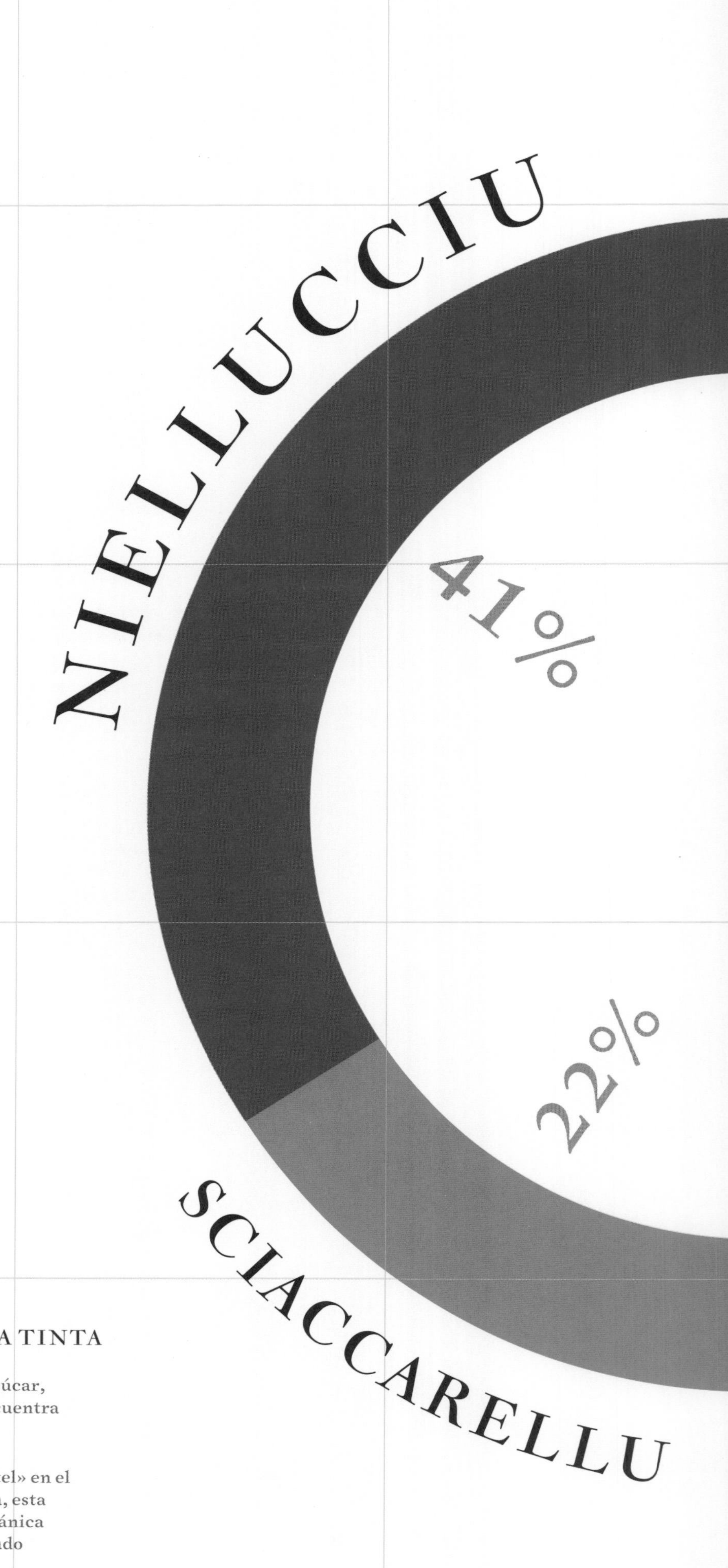

OTRAS VARIEDADES DE UVA TINTA

ALEÀTICU. Alto contenido en azúcar, da vinos muy dulces. También se encuentra en Apulia, Chile y Australia.

MINUSTÉLLU. Llamada «morrastel» en el Languedoc y «graciano» en España, esta variedad de uva es especialmente tánica y ácida. Por eso se utiliza a menudo en coupages.

También destaca la presencia de syrah, garnacha, mourvèdre, carcaghjòlu nèru...

DE CÓRCEGA

OTRAS BLANCAS

8%

VERMENTINU

14%

15%

OTRAS TINTAS

OTRAS VARIEDADES DE UVA BLANCA

BARBIRÒSSA. Literalmente «barbarroja» por sus bayas de color anaranjado.

BIÀNCU GENTÌLE. Aunque está plantada en una parte muy pequeña del viñedo, es una de las variedades nobles. Se distingue por una nariz exuberante de frutas exóticas.

PAGADÈBITI. Puede traducirse como «pagadeudas», un nombre vinculado al alto rendimiento de esta variedad de uva, que le permite producir mucho vino para pagar las deudas.

También destaca la presencia de chardonnay, ugni blanc, carcaghjòlu biancu, cudivèrta...

VERMENTINU

Presente en Grecia e Italia, se cree que esta variedad es de origen turco. También conocida como malvoisie de Corse, es sin duda una de las variedades de uva más atractivas del Mediterráneo. Produce vinos con cuerpo y generosos, aptos para el envejecimiento.

GENEALOGÍA DE LAS VARIEDADES

LEYENDA
FRUTO DE MUTACIÓN
PROGENITOR A
PROGENITOR B
DESCENDIENTE DIRECTO
X
SYRAH
VIOGNIER
DUREZA
MONDEUSE BLANCHE
INCONNU
CHENIN
PINOT MEUNIER
COLOMBARD
PINOT GRIS
PINOT NOIR
GOUAIS BLANC
SAVAGNIN BLANC
PETIT MESLIER
GEWURZTRAMINER
MELON B
CHARDONNAY
ALIGOTÉ
GAMAY
SAUVIGNON BLANC
CABERNET FRANC
MAGDELEINE NOIRE
PRUNELARD
CABERNET SAUVIGNON
MERLOT
FOLLE BLANCHE
CÔT
SAUVIGNON GRIS
MERLOT BLANC
JURANÇON NOIR

LAS PRINCIPALES VARIEDADES DE FRANCIA

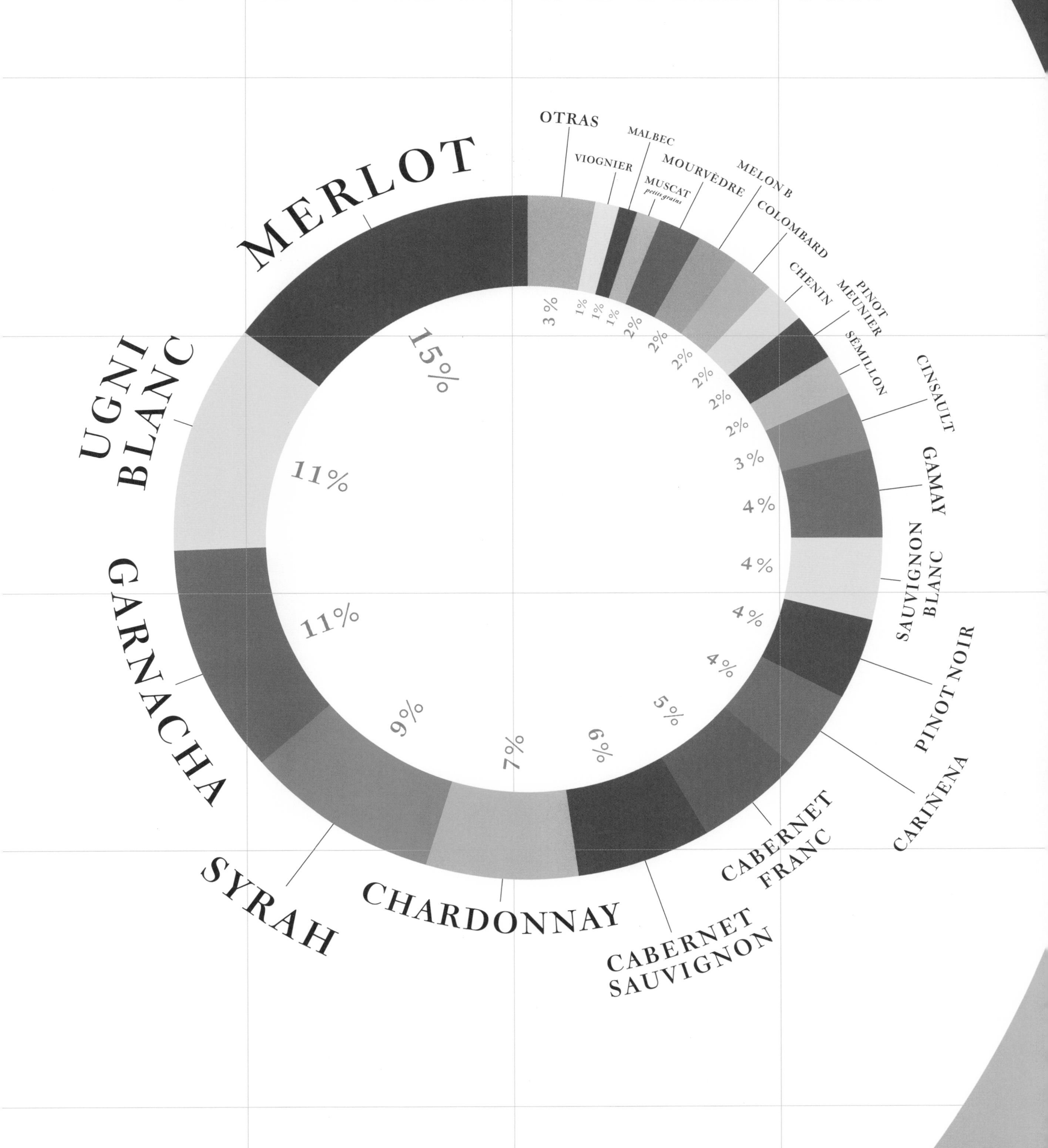

Los nuevos viñedos

El vino es como los Juegos Olímpicos: ¡todo el mundo quiere su propia edición! Y con el calentamiento del planeta y la flexibilización de las normas, algunas regiones inesperadas se están subiendo al carro del cultivo de la vid. Suelen ser anecdóticos, ya que estos proyectos asociativos tienen, sobre todo, una vocación educativa… ¡por ahora!

Paso de Calais

En la tierra de la cerveza hay dos iniciativas destacadas. La primera está en las laderas expuestas del escorial de Haillicourt, al sudoeste de Béthune, una colina artificial resultante de la explotación minera local. El vino, llamado «Charbonnay», tiene una producción de unos cientos de botellas. La segunda está más al este, en las laderas del Escaut, donde se producen 11 000 botellas de 50 cl de tinto, blanco y rosado de chardonnay y pinot noir; la finca está gestionada por el ESAT (Establecimiento y Servicio de Ayuda al Trabajo) de Valenciennes, bajo la atenta mirada de un maestro bodeguero.

Isla de Francia

Hablamos en este caso de un antiguo y gran viñedo que allá por el siglo XIII abarcaba cerca de 40 000 hectáreas, ¡tres veces el tamaño de los viñedos de Alsacia! Pero la filoxera y la urbanización acabaron con ellos. En 1930 se plantaron algunas vides en Montmartre, pero los proyectos más serios están en marcha en Yvelines, Val-d'Oise y Hauts-de-Seine.

Bretaña

La presencia de la vid en Bretaña está documentada desde la época de la ocupación romana. Pero los duros inviernos de los siglos XVII y XVIII obligaron a concentrar los viñedos en torno a Nantes. Desde hace unos quince años se observa un resurgimiento de las plantaciones de vides en la tierra de la sidra, sobre todo de pinot noir, chardonnay, pinot blanc, gamay y chenin. Un puñado de entusiastas milita por la creación de la denominación «Vin de Bretagne».

Habida cuenta de los nuevos retos relacionados con el cambio climático, debemos estar preparados para una evolución en el paisaje vitícola francés. Ya podemos ver los efectos: los vinos tienen mayor graduación alcohólica, la vendimia se adelanta cada vez más…

Sin duda, las variedades de uva cambiarán significativamente y los terroirs hasta ahora inexplorados despertarán curiosidad. Hemos hablado de iniciativas en Bretaña y el norte de Francia, pero también podríamos mencionar proyectos similares en Picardía o Normandía.

Lejos queda de nuestra intención regocijarnos por el calentamiento del planeta, pero en los próximos años nos esperan novedades por descubrir… ¡y que habrá que catar!

Maridajes de vinos y quesos

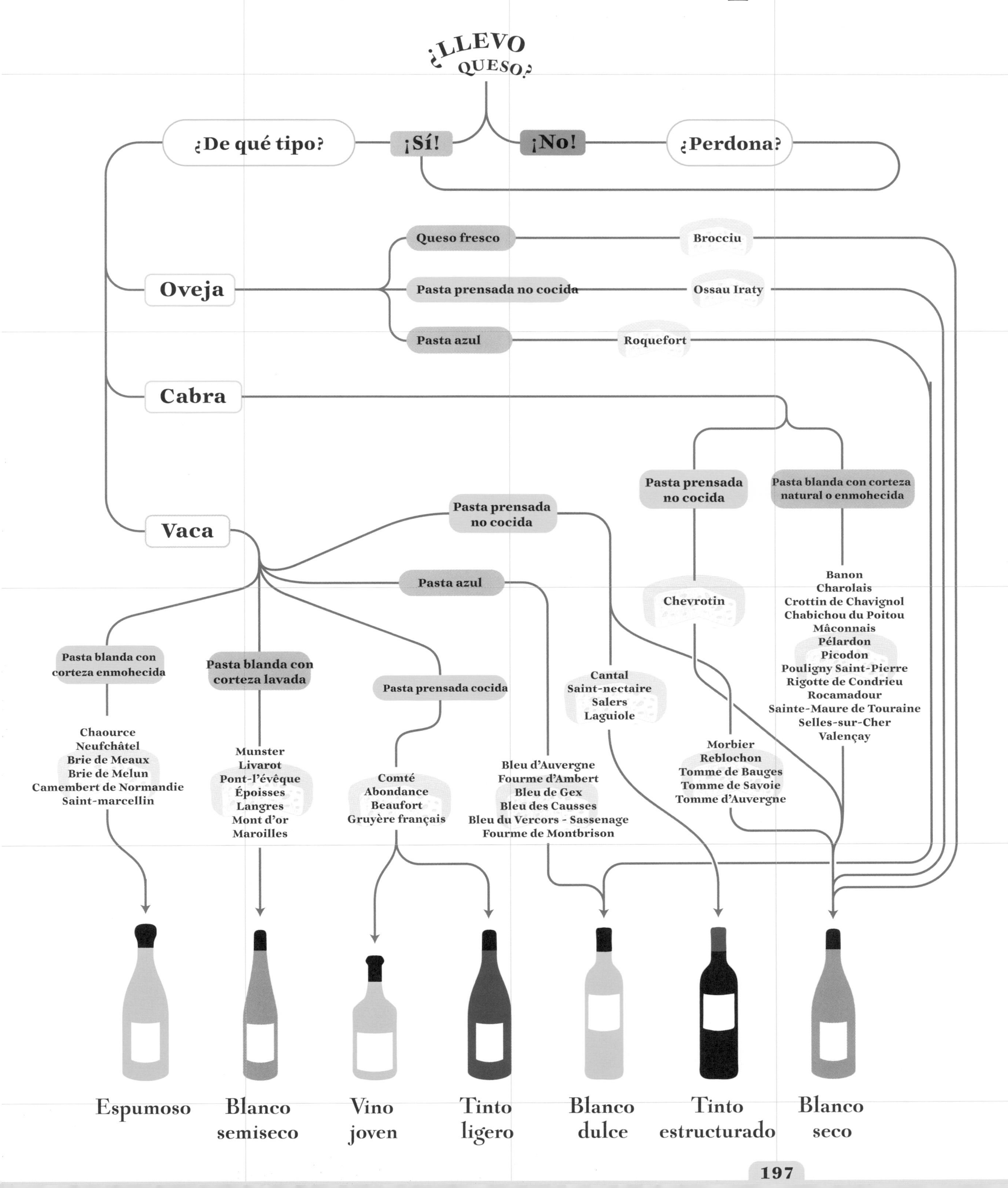

¿LLEVO QUESO?
¿De qué tipo?
¡Sí!
¡No!
¿Perdona?
Oveja
Queso fresco
Brocciu
Pasta prensada no cocida
Ossau Iraty
Pasta azul
Roquefort
Cabra
Pasta prensada no cocida
Pasta blanda con corteza natural o enmohecida
Chevrotin
Banon
Charolais
Crottin de Chavignol
Chabichou du Poitou
Mâconnais
Pélardon
Picodon
Pouligny Saint-Pierre
Rigotte de Condrieu
Rocamadour
Sainte-Maure de Touraine
Selles-sur-Cher
Valençay
Vaca
Pasta prensada no cocida
Pasta azul
Pasta blanda con corteza enmohecida
Pasta blanda con corteza lavada
Pasta prensada cocida
Cantal
Saint-nectaire
Salers
Laguiole
Chaource
Neufchâtel
Brie de Meaux
Brie de Melun
Camembert de Normandie
Saint-marcellin
Munster
Livarot
Pont-l'évêque
Époisses
Langres
Mont d'or
Maroilles
Comté
Abondance
Beaufort
Gruyère français
Bleu d'Auvergne
Fourme d'Ambert
Bleu de Gex
Bleu des Causses
Bleu du Vercors - Sassenage
Fourme de Montbrison
Morbier
Reblochon
Tomme de Bauges
Tomme de Savoie
Tomme d'Auvergne
Espumoso
Blanco semiseco
Vino joven
Tinto ligero
Blanco dulce
Tinto estructurado
Blanco seco

Índice de denominaciones

La edición original de esta obra ha sido publicada en Francia en
2021 por Marabout, sello editorial de Hachette Livre, con el título

La route des vins, s'il vous plaît

Traducción del francés: Jose Luis Díez Lerma

Av. Diagonal, 402 – 08037 Barcelona
www.cincotintas.com

Primera edición: octubre de 2023

Impreso en China
Depósito legal: B 11328-2023
Código Thema: WBXD1
Alimentación y bebidas: vinos

ISBN 978-84-19043-22-1